别睡太晚 别爱太满

女人幸福一生的必修课

BIESHUITAIWAN
BIEAITAIMAN

邓琼芳
著

云南出版集团
云南美术出版社

图书在版编目（CIP）数据

别睡太晚　别爱太满：女人幸福一生的必修课 / 邓琼芳著.—昆明：云南美术出版社，2020.6
ISBN 978-7-5489-4076-0

Ⅰ.①别… Ⅱ.①邓… Ⅲ.①人生哲学－通俗读物 Ⅳ.①B821-49

中国版本图书馆 CIP 数据核字 (2020) 第 087214 号

出 版 人：李维　刘大伟
责任编辑：钱怡
责任校对：汤彦　李艳

别睡太晚，别爱太满
——女人幸福一生的必修课

邓琼芳 著

出版发行：云南出版集团
云南美术出版社
社　　址：昆明市环城西路 609 号（电话：0871-64193399）
印　　刷：永清县晔盛亚胶印有限公司
开　　本：710 mm × 960mm　1/16
印　　张：18
版　　次：2020 年 7 月第 1 版
印　　次：2020 年 7 月第 1 次印刷
书　　号：ISBN 978-5489-4076-0
定　　价：45.00 元

前　言

都说女人如花，然而这世上，又有多少女人，当真能把一生都活得如花儿一般美丽灿烂?

女人的一生总是比男人活得更加艰难。年少时，女孩身上的枷锁总比男孩更沉重，飞扬的青春也总比男孩少了几分肆意；结婚后，家庭的责任总是更多担负在女人单薄的肩膀上，牺牲与奉献更是为人妻、为人母的“天然使命”；年迈之际，失去青春与美貌的女人更是迅速“贬值”，犹如弃置一旁的枯木，唯余韶华易逝的叹息……

为何女人总是活得如此艰难？有人说，是世俗的压迫，因为世俗的苛责，所以女人不敢行差就错，只能小心翼翼，俯首前行。但事实上，这又何尝不是女人自己的过错呢？那些根深蒂固的沉疴旧疾，那些压迫在灵魂深处的束缚枷锁，只有女人自己才能将之彻底打破、驱散。命运的线一直都抓在每个人自己的手心里，只是人们从未意识到罢了。

女人是柔弱的，但却并非是软弱的。女人或许没有男人那般力拔山兮气盖世的力气，但却可以让自己拥有聪慧的头脑和玲珑的心思。女人从来都不是弱者，也并不是只能活成菟丝花的模样，非得攀附在男人身上存活。

女人一生的幸福，从来都只抓在自己手里，只有学会自尊、自爱、自立、自强，懂得在有限的生命中疼爱自己，才能真正窥见幸福的模样。

女人是感性的，总是容易在感情上投入太多，殊不知，能够长远的感情，必然要建立在平等的基础上。无论是亲情、友情还是爱情，皆是如此。就如电影《我的早更女友》中女主角问男主角的那个问题：“无条件的爱不是这个世界上最有发言权的吗？”

男主角的回答是：“无条件的爱啊，那肯定是安全意识薄弱导致的不良资产过高，收支平衡那才叫爱呢，你给多了你知不知道？”

《菜根谭》中说：“花看开半，酒饮微醉，此中大有佳趣。”

人的情感亦是如此，别爱太满，总得留几分给自己。女人若是连自己都不懂得珍惜自己，又凭什么要求别人珍惜你呢？身价是自己端起来的，若你将自己放入尘埃，那就别怪旁人将你视作草芥。

女人，应将一生活得灿烂如花，方不负这大好年华——

二十岁，女孩当活成灿烂的向日葵，努力朝向有阳光的地方肆意生长，将青春活出最肆意的模样；

三十岁，女人当活成优雅的玫瑰，美丽绽放，让馥郁的芬芳香满人间，成就最靓丽的一道风景线；

四十岁，女人当活成雍容的牡丹，在岁月的沉淀中蕴出沉静的魅力，将睿智与成熟酿成醇香的酒……

毕淑敏在《你要好好爱自己》中这样写道：

“如果这一世，你能爱惜身体珍重灵魂，那么从这个港口出发，你会成为一个身心平和的幸福小舟，一步步安然向前，驶入珍爱他人珍爱万物珍爱世界的宽广大海。”

请记住，女人这一生，别睡太晚，多给自己一些呵护，好好爱惜自己的身体与容貌，才有更好的生活等着你；别爱太满，时刻记得留一份爱给自己，唯有爱得刚刚好，才是人间大智慧。

目录

辑一 女孩二十，别爱太满：疼自己，才是终身浪漫的开始

辑二 假如我们不够惊艳，那为什么不能活得特别好看

辑五 女人三十，别爱太懒：加固围城，才是最要紧的事儿

辑六 快快快！给婚姻添几味爽心小菜，酸酸甜甜都是爱

辑一

女孩二十，别爱太满：疼自己，才是终身浪漫的开始

每个女孩都想活成人们眼中最好的样子，二十岁的年纪，正是青春最美好的时候。这个年纪的女孩是炽热的，是潇洒的，是勇敢的，也是怯懦的。她们期待被人爱，也渴望能不顾一切地去爱谁，犹如飞蛾扑火，轰轰烈烈。

热情似火，最美好却也可能最伤人。二十岁的人生固然美妙，但相对于漫长的人生旅途，这只不过是个开始而已。所以，别爱太满，别太执着，先学会疼爱自己，这才是终身浪漫的开始。

女孩，活得讨喜，但不乞讨欢喜

每个女孩都希望能活成人人喜欢的样子，尤其是二十多岁，刚入社会的时候，面对全新的环境，陌生的人际关系，不自觉便收敛起了小脾性，总希望能得到旁人的欢喜。

然而，一千个人眼中有一千个哈姆雷特，在这个世界上，谁都不可能做到让所有人都满意。于是，许多女孩活得束手束脚、战战兢兢，却仍旧困惑不解：我都这般努力了，为什么还是无法讨人欢心?

被人喜欢固然是件令人开心的事，可如果为了这么一点点的开心，就要强迫自己去迎合所有人的需求，岂不是会一步步失去自我，那又谈何快乐呢？懂得体谅别人是一种美德，但若是一味讨好别人，那就是一种病态了。

无论何时，女孩都应该记住，可以努力让自己活成一个讨喜的人，但永远不要去向旁人乞讨欢喜。你就是你，是世上独一无二的珍宝，没有任何人有资格让你匍匐在地，乞讨他的欢喜。

初入职场，珍珍做事非常认真，业务上手也很快，最难得的是，在待人接物方面，珍珍也同样表现不俗。公司开例会之前，她总会提前几分钟给所有人准备好茶水；但凡是有领导或同事发言，不管讲的怎么样，她都一定会认真倾听，做好笔记；就连同事聚餐的时候，轮到她点菜，她也总能面面俱到地考虑到每个人的忌口问题。

由于各方面都表现优秀，珍珍很快就赢得了同事们的喜欢和上司的看重。尤其上司，常常会在休息时间找她聊天，一副对她十分看重的样子。对此，珍珍感到非常高兴，工作起来也干劲十足。

奇怪的是，有一段时间，珍珍发现上司突然冷落了她，休息时间也不怎么和她聊天了，就连交代工作任务的时候也非常言简意赅，显得极为冷漠。珍珍感到非常忐忑，不停地回想自己是不是有哪里做得不好，会不会在什么时候不小心得罪了上司……那段时间，她每天上班都觉得心理压力特别大，就连工作效率也下降了不少，整个人的状态都变得消极了许多。

过了一段时间后，上司终于又恢复了从前的态度，而珍珍也才知道，原来之前上司之所以会有这样的改变，并不是对她有什么意见，而是因为牙疼犯了，所以才不敢多说话，不敢做丰富的表情。珍珍这时才终于松了一口气。

后来在一次聊天中，珍珍把这件事情告诉了上司，上司感到非常惊讶，她完全没想到看上去活泼开朗的珍珍，原来居然会这么敏感。上司问珍珍："你一直都这么在意别人对你的看法吗？"

珍珍想了想回答道："我只是希望大家都能喜欢我，所以在做事情的时候，会尽量考虑到每一个人的想法。"

上司严肃地说道："人与人相处，最舒服的关系，是谁也不用去讨好谁，无论是同事还是领导都是如此。在公司，你只需要做好自己分内的事，并且不失礼节，就已经足够了。你没必要非得去讨每一个人喜欢，更何况，每个人都有不同的想法和意见，你是永远也不可能做到让所有人满意的。事事都想着去迁就别人、讨好别人，只会白白浪费你的生命和时间。"

听了上司的话，珍珍恍然大悟，想到自己之前为了讨人喜欢，一言一行、一举一动都会忍不住反复掂量，确实非常累。如果能把这些心思都用在工作上，或许自己能比现在做得更好吧！

任何一段健康的关系，都应该是建立在相互尊重的基础上的，也只有这样，这段关系才能长久。如果一段关系，必须靠一方的刻意讨好来维持，那么只能说明这段关系的存在本身就是极其脆弱的，一旦讨好的一方停止讨好，那么这段关系立即就会终结，甚至可能引起反效果。

更何况，我们每个人的时间与精力都是有限的，如果事事都要为了让别人满意而反复掂量，那么无异于是在浪费自己宝贵的生命与时间。而在这个过程中，即便我们的退让与讨好能赢得一些人的喜欢，这些有条件的喜欢又能具有多少价值呢？

生活的终极目标，不是为了追求别人的好评和赞赏，一个人自我价值的体现，也并不在于这个人能得到多少人的喜欢。我们可以努力让自己成为一个讨喜的人，但万万不能为了乞讨别人的喜欢而丢失尊严与自我。

在这个世界上，最珍贵的永远是你自己。而那些真正喜欢你、欣赏你的人，所喜欢和欣赏的，也必然是你最真实的样子。

闻静，人不如其名，不仅一点儿也不文静，而且还是个标准的“女汉子”，是走路带风、霸气无比的那一种。别看她是个二十出头的年轻姑娘，但生活技能简直满分。灯泡坏了自己换，马桶坏了自己修，矿泉水、煤气罐，全都能自己扛，就连让无数少女闻风丧胆的蟑螂，她也丝毫不惧……

大学时候，闻静心里一直有个男神，是她的同班同学，系里有名的才子。可惜，才子喜欢的是如“林妹妹”一般的娇娇女，对闻静这种“女汉子”不太来电，闻静这人倒也干脆，大胆表白被拒之后也没执迷不悟，不过只要才子有事，闻静通常还是会顺手帮一帮的。

毕业之后，闻静和才子都留在了大城市打拼，没有选择回家乡。由于两人很有缘分地进了同一家公司，接触自然也就多了起来。才子在生活方面的技能简直和他的才华成反比，因此遇到困难的时候常常会求助于闻静，久而久之，才子渐渐觉得，闻静确实是个特别好的姑娘，于是就向她表白了。

一开始，闻静特别高兴，毕竟是自己惦记了许久的男神。可在一起之后，才子却开始对她各种指手画脚，比如要求她穿那种仙气的白裙子，不让她在街上吃烤串，让她学其他女孩子轻声细语地说话等等。闻静这才回过味来，敢情男神这不是口味变了才看上她，是打算把她改造成心中的“林妹妹”啊！

想通了这事，闻静大手一挥，和男神果断分手了。

闻静的闺蜜知道这事后，问她说：“惦记了这么久的男神，说分就分，你舍得啊？”

闻静叹了口气，嘴角扬起释怀的笑容：“有什么舍不得的？他不喜欢我，总有人会喜欢我，我何必委屈自己装成别人喜欢的样子去乞求那点儿虚假的喜欢呢？”

故作讨喜的样子，是永远换不来真感情的，当你戴上面具和别人交往时，别人实际上喜欢的是你那张虚假的面具，一旦面具摘下，那点儿喜欢大概也就烟消云散了。所以，何必为了这短暂而虚幻的喜欢而委屈自己呢？乞求来的爱，是永远都靠不住的，因为真正喜欢你的那个人，所欣赏的，永远只会是你骄傲的样子。

我们不完美，又没有对不起谁

每个女孩都会经历两次成熟，第一次是发现自己的优势与长处，从而确立自己在这个社会上的安身立命之本；第二次则是发现并接受自己的不完美，从而更深刻、更客观地认识自己，学会用一颗坦然的心来面对世间百态。

对于二十来岁的女孩来说，第一次的成熟并不困难，正是自信飞扬的年纪，谁不想如夏花般肆意灿烂？但要想顺利度过第二次的成熟，却并不是件容易的事，它需要莫大的勇气与智慧。

虽然无数的道理都在告诉我们，这个世界上是不存在十全十美的，但依然有无数的人不能坦然接受自己的缺点，宁愿躲在虚假的象牙塔里，沉浸在妄自尊大的自我满足中，逃避残酷的现实。这样做固然可以暂且沉浸在美梦之中，但虚假总有被打破的时候，到了那个时候，甚至连自我欺骗都无法再做到，又该如何是好呢？

每个女孩只有学会坦然接受自己的不完美，才能努力让自己变成更好、更优秀的人。一味地逃避带来的，只会是一个又一个脆弱的假象，只有直面看上去并不那么美好的现实，我们才能真正收获真实的美好。

她是个非常优秀的女孩，出身于一个偏远的小县城。家庭条件一般，父亲是工人，母亲在夜市摆摊卖烧烤。

虽然父母都没什么文化，但却非常重视对她的教育，只要跟学习有关的花费，不管多少，父母都是鼎力支持的。而她也确实非常聪明，从小到大成绩都是数一数二的，并在高考中以全县第一的成绩顺利考入了首都一所著名的高校。

周围的人都夸她是天之骄子，是“文曲星下凡”，说她以后必定会有一番大成就，成为十里八乡最有出息的人。事实上，她自己也是这么认为的，从小到大，她都是全家人的骄傲，是学校里最优秀、最讨人喜欢的学生。但在进入大学后，她却猛然发现，这个人才济济的地方与自己的家乡是截然不同的，在这里，她是那么的平凡，根本不具备任何优势。

她听着身边的同学聊埃及金字塔，可谁也不知道，她到过最远的地方就是这所大学；她看着寝室的女生炫耀自己刚买的名牌包，可谁也不知道，她其实连这个牌子的名字都没听过。但这些其实并不是最令她感到难堪的，真正令她备受打击的，是她一直以来引以为傲的学习成绩，在这里根本就算不了什么，身边优秀的人实在太多了。

为了找回曾经的“荣耀”，她开始拼了命地学习，这大概是她唯一可以有自信和勇气拿出来与别人比拼的东西了。她确实拥有一颗学霸的脑袋，拼命和努力让她很快崭露头角，引起了导师的注意。

导师的看重让她重新建立起了自信，但随着学习的深入，她也逐渐发现自己的一个“短板”，那就是英语口语能力差。

高中时期，她学习英语的唯一窍门就是背诵，让自己多记一些单词。虽然在每一次的英语考试中，她都能取得不俗的成绩，但实际上，她所学到的是“哑巴英语”，做题得分不在话下，一张嘴却是满口的“中式英语”。

那些生长在大城市的同学就不一样了，他们所在的学校大多都聘有外教，有些人直接上的就是双语教学的外国语学校，即便没出过国，张口说出的英语也都很有外国味儿。而且，这些同学往往从很小的时候就已经开始英语教育培训……强烈的挫败感让她对自己的未来失去了信心，同时也让她陷入了自我否定。

导师很快就发现了她的异样，经过一番长谈之后，她才打开心扉，将自己的所思所虑告诉了导师。导师听完她的话之后，非常讶异地说道：“虽然你的英语成绩算不上很突出，但其实也不差，而且你其他科目的成绩都是非常优秀的，每年都能拿到奖学金。你怎么还会觉得自己很失败呢？再说了，你只是个普通人而已，为什么非要勉强自己事事都做得完美呢？”

听到这话，她不仅没觉得轻松起来，反而更加难受了。一直以来，她都觉得自己就是大家口中说的“别人家的孩子”，可现在导师却说她只是个“普通人”。过了很长一段时间，她才渐渐平复下来，接受自己是个普通人这样的定义。

有趣的是，当她能够坦然承认自己不过是个“普通人”之后，她发现许多曾让她备受打击的事情，似乎也并没有那么难以接受。她开始渐渐接受自己的“普通”，接受自己的缺点，接受自己确实不擅长英文口语表达的事实。在收拾好那些糟糕的情绪后，她在学业上居然又大大的前进了一步，并最终以优秀的成绩顺利被导师的实验室所招募。

年轻时候，每个女孩或许都曾想过，自己是与众不同的，是世界的中心。然而，事实上，在这个世界上，绝大多数的人都是平凡而普通的，每个人身上都有闪光的优点，但同时也都有缺点与不足。这都是非常正常的，没有任何人可以真正做到完美无缺，我们不过只是芸芸众生中的一员。

即便不够聪明，即便没有过人的才华和天赋，我们也并不比任何一个人卑微。我们不完美，但这并不是一种错。只有当我们能坦然面对并接受这个事实时，我们才能真正认识到自己的价值，也才能真正让自己变成更优秀的女孩，真正赢得别人的尊重与友谊。

有一句在年轻人中颇为流行的话，你或许也听过——“要么出众，要么出局”。这句话乍一听，确实挺让人热血沸腾的，尤其是一些二十出头，刚刚步入社会的年轻女孩，更是用它来作为激励自己的座右铭。但实际上，这句话说得有些偏激了。诚然，大多数人都渴望自己能成为一个“出众”的人，但不可否认，绝大多数人其实都很普通，都离“完美”很遥远。无论长相、能力还是出身，都只是普普通通而已。但这并不是什么错，更不该成为我们妄自菲薄的理由。

我们不完美，但这并不是原罪，因为我们并没有对不起谁。所以，年轻的女孩们，请挺起你的胸膛骄傲地生活吧！即便你没有出众的容貌、天才的头脑、卓绝的能力，即便你身上有那么多的不完美，你也依然是你的世界里独一无二的女主角。

没人疼你，大不了自己疼自己

如果说有哪一本书是每个年轻女孩都不该错过的，那么相信《简·爱》必定是当之无愧的选择。

在二十出头的年纪，青春正好，每个女孩都渴望自己能如烟花般灿烂。然而，在现实生活中，大部分的女孩，都不过是像简一样平凡的女孩子罢了，就像简自己形容的那样——“贫穷、低微、不美、矮小”，如此平凡的简，也是如此平凡的我们。

然而，就是这样平凡的简，却活得比任何人都努力、尊贵，哪怕面对“高富帅”罗彻斯特先生，也不曾低下高贵的头。

许多阅读过《简·爱》这本书的人，都能从中汲取到力量。简就像一株不起眼的小草，平凡却坚韧，微小却强大，因为她一直深深地爱着自己，爱着这个平凡而不起眼的自己。就像她所说的：“哪怕一生很简单，也要好好疼爱自己。”因为疼爱自己，所以不会让自己在苦难中迷失自我，不会让自己在尊贵面前丢失尊严，更不会委曲求全地去折辱自己的人生。

简的强大，正是源于对自己的爱，而这也是每一个年轻女孩都应该学会的东西。哪怕你不够出色，哪怕你不够美丽，你都应该发自内心地爱自己，只有真正懂得爱自己的人，才能真正活得尊贵，才能真正让自己一点点进步，成为更好的、更优秀的人。

思彤是个宅女，除了上班之外，其他时间几乎都宅在家里。她不爱化妆，不爱运动，也不爱出去聚会，每个周末几乎都是宅在家里看肥皂剧和玩手机游戏，总把自己弄得邋里邋遢的。每每有人劝她注意一下形象，她都会懒懒地回上一句：“我一单身狗，又没人关注，我干吗费那劲儿去打扮自己啊？”

今年思彤已经27岁了，家里人都非常担心她的终身大事。亲戚们其实也给她介绍过几个对象，但可惜，每一次都是无疾而终。思彤对此也感到很无奈，她觉得自己为人还不错，长得不说有多好看吧至少也不丑，许多不如自己的人都把自己嫁出去了，可怎么自己就偏偏没有异性缘呢？

有人问过一个和思彤处过一段时间对象的人，为什么一开始挺积极，后来却打起了退堂鼓，那人说道："她的生活实在是太没规律了，经常熬夜，也不按时吃饭。而且，平时她也不太注意形象，不关注时尚，经常都是穿着网上十几块一件的廉价T恤……反正啊，一个女人，能把自己弄成这个样子，我实在很难相信她以后能顾好一个家。"

于是，就这样，思彤一直宅着，邋遢着，单身着，为自己的终身大事焦虑着……

如果一个女人，连自己都不懂得爱自己、疼惜自己，又怎么指望别人来爱你、疼惜你呢？更何况，虽然说"女为悦己者容"，但如果因为无人欣赏，就把自己弄得见不了人，那么以后不就更难指望被人欣赏了吗？这就是一个可怕的恶性循环。

平凡不是错，没人疼爱也不是错，但如果因为自己平凡，因为没有人疼爱自己，就把自己的日子过得一塌糊涂，让自己远离人群，关闭心门，那么总有一天，你必然会被这个世界所放弃。一个连自己都不爱的人，又怎么可能变得优秀，变得耀眼呢？

从小我们就被教育，要学会爱父母、爱朋友、爱老师、爱事业……但其实，女孩们最应该学会的第一课，是爱自己。当你懂得爱自己的时候，才能真正读懂生活的真谛，体会生命的快乐，充满自信地展现最真实的自我，同时收获最丰富的回馈。

你可以憧憬爱情，但同时也应该明白，爱情是一件可遇而不可求的事情。一个人的世界或许很落寞，但同时也可以很精彩。青春本就是五彩缤纷的，爱情只不过是其中的一种颜色，它确实美丽又迷人，但却永远不该是你生活的全部。

大学刚毕业，韩玲玲就遭到了父母的催婚，亲朋好友也都给她介绍了不少对象。可偏偏，大概是物极必反，众人越努力，韩玲玲的恋爱路就越不顺利，一直到了快奔三的年纪，她也没能谈成一个稳定发展的对象，这可愁坏了一众亲朋好友，就连父母都私底下犹犹豫豫地表示："要不咱找个二婚的？"把韩玲玲气得直接收拾行李，去三亚旅游了。

要说真有多生气吧，倒也不至于。事实上，一直以来，对于结婚生子这事，韩玲玲都没有什么执念，在她看来，恋爱这种东西，都看缘分。缘分要是来了，那是怎么都挡不住的，同样，要是没有缘分，再强求也是白搭。

虽然一直没有遇到合适的对象，但韩玲玲的生活过得却非常丰富多彩。当别的女人在和男朋友甜甜蜜蜜，或上演着各种关于恋爱婚姻的恩怨情仇时，韩玲玲同样也忙得不可开交呢！她喜欢写作，只要有闲暇时间，就会在博客中写上一些东西，记录生活中的点点滴滴；她喜欢做饭，常常在周末时钻研新的菜式，然后邀几个朋友大吃一顿；她喜欢旅行，只要有空，心血来潮就能立马展开一段说走就走的旅程。此外，她每周还要上至少3次健身房，以保持良好的体态；每个月都会去展览馆看画展或者其他艺术展览。

事实上，单身的韩玲玲过得是真的开心又快乐，反而被逼着去的各种相亲约会才真是让她头疼不已。

生活总是处处有惊喜，就连韩玲玲也没有想到，自己心血来潮的一趟三亚之旅，居然让她遇见了自己的"真命天子"。

很快，韩玲玲就风光大嫁了。在婚礼上，说起两人相识的经历时，韩玲玲的先生说道："我们是在飞机上认识的，很巧的是，我们的座位就在一起。一开始我们只是简单地聊了几句，却意外地发现很投缘。她喜欢画展，而我是画家；她喜欢做菜，而我喜欢吃；她经常去健身，而我很懒，非常需要一个像她这样勤快的伴侣……总之，好吧，我承认，我一开始就被她的美丽和自信吸引了。我想，一个能把自己照顾得这样优秀的女孩子，是值得所有人去疼爱的。"

不论是一个人还是两个人，其实都不过是一种生活方式罢了。一个人有一个人的精彩，两个人有两个人的甜蜜。恋爱也好，结婚也罢，从来都不是生活的全部。一个女人，只有学会好好疼爱自己，把自己的日子过好，才能够真正懂得如何去爱别人。

所以，女孩们，好好爱自己吧。无论你是否漂亮，是否博学，是否遭遇阻碍，或是一帆风顺，都请在生活的每一天都好好疼爱自己吧。只有真正懂得爱自己，把自己照顾好，你才能更有能力也更有动力地去热爱周围的一切，成为一个值得被爱的人！

为什么将就？不喜欢就不屈就

对于二十几岁的年轻女孩来说，拒绝通常是一件非常困难的事情。或许是出于天性中的善良，也或许仅仅是碍于面子，很多年轻女孩在面对别人的请求或命令时，即便内心不情愿，也往往会选择妥协和退让。

然而事实上，这样的做法除了委屈自己之外，并不能真正收获到什么。即便周围的人赞你一句“好人”，也仅仅只是因为你的妥协退让罢了。换言之，一旦你停止委屈自己，那么就连“好人”这两个字可能都保不住。瞧，这是多么不划算的事情啊！既然如此，为什么要让自己受委屈，让自己为了别人的痛快而将就？

请记住，在这个世界上，无论面对的是谁，我们都应该把“爱自己”摆在第一位。无论是你的亲人、朋友还是爱人，都不值得让你失去最后的底线，都不应该让你放弃自己的尊严。因为真正爱你的人是绝对舍不得让你屈就的，而那些巴不得从你身上“吸血”的人，则根本就不值得你付出心血。

何苗苗是个脾气特别软的姑娘，有些缺乏主见，最怕得罪人，所以遇到事情的时候，往往都是宁愿委屈自己，从不敢麻烦别人。

上大学的时候，只要舍友一句：“苗苗，你帮我带个饭呗。”即便原本不准备去食堂，何苗苗也会因为不好意思拒绝而特意绕路去帮舍友带饭。

朋友们一块聚餐，每到点菜的时候，何苗苗说的最多的话就是：“你们点吧，我随意！”“我可以，不挑食！”于是，久而久之，大家就都习惯了何苗苗的“没意见”，除了特别特别熟悉的朋友之外，即便是相处了三、四年的同学，也都鲜少知道何苗苗到底喜欢吃什么。

进入公司之后，身为新人的何苗苗更是不敢拒绝同事的请求了。今天帮这个同事送文件，明天帮那个同事加班，把自己忙得团团转，结果到最后，反倒是自己的工作没做完，只能继续加班加点地干。更糟糕的是，在帮同事做事的时候，万一要是哪里做得不好，何苗苗反而还要遭到同事的埋怨，简直得不偿失！

那么，周围的人又是怎样看待何苗苗的呢？

领导说："她的工作效率实在太低了，每天看着特别忙，但实际上工作却完成不了多少，这样的能力当初是怎么进公司的？"

同事说："谁？哦哦，是那个茶水小妹吧？嗯，对她不是太有印象。她不是公司招来的小助理吗？是正式的员工啊？平时看她总跑腿，所以……"

同学说："何苗苗啊，没有太深的印象，就是感觉好像没什么特点。"

……

看来，何苗苗的屈就并未让她收获多少喜爱和感激，她的委曲求全，换来的也不过就是别人对"奴役"她这件事的习惯罢了。

生活中，有很多像何苗苗这样的女孩，她们总希望获得别人的喜欢与认同，害怕与别人发生冲突，于是只能在一次次的不情愿中妥协，选择委屈自己。而这样做的代价往往就是牺牲自我，导致自己与他人之间的关系失衡，最终将生活搞得一团糟。

有人可能会说："哪里有这么严重？只不过是顺手帮别人一点小忙，虽然有点麻烦，但也并不是很难做到。"殊不知，在生活中，正是这样的"小忙"才最容易给我们造成负担。

你刚宣布完要去国外旅游，就立马有朋友丢给你一个长长的shoppinglist，让你帮忙代购；你在一线大城市工作，亲戚朋友知道以后，三不五时就来一拨人，让你陪吃陪玩、陪聊陪买；好不容易周末休息，老同学一个电话过来，让你"江湖救急"，去参加个什么讲座，帮忙凑凑人数……

看，这些事情仿佛都只是"举手之劳"而已，都是你完全可以做到的，虽然多多少少会有些许不便。于是，很多女孩子心肠好、脸皮薄、耳根子软，经不得别人几句恳求，就将就着做了，宁愿自己麻烦一些，也不想因为拒绝这种“小事”而得罪人。

可是，好好想一想，这些“小事”真的只是举手之劳吗？原本轻松的旅游因为要帮朋友代购而增加了不少负担；工作已经又忙又累，却还得抽出时间去陪亲戚朋友逛街玩耍；好不容易挨到周末想好好休息，却又因为要听讲座而忙碌一天——更可怕的是，这些所谓的“举手之劳”很可能会在你的生活中层出不穷……

年轻的女孩们，何必为博取别人的欢心而委屈自己呢？更重要的是，你的屈就往往很难获得回报。在别人看来，你屈就自己去做这些“小事”，不过就是举手之劳罢了，而若你拒绝，反倒会落得埋怨。所以，与其委屈自己去做这种得不偿失的事，倒不如顺从自己的心意，遇到不喜欢的事便果断拒绝，这样至少能让自己的日子过得痛痛快快的。

晴晴不久前参加聚会认识一个女孩，两人聊得很开心，颇有种相见恨晚的感觉，两人很快就成了朋友。

后来，晴晴渐渐发现，这个女孩特别喜欢发牢骚，每当工作或生活中遇到不开心的事，就会找晴晴使劲吐槽，完全把晴晴当成了自己的“情绪垃圾桶”。晴晴一开始也曾委婉地向女孩表示过，让她不要总说这些负能量的东西，可女孩却说，这是好姐妹之间的“帮忙”，这让晴晴感到很不高兴，情绪也常常受到影响。

渐渐地，晴晴疏远了这个女孩，慢慢断了联系。许久之后，晴晴从别人口中得知，当初她疏远那个女孩的时候，对方还曾和其他朋友抱怨，说晴晴这个人冷心冷肺的，她也没想让晴晴做什么，只是偶尔扮演一个倾听者的角色罢了，这都不肯帮忙，算什么朋友。

晴晴听了也只是毫不在意地笑了笑，她知道，必然会有一部分人说她不近人情，可那有什么关系呢？她完全没有必要为了别人的欢喜而委屈自己，不喜欢，所以绝不屈就。

委屈自己、奉献自己并不意味着就能得到别人真心的喜欢。一个人如果真的喜欢你，那么即便你什么都不做，对方对你的好感也依然会存在；但一个人如果是因为你的牺牲和奉献才对你产生好感，那么一旦你停止牺牲与奉献，这种好感很可能就荡然无存了。

所以，女孩，别再为了这种建立在自我伤害基础上的虚假回报而委屈自己，不愿意就是不愿意，何必屈就！顺着自己的心意去生活，得到的轻松与快乐才是最大的回报。

找到适合你的那双鞋

扶芳藤是一种奇怪的植物，野生时它会占去大量的养料，让周围的果树全部衰败，而盆栽时它却能够净化周围的空气；速生桉也很奇特，它被人誉为“地下抽水机”，在澳大利亚生长得非常好，可在我国的一些地区，它却成了导致地下水短缺的“罪魁祸首”。

可见，每一种植物都有适合它生长的土壤与气候，就像牡丹不可能开在山峰上，杨柳也不会活在低谷下。植物如此，人事亦然。

欧娜逛街时，无意中看到了某专柜的鞋打五折，一双黑色漆皮、简单大方的鞋子吸引了她的眼球。她脑海里随即浮现出自己穿上这双鞋后的优雅之态，心中一阵欢喜。试了一下那双鞋，当时感觉还挺舒服，心想这双鞋合脚、鞋跟也不太高，比家里的那些鞋子都显档次，没有理由不收入囊中。

虽说是半价买的，可价格依然不菲。欧娜忍痛买了下来，不过想到这么贵的一双鞋，穿着合适又显气质，又觉得值得。于是，这双鞋成了欧娜鞋柜里最昂贵的一双。因为买鞋子的时候已经是深秋，她只能等着来年春天再穿，只是闲来无事时还会在家里试穿一下。

终于，春天来了。欧娜穿上这双鞋，配上知性的套裙，对镜独照，顿时感觉自己优雅了许多。可是，穿上它的第一天，从家里走到车站，欧娜就觉得脚有点疼。她忍着疼痛，安慰自己说，新鞋都磨脚。一路忍痛到了单位，她实在有点受不了了，平日里穿那些更高跟的鞋子也没觉得如此难受，更何况这双鞋子还挺贵的，看来还是得磨合。可是，在公司忙了一天，走来走去的，欧娜真觉得脚要断了。下班时，她连忙换上了办公室里备用的一双舒适的鞋子，拎着这双昂贵的新鞋回家了。

欧娜有点不甘心，几天以后又穿上它，结果脚后跟磨得掉了皮。她太失望了，一双昂贵却派不上用场的鞋，让她后悔买下了它。看着鞋柜里另外两双略旧的皮鞋，价格便宜，可穿着很舒服，其中一双已经穿了三年，她还舍不得丢。而眼前这双新鞋子，她也试图给脚上涂些润肤霜，让自己与它之间减少些摩擦，可依旧无用。

最后，欧娜把这双鞋永远收藏在鞋柜里了。这件事也让她明白了一个道理：即便鞋子很贵很好看，可当它成为自己的痛时，它于自己就是不合适的，宁愿舍弃。她需要的是一双可以包容自己脚的鞋子，能让她穿着走很远的路。别人穿上这双鞋的优雅，放在自己的脚上会疼痛；别人的幸福放在自己身上，或许就成了埋葬自己的坟墓。她也由此明白，适合自己的才是最好的。

从一双不适的昂贵的鞋子身上，到能够领悟到生活的真谛，这份昂贵也算是不白费。其实，生活、工作和穿鞋子一样，不要盲目追求和别人一样的精彩，而是要淡定地去寻找那个属于自己的位置，构筑一个可以绽放美丽的舞台。二十几岁正是人生最精彩的时刻，你的每一个选择都将对你的未来有着重大的影响。

别轻易小看自己，即便你只是芸芸众生的平凡女子。要知道，幸福需要一段缓慢而坚定的成长，缓慢是需要时间，而坚定就是自信。就像盆景工匠在为新种的小树做砌筑物填充时，会用到一堆大小不一、形态各异的鹅卵石，经过盆景工匠不断地对比、调整、取舍，不管什么样的鹅卵石，都可以找到适合自己的位置，成为填充的一分子，为装饰砌筑物发出自己的一点光，彰显出自己独特的美。

对于女人而言，职场是个成就梦想的舞台，而一份适合自己的工作，就是通往梦想舞台的捷径。只是有些时候，外界的一些因素，如荣誉、薪水、职位等等会干扰思绪，会让人脱离自己的轨道，做出错误的抉择。

A和B毕业后同在一家小型广告公司做设计。这家公司规模不大，可氛围却很好，同事之间没有太多的钩心斗角，工作中遇到麻烦大家都会尽力帮忙；老板待人也和气，对于下属的广告设计从不多加指责，就算是有意见，也会委婉地提出来。在这样轻松自由的环境中工作，两个初出茅庐的女生成长得很快，仅用了一年的时间，她们的不少创意作品就得到了业内人士的肯定。

慢慢地，开始有人“挖墙脚”，其中不乏大型的广告公司。A有点心动了，她觉得自己的才华需要一个更大的平台去发挥，很快就跳槽到了那家大公司。B仍然留在那家小公司里，她觉得这里最适合自己。

A到了大公司后，很长时间都适应不过来。那里的同事个个都是精英，经验和资历都比A丰富，且个个心高气傲，不好相处。老板也是个挑剔的人，但凡下属工作上有一点失误，他都会严厉指责，好几次让A当众下不来台。A在设计方面有什么不同意见，委婉地跟老板提出来，可老板却很不耐烦，反问A：“你说了算，还是我说了算？要不你来坐我这个位子？”弄得A心里很不舒服。

在这样一个环境里工作，A每天都要想着如何跟身边的人相处，过得小心翼翼。如此一来，投入到工作中的精力势必就少了很多，所以和过去的一年相比，她在工作上的进步很小。此时的B呢？一心一意在那家小公司做设计，仅一年的时间，她的好几个作品在全国广告设计中获了奖。

说起为什么不愿意跳槽到大公司，B笑了笑说：“我不擅长与人交际，也不太喜欢拘束的环境，在那样的氛围里工作会影响我的心情和状态。我看重的是设计这份工作本身，不是公司的名气。”

两个年纪相仿、工作性质相同的女子，一个在外界的诱惑下盲目投奔了大公司，却没有料到人才济济的大公司里竞争如何激烈，人际关系如何复杂，自己能否应付得来？最后让自己陷入进退两难的境地。另一个女子，却有一颗淡定而成熟的心，踏实地做着自己的事，不为那些优厚的条件所动，知道自己内心想要什么，更知道自己适合什么，最后一步步地实现了自己的理想。

人生复杂，百转千回。即便青春正好，女人也不能不顾一切去追求最好的东西，而忽略了自己千辛万苦追求的东西是否真的适合自己。唯有找准自己的位置，才能在最适合的土地上生长，开出灿烂的花，结出丰满的果实。记住：最好的未必是最适合你的，最适合自己的才是最好。给自己最适合的，才是正确疼爱自己的方式。

对不起，那是你的规矩，不是我的

无规矩不成方圆，无论生活在哪里，都是必须遵守规矩的。规矩的存在本是为了维护秩序，只有人人都遵守一定的规矩去行事，才能有秩序和稳定。

但规矩其实也分很多种，有的规矩是只要你身在某个圈子中就必须要遵守的，比如国家制定的法律法规；而有的规矩却只是所谓的“约定俗成”，或者某一部分人所“认可”的，比如某些行业或者某些单位的一些“潜规则”，等等。

面对规矩，很多人都是不敢违抗的。一方面是因为规矩总带着一副权威的面孔出现，很多人甚至还来不及思考，就已经被“洗脑”了，以为本就该是这个样子的；另一方面则是因为接受规矩或者说遵守规矩的人往往是大多数，而很多人都存在一种从众心理，不愿与大众对立，也不想惹是生非，所以甚至都不去思考就接受了规矩的存在。

但在这个世界上，不合理的规矩其实很多，尤其很多规矩实际上对女性的伤害往往要大过男性，比如现在某些地区依旧奉行的女人不能上桌吃饭，女人不能抛头露面，等等。

对于二十几岁的女孩来说，初入社会，要学会遵守规矩，但更要懂得拒绝规矩。你要明白自己应该做什么，不该做什么，应该遵守什么，应该拒绝什么……不要害怕自己与别人不同，更不要勉强自己去配合那些不合理的规矩，甚至是伤害自己的规矩。

黄薇是个羞涩而内向的女孩，但却也有着属于自己的特立独行。

上大学的时候，周围的女孩子都在忙着打扮、逛街、交际、恋爱，黄薇却几乎把自己所有时间都耗在了画室里。一支笔、一个画板、一个高板凳、一个小马扎，这几乎涵盖了黄薇的整个大学生活。也曾有人试图和黄薇交朋友，拉她出去玩，但都被她拒绝了，久而久之，便有不少人在私底下称她为“怪人”，觉得她“不正常”。

事实上，黄薇的“与众不同”从很小的时候就体现出来了。小时候，黄薇就非常喜欢画画，但她画的画和别的小朋友却总是不同的。别的小朋友画的天空是蓝的，太阳是红的，树叶是绿的，而黄薇呢，却总喜欢画红色的树，黄色的天空，绿色的太阳。老师曾多次试图“纠正”黄薇的涂色，可黄薇却固执地说：“不！为什么非得和别人一样？我就不！这就是我想画的世界！”

黄薇学的是建筑专业，毕业之后的工作也不轻松，成天都要和密密麻麻的图纸及工具书打交道，跟工程的时候还得经常顶着烈日上工地。虽然身为女孩子，但黄薇却比周围的男同事还要拼。有人劝她说：“你一个女孩子，不用那么拼命吧！反正迟早要嫁人的，何必把自己逼得那么紧？”可黄薇却说：“谁规定女孩子就不能拼事业的？再说了，如果我不拼，又怎么能活出和别人不同的样子？”

众所周知，建筑行业长久以来都是以男性为主导的行业，但黄薇却硬生生凭借自己的天赋和努力，打拼出了属于自己的一片天。仅仅用了不到五年的时间，黄薇就从最底层的一名小实习建筑师，成长成了公司中最受重视的首席建筑师，其进步之神速，实在令人刮目相看。

后来，年纪渐长，身边的人都已经结婚生子，可黄薇却依旧一心扑在工作上，任由别人如何议论，都没有按照“规矩”走进婚姻，做一枚贤妻良母。她一直没有结婚，也没有生孩子，对事业却有着无尽的热情。她买下一块地，用赚到的钱亲自为自己设计并建造了一个小别墅，如今她就一个人住在这里，依旧为事业忙得不可开交，根本没有闲下来的时候。

但凡是认识黄薇的人，在提起她的时候，依然还是会说一句“怪人”，但与此同时，又都对她赞赏有加。毕竟，她的确活得非常优秀，也非常成功。她走上了一条与“普通”女性截然不同的人生道路，活出了令人艳羡的精彩。

有人曾问过她：“你总是这样，和其他人格格不入，不会觉得不太好吗？”

黄薇却笑着回答说："我知道我和别人在很多事情上都不一样，但有什么关系呢？我觉得这样很酷。你们认为的应该怎样，那是你们的规矩，不是我的。"

作为一个女孩，想必你身边的父母长辈或亲朋好友，或许都曾打着"为你好"的旗号对你说过诸如此类的话："你是女孩子，要温柔一点，不要总那么强势""你一个女孩子，踢什么足球啊""这种活动不适合女孩子参加，太野蛮了""都这么大年纪了，该结婚生孩子了，别总想着拼事业""哪有女孩子不嫁人的"……

不可否认，这些劝告的话语或许都出于真挚的关心，但又有谁规定，女孩子就必须怎样怎样呢？女孩子为什么不能强势？女孩子为什么不能有事业心？女孩子为什么非得结婚生子？

这些"规矩"看似都是那么理所当然，毕竟在这个世界上，大多数的女性确实都是遵照着这些"规矩"行事的。可是，在这个世界上，同样还存在着一些不一样的女孩子，她们有着不同于一般女孩子的追求，有着不同于一般女孩子的渴望，这些并不是什么过错，她们只是不一样而已，只是不愿意遵守别人的"规矩"而已。就像黄薇，她特立独行，不惧世俗的眼光，坚持按照自己的意愿去生活，成了别人眼中的"怪人"。可她的不守规矩并未对任何人造成过伤害，相反，如果她为了守"规矩"而压抑自己，那恐怕才是真正的伤害。

女孩，勇敢地抬起头，活成自己想要的样子吧！即便和世界不一样，又有什么关系呢？你就是你，是世上独一无二的你。面对那些可能会伤害你的"约定俗成"，你完全可以骄傲地抬着头，告诉他们：对不起，那是你的规矩，不是我的！

用一颗淡定的心欣赏自己

二十几岁的女孩最是容易掐尖要强，仿佛只有样样胜过别人，才能证明自己的价值。然而，事实上，你的存在本身就是最好的证明，你本身就是最值得欣赏的风景。学会撇去浮躁，用一颗淡定的心欣赏自己，你才能真正找到人生的价值，在飞扬的青春里开出璀璨的花。

就像卡耐基曾说过的："发现你自己，你就是你。记住，地球上没有和你一样的人……在这个世界上，你是一种独特的存在。你只能以自己的方式歌唱，只能以自己的方式绘画。你是你的敬仰、你的环境、你的遗传造就的你。不论好坏与否，你只能耕耘自己的小园地；不论好坏与否，你只能在生命的乐章中奏出自己的音符。"

微安，某知名企业主管，典型的"白骨精"，学历、收入、容貌都出类拔萃，人也很自信。她总是对身边的人说自己如何成功、如何幸福。若不是公司安排她来上心理课程，她说自己坚决不会来。

心理课程上有一项训练：神仙岛之旅。微安的反应非常强烈：她看到惊涛骇浪和黑压压的乌云，四周荒无人烟，甚至连一棵树都没有，她感到无比恐惧和孤单。她想象着自己是一只小鸟，却无法飞越海洋，不是被浪涛吞噬，就是被风卷走。后来，在导师的帮助下，微安才安全抵达神仙岛。可惜，这里一点都不美好，她看到的不是山石就是陷阱，孤立无援的微安，独自在苍茫大地的中央，她哭了。

导师花了一个多小时，才帮助微安驱散掉头顶上的乌云，打败了岛上凶猛的野兽。神仙岛重新恢复了平静与安宁，微安成了岛上的国王，还赢得了一份爱情。

课后，微安独自找到导师，她问导师自己为何会看到那样的场景，而其他人看到的却是温馨的画面。导师问她："你在公司里的感觉是什么样的？和你刚刚看到的场景像吗？"微安愣住了，她突然明白了，原来所谓的"神仙岛之旅"中所体会的一切情绪，不过是自己潜意识里对现实生活的真实感受。

微安沉默不语。许久，她告诉导师，自己很小的时候父母离异，她完全是靠自己的奋斗和课余时间打工才读完了本科，后来又取得公费留学的资格。工作后，她的美丽引起过其他人的嫉妒，曾经谈过两次恋爱，也以失败告终。为了保住自己的职位，她明知老板打她主意，自己却虚与委蛇，为此没少招白眼和被他人说闲话。她一次次告诉自己，我很幸福，也告诉别人她很幸福。可这一次的“神仙岛之旅”却揭穿了她的谎言，潜意识是不会骗人的。

导师告诉微安：你是你自己的，你的一切都不必取得别人的认可与欣赏，即便这个“别人”是你心中的另外一个自己。微安看着导师，什么也没说，可她心里却有了答案。

几天后，微安辞职了，去了一家薪水不高的国企，还交了一个收入普通的男朋友。或许在某些人眼里，微安不再欣赏自我了，甚至变得“傻”了。可是微安心里很清楚，她听到了内心的呼唤，如今的她或许不那么扎眼，可与过去相比，她更欣赏现在的自己，因为这是最真实、最放松、最快乐的微安。

生命没有高低贵贱。一只蜜蜂和一只雄鹰相比，虽然微不足道，但它可以传播花粉从而使大地生机盎然。二十几岁的时候，人们总想让自己活成雄鹰，却忘了问问自己的内心，真正想要的、适合自己的，究竟是什么。就像微安，从前的她是活得违心、假装快乐的职场达人，现在的她则是平平常常、真实快乐的普通女子，前者显然有着夺人眼球、甚至惹人嫉妒的美丽，而后者有的却是内心深处对自己的接纳与欣赏。

放眼望去，大千世界里的女人们，总是习惯欣赏、赞叹别人，在羡慕之余有人自惭形秽，有人东施效颦，却很少有人懂得欣赏自己。或许，你曾懊恼自己没有良好的家境，可为何不看看，如今自己拥有的那一双能够独立飞翔的翅膀呢？或许，你曾后悔自己在过去的人生中留下过太多遗憾，可为何不看看，如今的自己更懂珍惜呢？或许，你曾烦恼自己没有出众的样貌和身材，可你为何不看看，如今的自己也有了另一番知性的气质呢？学会欣赏你的优点，你的思想，你的文字，你的潜力，你的性格，你的品质……这一切都能让你散发出无与伦比的光芒。

欣赏自己是一种由内而发的自信姿态，而不是华丽丽的外表和他人艳羡的目光下的那个自我形象。欣赏自己，就该在无人为你鼓掌的时候，给自己一点鼓励；就该在无人安慰自己的时候，为自己擦掉泪滴；就该在自惭形秽的时候，给自己一点自信；就该在无人疼爱自己的时候，给自己一点理解。然后，丢掉昨日的疲惫和伤痛，抚平昨日的痛苦和伤痕，去迎接新一天的太阳，走向一个风和日丽的清晨。

当你学会欣赏自己，认识到自己的价值，就不会根据别人的看法嫌恶自己、贬低自己，不会按照别人的标准来生活，也不会感到压力重重。也只有当你真正学会欣赏自己，你才会明白如何真正疼爱自己。

当然，欣赏自己不是自视清高，也不是孤芳自赏，而是在平凡中发现自己的独特魅力。你看那春寒陡峭中的冰凌花，它从来不被人像牡丹那样地宠爱，而它仍旧义无反顾地迎着寒风倔强地开着。天底下的至香至色，只愿与清寒相伴。不卑不亢、落落大方，才是一个女人最美的姿态。

海为自己蓝，你为自己活

曾经有人说过这样一句话："每个人心中都有一首歌，即便没有掌声，我们也能歌唱，也能取悦自己。"实际生活中，在面对林林总总的大小事时，真正能做到不去刻意权衡利益，不在乎物质的多少，以及听从自己内心的人又有多少呢？

有个年轻的女孩，一直渴望得到心仪男子的欣赏，可偏偏对方是一个非常挑剔的人。一连几次，事情都搞砸了。她既伤心又自责，向朋友倾诉说："我真的很想给他留一个好印象。我挑了好久才挑好衣服，脑子里一直想自己该说什么话，也计划了自己该做什么事。我本以为一切会很顺利，可没想到被愚钝的自己给搞砸了。现在，他一定在背后笑我是个笨女人。"

二十几岁的女孩多多少少都有那么一点虚荣心，都希望得到赞美。重视自己在别人心中的形象，看重他人对自己的评价，无可厚非，做得适度也能够体现出一个女人的自尊。可若过了度，做事只是为了得到他人的好感、好评，就有可能钻入不能自拔的牛角尖。

有一位年轻的女孩，一直希望证明下自己的价值，可每当她鼓起勇气去做一件事的时候，只要周围人说一句消极的评价，她的热情和兴致顿时就会消失一半。渐渐地，她对自己失去了信心，甚至还产生了自卑的情绪。

后来，她向一位长者求助，希望能够得到一些启示，改变自己。她问长者：“为什么别人努力过后总能得到回报，而我努力的结果却总是那么糟糕呢？”

长者笑着摇了摇头，说：“如果我送你‘芳香’两个字，你会想到什么？”

女孩思考了一会，说：“我会想到蛋糕。我也开过一家蛋糕店，可是不久前停业了。到现在，我依然能够想到那些芳香四溢的甜品。”

长者点了点头，然后带着女孩去拜访一位画家，他也问了对方这个问题。画家说：“芳香，让我想到百花争艳的野外，还有翩翩起舞的少女。这两个字，给我的创作带来了灵感。”

随后，长者又带女孩拜访了一位动物学家，也问了同样的问题。动物学家说：“芳香，让我想到自己正在研究的课题，自然界里很多动物都用身体散发出的芳香做诱饵，捕捉猎物。”

女孩不太明白长者的用意。见此情形，长者又带她去拜访了一位久居海外，刚刚回国来探亲的富商。同样，还是芳香的问题。只见富商动情地说：“芳香，让我想到了故乡的土地。”

辞别那位富商之后，长者问女孩：“现在，你已经看到不少有成就的人了。他们对‘芳香’的认识，和你一样吗？”女孩摇摇头，还是一脸的疑惑。

长者笑了，意味深长地说：“生活中，每个人都有与众不同的芳香，你也一样，有自己的芳香。为什么你不能像别人一样出色呢？那是因为你总是太看重别人对芳香的理解，把生命浪费在别人的眼光里。”

有一位老人的笔记本上有这么一句话：“不必在意别人是不是喜欢你，是不是公平地对待你，更不要奢望人人都会善待你。”人们对一个人的反映如同多棱镜，不会一致说好，即便你做得再好，依然会有人挑剔。女人要学会看重自己的思想，不去刻意寻求别人对自己的看法和评价，不为任何人失掉真实的自己，才能不受干扰、愉快地活着。

一天晚上，阿曼达正在弹钢琴，十岁的女儿走了进来。她听了一会儿，皱起了眉头说：“妈妈，你的钢琴弹奏得不怎么高明。”的确不怎么高明，任何认真学琴的人听到她的演奏都会退避三舍，可阿曼达并不在意。

一直以来，阿曼达都是这样不高明地弹着，弹得很开心。阿曼达还喜欢唱歌，偶尔还学学缝纫，后来做久了也像模像样了。尽管这些东西在别人眼里都算不上好，可阿曼达很知足，她不是为他人而活，只要自己开心，别人怎么看有什么关系呢？

诗人但丁曾经说过：走自己的路，让别人去说吧！人生中最宝贵的财富，就是丰富的生活经历。每个人都有独立的思想与意识，不同的人有不同的经历，如果太在意别人的看法，就无法活出自己的精彩。很多时候，把别人的挑剔看成是对自己的否定，有意或无意地去改变自己，着实是不明智的做法。毕竟，每个人站的角度不同，出发点不同，所得出的结论自然也就不太一样。所以，不管怎样，女人都要有自己的主张，别人的看法是对的自然就去听，是错的就没有必要去理会了。

人活在世上，并非是为了要压倒别人，也不是为了他人而活。人活着，所追求的应当是自我价值的实现和自我珍惜，最要紧的是自己如何看，而不是别人如何看。如果一个女人追求的幸福是处处参照别人的模式，那么她的一生都会悲惨地活在别人的价值观里。

所以，从现在开始，别太在意他人冷漠的表情和窃窃私语，也不必费心思去揣摩别人如何待你，如何评价你，更用不着为了微小的得失、过错而懊悔不已，那不过是人生路上的一个小插曲罢了。多点豁达和超然，在平静喜悦中度过每一天，把时光留给自己，读两本自己喜欢的书，听两首自己喜欢的音乐，你会发现生活充满了阳光。

做回真正的自己吧！因为世界上那个最关注你的人是自己。放下心里的包袱，走自己的路，要记住，海为自己蓝，你为自己活。

辑二

假如我们不够惊艳，那为什么不能活得特别好看

爱美之心，人皆有之。而女人对美的追求更是一生的执着。谁都希望自己天生丽质，站在人群中成为最闪亮的焦点。可惜，并非每个女人都能得到上天的厚待，拥有令人惊艳的容颜。但这并不要紧，哪怕不够惊艳，只要努力，我们依然能让自己活得特别好看！

选择不了身材，我们可以管理好自己的体重；把控不了样貌，我们可以掌控好自己人生的走向。世上没有丑女人，只有懒女人。只要足够努力，每一个女人都能让自己活得精彩。

美丽，其实是一种由心而发的洪荒之力

你是否曾有过这样的经历：

清晨起床，站到镜子面前端详自己时，不禁在心中抱怨，为什么自己的皮肤不能再白皙细腻一些？为什么鼻子不能再高挺一点？为什么下巴上总有那么多肉？为什么嘴唇不够性感、身材不够迷人？为什么……

二十几岁，正是最爱美的年纪，每个女孩都希望自己天生丽质，拥有如花般俏丽美好的容颜。可女人对美丽的追求往往是没有止境的，即便再漂亮的女孩，也总有对自己不满意的地方，这就是为什么许多女人会沉迷于整容而无法自拔的缘故。

但美丽不仅仅只是一具皮囊，真正的美丽，是一种由心而发的洪荒之力，能为平凡的面容增添光彩，能让缺陷也变得魅力十足。一个真正聪明的女人，是不会纠结于容貌或身材的，她们会坦然接受自己不够惊艳的外表，然后发挥自己的优势与长处，让自己过得精彩，活得好看。

罗小妹一直觉得自己家基因不好，无论父母还是亲戚朋友，都很难找出一个长得好看的。因为这样，罗小妹从小到大都对自己的容貌感到十分自卑。自从知道这个世界上有一种东西名为“整容”的时候，她觉得自己终于见到了曙光，并立志要努力存钱，在自己二十岁的时候，送自己一张美丽的脸孔。

其实客观地说，罗小妹长得虽然不算漂亮，但也并不丑，就是一个普普通通的小姑娘。但女人嘛，对美丽的追求向来是没有止境的，哪怕是那些美如天仙的女明星，也总是会觉得自己的皮肤不够白，鼻子不够挺，更何况普普通通的罗小妹呢。

眼看二十岁的生日近在眼前，再瞅瞅存折上还算令人满意的数字，罗小妹去了整形医院，当她拿着一沓厚厚的整容医院给的介绍资料时，她开心地笑了起来，期待自己能变美。她开始在纸上认真涂涂画画，想着到底要从哪里开始“整”。

就在罗小妹积极为整容大事做准备的时候，家里突然收到了小姑姑要结婚的消息，这让罗小妹很是吃惊。

小姑姑是罗小妹爷爷奶奶的老来女，比罗小妹的爸爸小了十几岁，如今也就三十出头的年纪。这位小姑姑特别聪明，从小学习成绩就特别好，性格也讨人喜欢，高中毕业就申请了国外非常有名的大学，出国读书去了。后来又考上了研究生，一直在国外发展。

由于小姑姑这些年一直待在国外，偶尔回来几次也不一定能碰上，所以罗小妹其实并没有和这位小姑姑相处过，也就是匆匆忙忙地见过几次面。但罗小妹对小姑姑印象还是比较深刻的，因为她长得一点也不漂亮，塌鼻子，厚嘴唇，大脸盘，再加上又矮又胖的身材，爱美的罗小妹很难不给她冠上一个“丑女”的头衔。

在接到小姑姑即将结婚的消息后，罗小妹在心里猜测过好几次未来小姑父会长什么样子。当然，通常想象出来的模样都是秃头大肚子之类的“丑男”形象。所以，当看到英俊潇洒，年纪还比小姑姑小了三岁的未来小姑父时，罗小妹整个人都惊呆了，怎么也想不通，这颜值堪比明星的“小鲜肉”，怎么会娶自己的小姑姑?

后来，罗小妹得知，原来小姑父是小姑姑的学弟。小姑姑因为成绩优秀被导师看中，加入了导师的实验室，偶尔也会帮导师给学弟学妹们代课，小姑父就是这样认识小姑姑，继而被她吸引的。小姑父说，小姑姑是他见过最聪明最有智慧也最博学的女性。

在和小姑姑聊天的过程中，罗小妹也切实地体会到了这一点。虽然眼前的小姑姑还是如记忆中一般其貌不扬，但不知道为什么，罗小妹却觉得小姑姑看上去好像顺眼了不少，尤其是和她聊天，很容易就会产生好感。她博学多才，风趣幽默，不管聊什么她都能接上话，且言之有物。

参加完小姑姑的婚礼之后，罗小妹默默收起了整容医院给她的整形资料，她想，整容嘛，以后或许还是会整，不过现在，她觉得自己应该先学点东西，像小姑姑那样，用博学多才让男生对自己死心塌地，那才是真“人生赢家”啊！

不可否认，这确实是一个看脸的世界，好看的皮囊也的确能为我们带来许多便利，让我们站在比别人更高的起点上。但长得不够漂亮，不意味着就没有吸引力，就像罗小妹的小姑姑，虽然其貌不扬，但她的博学多才和高情商却为她增添了别样的魅力，让人很难不喜欢她。

每个女孩都希望自己天生丽质、貌美如花，但容貌是天生的，不容我们自己选择。再说，一个女人究竟能把日子过成什么样子，也并不是由容貌来决定的。或许你并没有像模特一样修长曼妙的身材，但你可以用渊博的学问来装点有趣的灵魂；或许你并没有令人惊艳的容颜，但你可以用温婉的气质来增添风采；或许你并没有好听动人的声音，但你可以用善良与温柔，让从你口中说出的每一句话都有温暖的味道……

美丽是由心而发的洪荒之力，容颜会有老去的一天，灵魂却能够成为不朽。与其为自己生得不够惊艳而耿耿于怀，倒不如多读些书，多做些事，让自己的灵魂变得生动而有趣，这样的你才能成就真正美丽的你。

相对天生丽质，“我”更喜欢今生励志

有一些女孩，明明才二十几岁，处于人生的上升期，未来还有着无限的可能，却总是早早就放弃了拼搏，就好像未来已经定格在了某一个区间。如果你劝告她们，她们可能会找出一大堆的理由来搪塞你：

我本来就长得不好看，何必浪费时间折腾打扮自己呢？

我头脑本来就不聪明，不是读书那块料！

我天生就不适合做生意，能安安稳稳找个工作已经不错了。

我天生就吃不了苦，还不如等着嫁个好男人。

……

“本来”“天生”，在她们的口中，自己的一生会平庸与失败，似乎都得归结于命运的不善待。学习不好是因为命运没有赋予她们聪明的头脑；不

去拼搏是因为命运没有赐给她们坚忍不拔的意志；一生平庸也是因为命运没有让她们拥有过人的天赋与才华。这是多么可笑的想法啊！命运又是何其无辜，莫名就成了“背锅侠”！

谁都希望自己天生丽质，拥有比别人更美丽的容貌，更聪明的头脑，更多的才华与智慧。但即便你真的幸运地拥有了这一切，如果没有后天的努力与拼搏，最终你也只可能泯然于众人。相反的，如果一个女孩，天生便只是平凡，没有过人的美貌，也没有聪明的头脑，更没有出众的天赋，但在往后的人生中，只要足够努力、足够拼搏，那么必然能在某个领域做出比别人更优秀的成绩。可见，日子过成什么样，并不是由天赋来决定的，相比起天生丽质，更能让我们得到保障的，是“今生励志”。

毕业回老家已经三年了，正准备结婚的卫兰突然收到大学同学聚会的邀请，想着学校所在的城市距离老家也不是很远，加之自己也想看看曾经的同学朋友生活得如何，便干脆和单位请了几天假。

这次前来参加聚会的同学只有十几个，大多都是留在大城市打拼的，或者和卫兰一样，老家离这里不远。在这些人中，最令卫兰感到吃惊的，是她的大学舍友梅芳。

大学时候的梅芳是个安静而不起眼的女孩，学习努力，性格内向，长相平庸，也不怎么会打扮。虽然在一个宿舍，但是因为梅芳实在缺乏存在感，所以卫兰和她的关系其实并没有很亲近，大学毕业之后自然也就断了联系。

同学聚会上再见梅芳，卫兰简直不敢认，她和从前简直是判若两人。现在的梅芳穿着漂亮时尚的职业装，化着精致的妆容，清丽优雅。和同学聊天的时候，梅芳也一直表现得落落大方，一点看不出从前的拘束和内向。

梅芳的改变令卫兰大感惊讶，她开始在聊天中有意无意地打探梅芳的情况。梅芳倒也没有隐瞒，把自己这三年的情况大概说了一下。

大学毕业之后，梅芳决定要留在大城市打拼，她原本想找一份与所学专业相关的工作，但经过几次碰壁之后，快连饭都吃不起了。没办法，为了生存，梅芳只得四处打工，并在机缘巧合下成了一名化妆品推销员。

既然做的是化妆品推销，那么个人形象就非常重要了。为了做好这份来之不易的工作，梅芳开始努力学习化妆打扮和与人交际的技巧，好在她运气不错，她所在公司的上司正巧和她是老乡，看梅芳一个小姑娘在外打拼不易，便帮了她许多忙，在工作上也给了她不少提点。就这样，一个愿意教，一个努力学，梅芳愣是脱胎换骨地把自己从一个乡下小土妞给包装成了都市“白骨精”。现在，梅芳已经因为出色的业绩升任做了市场部经理。

梅芳的经历让卫兰触动很大。当初大学毕业的时候，卫兰本有机会进入一家公关公司工作，她本人也对这份工作非常有兴趣。但当时，家里人却特别反对，纷纷劝说她回老家考公务员。大家都劝说卫兰，让她不要总是异想天开，说她是个普普通通一个小姑娘，从小就不擅长处理人际关系，一紧张说话还会结巴，根本做不了什么公关，倒不如找份稳妥的工作，安安稳稳地过日子。

最终，卫兰妥协了，虽然很舍不得，但她觉得，大家说的或许是对的，自己天生就不是吃那碗饭的人。可现在，看着眼前已经脱胎换骨的梅芳，卫兰心里突然觉得空落落的，如果自己当初再勇敢一些，那么是不是今天也会有完全不同的结局呢？

人们总说：人贵有自知之明。诚然，每个人都应该对自己有一个客观的认识，知道自己能做什么，不能做什么，而不是一味地异想天开，非要去做自己能力范围之外的事。但这并不意味着我们要为自己的生命“设限”，甚至斩断自己未来的无限可能。

《伤仲永》的故事想必大家都读过，作为神童的仲永，本来已经站在了比大多数人都要高的起点上，但因为不思进取，白白浪费了自己的天赋，最终泯然于众人，只换来一句“小时了了，大未必佳”的感慨。可见，人这一辈子能活成什么样子，关键不在于这个人拥有什么，而是在于这个人做了什么。

无论外貌还是内涵其实都是如此，天生丽质的人，如果不懂得保养和装扮，随着年纪越来越大，再美丽的容貌必然也会逐渐折损；拥有聪明头脑的女孩，如果不去汲取知识、学习技能，那么聪明的头脑就只能空空如也，无法创造任何价值。

所以，二十几岁的姑娘们，别再指望靠“天生丽质”混饭吃了，也别总是把自己的平庸与失败归结到“缺乏天赋”一类的理由上去。想要活得精彩，就得做一个励志的人，脚踏实地，一刀刀把自己雕琢成璀璨的“钻石”。

无论你是出众还是普通，请注重维护自己的形象，学会正确保养自己的容颜，学会在合适的场合做合身的打扮，学会得体的社交礼仪，把自己打造成优雅的“女神”。

无论你是聪明还是愚笨，都该多读一些书，多学一些东西，正所谓“腹有诗书气自华”，渊博的知识是女人最好的化妆品，能让女人的美丽经久不衰，甚至跨越时间与空间的桎梏。拥有一技之长，无论何时何地，你都不必担忧自己的生活，这是每个优秀女人都应当拥有的自信与底气。

相比天生丽质，我们更应做到今生励志。或许我们无法选择自己的容貌，但今后的人生是否能够活得漂亮、活得精彩，决定权一直都在我们自己手上！

女人爱自己，从形象开始

一个女人爱不爱自己，最直观的体现在于，这个女人在不在意自己的形象。这里所说的形象，指的就是个人给外界留下的整体印象，通常指能够引起别人思想、情感或审美活动的个人形态或姿态，包括容貌、气质、言谈举止、服饰搭配等方面。

形象是一个人的“招牌”，好的形象能让你在人生的道路上一帆风顺，而坏的形象则可能让你处处碰壁，事事不顺。对女人来说，形象的重要性更是体现得淋漓尽致，它是人际交往的一种资本，是别人认识你的第一张名片，也是你展示自我的窗口。

曾有心理学家做过一项简单的实验：

他先是打扮得衣衫褴褛、不修边幅，在地铁、公交车站和商场等公共场所闲逛；然后又打扮得衣冠楚楚，意气风发地到这些地方再走一圈。做这些事的时候，他的助手就负责在人群中暗自调查旁人对他的看法。结果发现，在他打扮得衣衫褴褛时，人们对他的印象大多是：恶棍、流氓；而当他变得衣冠楚楚之后，人们对他的印象则变成了：绅士、优雅。

明明是同一个人，但以不同的形象出现在人们面前，便会给人留下截然不同的印象，这就是形象的重要性。可见，形象直接决定了周围人对待我们的态度，因为不认识我们的人，往往都习惯于通过我们所展示出来的形象，来推断出我们的性格、素质以及精神面貌等，从而决定会不会与我们有更进一步的交往。

这一点很多人在生活中想必都有过切身的体会：在食堂打饭，同样价钱的饭菜，漂亮女生打到的总比一般女生的要多；出外旅游，漂亮女生更容易被人搭讪，也更容易获得别人的主动帮助；就连找工作的时候，在大家条件相差不大时，漂亮女生往往也比其他人要更有竞争力。

上学时，刘晓艺是个特别不起眼的女孩，身高不到一米六，满脸痘痘，身材还有些胖。那时候，周围的同学都喜欢拿她开玩笑，还给她取了不少绰号。

高中的时候，刘晓艺暗恋班上的学习委员，偷偷写在了日记里，结果被人发现了。同学们拿这事开玩笑，学习委员非常生气，亲手撕了刘晓艺的日记本，这件事成了刘晓艺高中最惨痛、最黑暗的回忆。

上大学之后，刘晓艺仿佛迎来了迟到的发育期，身高突然拔高了一大截，这给了她很大的信心，决心一定要让自己脱胎换骨。她办了健身卡，按照私教制定的计划进行减肥塑身；她开始学习保养和化妆方面的知识，留心服饰穿搭方面的信息；她在假期参加了礼仪小姐的培训班，让自己的行为举止变得更优雅。

经过不懈的努力，仅仅用了半年时间，刘晓艺就迎来了脱胎换骨般的变化。之后，她越来越注意自己的形象，由内而外地将自己打造成了“女神”。她变得更加自信，朝气蓬勃，许多女生都喜欢和她做朋友，向她请教美容穿搭等方面的问题，学校里不少男生也向她表达了好感。一时间，当初不起眼的“丑小鸭”竟蜕变成了“白天鹅”。

大学毕业后，刘晓艺回老家参加了高中的同学聚会，大家见到她之后都非常惊讶，完全不敢相信眼前的大美女竟然会是当初班级里的丑女孩。在聚会上，刘晓艺还见到了当初那个撕了她日记本的学习委员。学习委员对刘晓艺非常热情，一个劲儿地跟她要联系方式。

成功的“逆袭”并没有对刘晓艺的心态造成多大影响，现在的她早已经不需要再从别人身上寻求认同感了，她没有把联系方式给学习委员，事实上她都已经想不起来当初的自己究竟为什么会喜欢上他了。

回想过去那段自卑的日子，再看看如今蜕变之后的神采飞扬，刘晓艺深刻地明白了一个道理：女人爱自己，就应该从形象开始，一个美好的形象，就是女人给自己最好的疼爱。

如果你注意观察，想必会发现，在大学毕业之后，很多女孩的形象都会出现一个较为明显的分化，有的是越变越漂亮，气质也越来越好，有的则迅速发胖或衰老。通常而言，绝大多数事业有成的优秀的女性都会成为前者。这并不奇怪，一个积极进取的女性必然会重视个人形象的管理，而优秀的个人形象对女性在事业方面的发展通常也是具有一定促进作用。

个人形象对我们的事业与生活是有很大影响的，因为在成年人的世界里，以貌取人是一种非常普遍的快速识人方式。在面对陌生人的时候，我们对其产生的第一印象，往往就取决于对方当下所展现出来的形象。所以，无论是在职场还是情场，无论是工作还是生活，形象好、气质佳的人必然能获得更多的机会。

英国形象大师罗伯特·庞德说过这样一句话：“这是一个两分钟的世界，你只有一分钟展示给人们你是谁，另一分钟让他们喜欢你。”人是天生的视觉动物，这是无可辩驳的事实。面对美丽的人或物，我们总是会多给几分宽容，多投入几分关注的。

所以，管理好自己的形象，是女人爱自己最好的方式。你的面容、你的衣着、你的发型、你的指甲、你的鞋袜、你的配饰，你所展现出的每一处细节，都在彰显你对待自己的方式。越是精致，便越能说明你的尊贵，越是恰如其分，就越是说明你对自己的关注与重视。

女人爱自己，从维护好自己的形象开始，让自己在蜕变中收获更美好的人生。

上帝给我缺陷，我必将其活成圆满

我们常常讲，你能活成什么样子，关键在于你给自己怎样的定位。在这个世界上，有很多事情是你即便付出努力也未必能够做好，但付出努力了，至少还有一线希望，如果连努力都不曾付出就已经放弃，那就注定是百分百的失败了。所以，如果连你自己都对未来不抱希望，那么你的未来便注定不会存有希望。

这是个非常浅显的道理，但并不是所有人都能理解透彻。比如我们身边就总有一些女孩，因为各种各样的原因，有着很深的自卑心理，总觉得自己遭受的一切苦难和不公平都是“命中注定”的，认为自己的未来注定没有希望，于是，在跌落深渊之后，从来不思反抗，只一味隐忍，直至退无可退，把自己逼到绝望。

这样的女孩是可怜的，但却也是可恨的，让人在怜惜的同时不免生出“恨铁不成钢”的感受。

张芸就是这样一个可悲的女孩。她出身农村，家里兄弟姐妹一大堆，父母又重男轻女，小时候还因为被玩伴不小心推下山坡受伤，致使一只眼睛几近失明。这些经历让张芸变得非常自卑，常常觉得自己“低人一等”。

原本张芸读书成绩还不错，初中毕业之后，分数也够上县里的高中，但张芸的父母却觉得，女孩子没必要读那么多书，浪费钱，倒不如早点出去打工，帮衬家里。张芸虽然很难过，但又不敢忤逆父母，只得含泪辍学。当时，张芸的班主任知道她打算退学的消息后，还私底下找张芸了解过情况，并表示可以给张芸一些帮助。但张芸一方面不想麻烦班主任，另一方面又觉得自己年纪不小了，家庭条件也不好，能去打工挣钱似乎也不错，于是便拒绝了班主任。

在张芸十八岁的时候，大哥要娶媳妇，为了凑彩礼钱，父母决定把她嫁给邻村的一个鳏夫做老婆。那鳏夫已经三十多岁了，脾气不太好，前头一个老婆听说就是被他打跑的。张芸心里不愿意，但她也知道，自己有一只眼睛不好，是残疾人，村里很多人因为这个都看不上她。再加上又总听到别人议论，说像她这种情况，能有人敢娶就不错了。最终，她含泪嫁给了鳏夫。

嫁人之后，张芸和公公婆婆住在一起，每天里里外外的事情就都落在了她头上。后来，在二十岁那年，她生下一个女儿，这让她在这个重男轻女的家庭里彻底失去了地位，公婆对她的态度越来越恶劣，丈夫对她也是动辄就打骂，就连幼小的女儿也不能幸免。

张芸的日子过得很痛苦，年纪轻轻的她却早已活成了一潭死水，麻木而绝望。她常常在想，如果自己的眼睛不要坏，那该多好啊，至少不会被别人这样嫌弃，可以嫁个脾气好一些的男人……

张芸确实可悲，但她真正可悲的地方，不在于她坏了一只眼睛，而是在于她始终都没想明白，造成她悲剧的真正原因。因为她的人生会如此坎坷，从来就不是她眼睛缺陷造成的，而是她心里的自卑，就连她自己都认为，坏了一只眼睛的自己比不上别人，低人一等，理所应当要承受这些苦难。连自己都放弃了反抗命运，又怎么可能脱离人生的悲剧呢？

身体有缺陷不要紧，通过努力，我们依旧可以让自己的人生获得圆满。重要的是心中不能有缺陷，如果连心都残疾了，没有了对未来的憧憬和反抗苦难的精气神，那么日子就注定只能过得残缺了。

在那件事情发生之前，习莲原本是非常幸福的。她生长于一个温馨的家庭，父母都是温和知礼的人，虽说不上大富大贵，但从小到大没吃过什么苦头。她和男友是高中同学，后来又考上同一所大学，感情非常好。毕业之后，双方父母早早就帮他们备下了婚房和婚车，两人只要负责领证结婚，其他什么都不用操心。

结婚之后，小两口决定趁着双方父母还年富力强，先把孩子生了，这样有父母帮衬带孩子也不会太累，到时候习莲也可以再出去工作。可没想到的是，辛辛苦苦准备了一年多，却连个怀孕的消息也没有，思来想去，夫妻俩决定去医院检查检查。

这一检查还真查出了问题，原来习莲的卵巢先天发育不良，因为无法产生健康的卵子，这才迟迟无法怀孕。由于情况比较严重，即便进行手术成功率也很低。这个消息给原本幸福的家庭蒙上了沉重的阴影。

习莲本以为，自己和丈夫有着深厚的感情基础，虽然不能拥有孩子，但却并不会对两人的感情造成多大影响，再不济两人去领养一个也不是不行。可没想到的是，婆婆知道这件事后，竟提出了一个匪夷所思的要求——让丈夫到乡下找个女人“代孕”。

习莲断然拒绝了这个荒唐的提议，那之后，公婆对她的态度变得越来越恶劣，言辞间更是极尽鄙夷，说她是“不会下蛋的母鸡”。最令习莲感到心寒的是，就连丈夫也开始犹犹豫豫地劝说她，只要自己拥有一个孩子就行了，并不会破坏彼此的婚姻。

丈夫的想法让习莲感到非常失望，两人一度陷入冷战。更过分的是，后来丈夫竟然真的顺从母亲的安排，偷偷在外面找了个“代孕”的女人。

不少好事者在知道习莲家的事情后，都在背后议论，说习莲自己不能生，还好意思拦着丈夫和别人生，这是要绝人家的后。甚至还有人打着“为她好”的旗号来劝说，让习莲“忍一忍”，好好和丈夫过日子，将来有个孩子傍身也是好的。每每遇上这样的人，习莲都会毫不留情地把他们骂走。

习莲说：“虽然上天给了我缺陷，但我并不觉得我就低人一等，我依旧可以靠自己来把日子过得圆满！”所以，习莲在得知丈夫的所作所为后，她果断选择了离婚。

什么是圆满的人生？过得开心，过得顺心，不委曲求全，活成自己喜欢的样子，这就是圆满的人生。如果说只是为了获得形式上的“圆满”，就要委曲求全地向一些自己根本不愿意的事情妥协，把日子过得憋憋屈屈，那岂不是本末倒置了吗？

人活这一辈子，最该做的事情就是对自己好一些，多爱自己一些。哪怕身体有缺陷，只要你愿意，依旧可以活得圆满。那么，具体该怎么做呢？

首先，选择自己真正喜欢的生活方式。无论对谁来说，能够自由地选择自己所向往的生活，绝对是人生最大的安逸和幸福。但很多女孩在年轻时候并不能深刻地领会这一点，她们总会因为各种各样的原因向父母、恋人、朋友、家庭等等做出妥协，一次次在无奈中远离最初的憧憬。可是，人生在世，就只能活那么一次，如果总是为别人妥协，那么，自己又该怎么办呢？所以，想要获得人生的圆满，最基本的一个前提条件就是，选择自己的生活方式，只对自己妥协。

其次，不要太在意别人的看法。年轻时候，很多女孩都特别注重别人对自己的看法，以至于常常为了博得别人的欢心而违背自己的意愿，去做一些自己原本并不情愿做的事情。这其实是件非常傻的事情，以委屈自己为代价而换来的好感并没有什么用。一个人活着，最要紧的事就是保持自己的个性，坚持自我也是人生圆满的一种方式。

最后，记得永远对生活保持热情，对未来充满希望。只要心中的火尚未熄灭，未来就依旧存在无限可能。

以向上的姿态，让自己活得光芒万丈

总有人感慨，人生是那样不公平。为什么她天生丽质有人爱，而自己却长相普通无人怜；为什么她出身高贵受人追捧，自己却贫困穷苦天天“吃土”；为什么她无论干什么都能一帆风顺，处处有贵人保驾护航，而自己拼命工作却还处处碰壁……

是的，人生就是这样不公平。可你再抱怨又能如何呢？或许可以解一时之气，但抱怨所带来的负面情绪却会不断加重你心中的不平衡，让你活在忧郁与愤恨之中。其实仔细想一想，每个人的起点本就是不一样的，总有人比你幸运，但也有人比你更倒霉，实在没什么好去比较的。过好自己的日子，让自己努力过得更好一些，这比什么都强。

你或许只是一个平平凡凡的女孩，过着普普通通的日子，有着并不出众的青春。你可能不是令人惊艳的美女，不是让人折服的大腕，也不是能力卓绝的成功者。但只要你不放弃努力，在生命的道路上孜孜不倦地向前，始终保持向上的姿态，那么你同样也能让自己活得光芒万丈。

对于这一点，出身贫寒的杨晓冰有着非常深刻的体会。

杨晓冰出生于一个偏远的小山村。她是家中长女，下面还有两个年幼的弟弟，除了上学之外，杨晓冰每天还得帮助母亲一起分担家务，日子过得很是清苦。

从很小的时候开始，杨晓冰心里有了一个愿望，那就是走出大山，去看看外面的世界。如何才能真正走出去呢？她唯一想到的办法，就是通过读书来改变自己的命运。因此，虽然教育条件十分不好，但杨晓冰在学习方面一直十分刻苦。好在家里虽然贫困，但杨晓冰的父母一直都支持她上学，从来也没动过让她辍学的念头。

后来，凭借着自己的努力和毅力，杨晓冰考上了南方的一所重点大学，终于初步实现了“走出小山村”的愿望。

与其他没受过苦的孩子不同，杨晓冰非常珍惜来之不易的学习机会。上了大学之后，她非但没有一丝放松，反而更加刻苦了，为了考试拿奖学金，她常常复习到三四点。就连周末和假期的时间，她也安排得满满当当，用于打工赚钱，给家里减轻负担。在整个大学期间，除了学校各类勤工俭学之外，杨晓冰还发过传单、做过家教、跑过销售，可谓是各行各业都去走了一圈。

大学毕业之后，杨晓冰进入一家外企做助理工作。拿着最低工资的她却每天都把自己忙得黑白颠倒，平时下班还报了不少补习班，不断给自己充电。有人问杨晓冰，明明可以轻松度日，干吗把自己逼得这么狠。杨晓冰却笑言，自己还很年轻，有时间和精力多学点东西，给自己累积一些资本，同时也是在给未来的自己“投资”，让自己能够成为更优秀的人。

杨晓冰也的确如自己所说的，每天都在不断进步。随着她变得越来越优秀，她在公司的职位也不停地在提升。后来，她还在一次商业谈判中认识了未来的丈夫，并如都市童话一般嫁入了豪门。

许多人认为，成为富家太太之后，杨晓冰就可以一辈子锦衣玉食，没必要再把自己逼得那么辛苦了。可事实上，杨晓冰并不这样想，结婚之后，为了把更多精力投入到家庭中，她辞去了自己的工作，但她却没有成为传统的全职太太，而是开办了自己的工作室，并开始学习德语和俄语。

在杨晓冰的观念里，从来没有享受安逸一说。艰苦的生活环境造就了她坚韧的性格，让她始终保持着向上的姿态。无论身处何处，是贫瘠的小山村，还是繁华的大都市，杨晓冰都从来没有停止过学习、进步，也正因为如此，她才能一步步从山脚爬向山顶，逆转自己的人生，让自己活得光芒万丈。

在这个世界上，一切的“逆袭”背后所倚仗的，都是不懈的努力与坚持，一切的“幸运”之下所掩藏的，都是无尽的汗水与泪水。没有谁会轻轻松松就获得成功，也没有谁能像童话故事一般，随随便便就被“王子”一见钟情，从此过上幸福快乐的日子。

如果你看到某个女孩一路逆袭，活得光芒万丈，那么不必怀疑，在令人艳羡的背后，她所付出的，必定是你难以想象的努力。世界上或许的确存在“幸运”的人，但幸运并不会永远只光顾你的人生。你能拥有什么，能逆袭到什么地步，关键还是看你能付出多少努力。

人生如逆水行舟，不进则退。作为一个女人，无论拥有多少资本，在二十岁之后，你手中的一切都会开始贬值。美丽的容貌、聪慧的头脑、令人羡慕的高学历、丰厚的家底……你所拥有的这些资本，如果不能得到有效地调动，不能创造价值，那么它们只会随着你年纪的增大而变得越来越不值钱。

所以，二十几岁尚且年轻的女孩，别在任意挥霍手中的资本了，时光一去不复返，你要学会为未来的自己投资。只有始终保持着向上的姿态，努力提升自我，你才能跟上世界前进的步伐，成为更优秀的自己！

如果你不懒散，就会变得特别好看

有人说，对于一个二十几岁，身体健康的女孩来说，肥胖是不可原谅的错误。因为在这个年纪，正是新陈代谢最活跃的时候，若没有其他原因，女孩还把自己硬生生吃成个胖子，那么绝对是身材管理不过关。而一个女孩，要是连自己的身材都管理不好，还能指望她做成什么事呢？

这种说法或许不是每个人都赞同，毕竟每个人体质不一样，个人爱好也不同。有的女孩就是天生的吃货和易胖体质，管理身材对她们而言可能远比其他事要困难得多。但不管怎么说，至少有一点是可以肯定的——只要你不懒散，那么一定能把自己变得特别好看。

女人的美丽是"养"出来的，不管是内在还是外在皆是如此。内在的"养"，养的是学识、阅历、见识、品行和世界观等等，这些养分是需要你长期进行积累的，最终蕴养成属于你的独特气质；外在的"养"，养的是美容、护肤、饮食、养生以及化妆等等，比如皮肤不够白皙，可以通过食补及防晒来改善；五官不够精致，可以用化妆来扬长避短；气色不够康健，可以用合理的养生方式进行调节。内外结合，才能养出女人经久不衰的魅力。

世上没有丑女人，只有懒女人。当你觉得自己不够好看的时候，除了缺乏一点天生丽质，可能还因为你不够勤奋。

陈丽美是个特别爱发牢骚的女人，才二十出头的年纪，就已经活得像个喜欢抱怨的"欧巴桑"。她总是嘀咕，说自己特别羡慕身边那些活得潇洒的女人，觉得她们运气比自己好，拥有光鲜的事业和美满的恋情，日子过得精彩纷呈。

有人听了她的话，便告诉她，如果不甘心的话，自己也可以改变生活方式，努力活得精彩一些啊。可陈丽美却只是撇撇嘴，说道："我的日子都已经是这个样子啦，再去努力也是无济于事的。"

陈丽美以前曾想过要当一名作家，但这个愿望一直没有实现。后来，看到以前和自己有同样想法的同学已经出了书，她心中艳羡不已，便又兴起了想要写点什么的想法。可是，每每准备提笔的时候，她总会想："即便写了，估计也没什么人看。"于是，便又一次次地放下笔，继续做着与写作毫无关系的事情，然后在心里藏下一份遗憾，并继续对别人羡慕嫉妒恨。

看到女同事化了精致的妆容，陈丽美羡慕不已。女同事笑着说要教陈丽美，结果陈丽美却摇摇头拒绝了，她说："我现在学化妆有什么用啊，每天一起来就要赶来办公室，下班回去还得照顾一大家子，老公上班也是忙得很，化得再好看也都没有人看，费那老大劲干吗？还不如现在这样自在呢，省时省力。”

于是，陈丽美便继续这样颓废着，她大概永远不会知道，化完妆后的自己会拥有多么出众的美丽。

世界上有很多像陈丽美这样的女孩，她们总是一边羡慕着别人的人生，一边感叹自己的无能为力。但实际上，她们所谓的“无能为力”根本就是出于懒散，是不想花费一丝一毫的努力。

人生苦短，每个人都应当有所追求，别在本该努力的年纪里懒散度日。尤其是青春正好的女孩们，明明正是花儿一般的时候，明明可以让自己活得很漂亮，怎么能因为一时的懒散就错过青春最好的时光呢？

涂萌出生于贫寒的小山村，父亲年轻时因遭遇意外落下腿疾，在村中领导的照顾下得到了一份守大门的工作。母亲一边料理家务，一边还要照顾双亲和三个孩子，一家人的生活过得甚为清苦。幸亏村里多有照顾，否则涂萌大概连学费都凑不齐。而她自己也是争气，年年成绩拿第一，还成了村里考出去的第一个大学生。

虽然涂萌家特别穷困，但她的日子却过得并不粗糙。在学校里，她的杯子、饭盆、书桌永远都擦得纤尘不染，床单、被褥虽然已经洗得发白，却总是干干净净、整整齐齐，就连她身上打着补丁的衣服，也总是散发着淡淡的清香，让人觉得十分舒服。最为难得的是，她还会隔三岔五地在校园里摘些野花，弄出漂亮的花束，插在玻璃瓶里，放在宿舍的窗台上。

舍友们或多或少都知道一些涂萌的家庭状况，她们本以为，涂萌会是个畏畏缩缩或者刻板木讷的人，却没想到她会这样富有生活情趣，那么的积极向上。

见大家对自己的生活似乎非常好奇，涂萌有时也会挑挑拣拣地和舍友们说一些自己家的事情：

“我家有姐弟三个，小时候家里经济困难，没钱买新衣服，我们的衣服都是妈妈亲手做的。有带荷叶边的裙子，做成喇叭袖的白衬衫，特别时髦。那时候，同学们都非常羡慕，以为我们的衣服都是商场里买的。也有些邻居觉得妈妈根本没必要这么费劲，不就是给小孩子做衣服，简简单单缝一缝不就能穿了。但妈妈却告诉我们，生活可以活得简陋，但日子却不能过得粗糙。”

“我在十岁之前，根本不知道什么叫作家具，因为我们家买不起家具。那时候，我们家的桌子、书架、柜子、沙发，全都是妈妈捡别人丢掉的木箱、木条和铁皮敲敲打打制作出来的。因为技术不到家，所以这些东西做出来的时候歪歪扭扭，特别不好看。于是，妈妈就买了一些便宜的彩色布，把它们全部都包起来。乍一看，确实还挺好看的。”

“虽然我的家庭很贫穷，买不起很好的东西，但妈妈却用勤劳的双手搭建起了一个温馨、整洁的家。我想，只要不懒散，再穷的日子，也是可以过得漂漂亮亮的。”

涂萌的母亲真是个充满智慧和情调的女人，即便是贫寒的生活，也能在她手中布置出精致的味道来。这样的女人是令人钦佩的，因为无论在怎样的环境中，她们都能让自己活出优雅的姿态。因为哪怕只有一个细微的幸福，她们也能够在苦难中将其不断放大，哪怕每天粗茶淡饭，她们也能品出别样的味道。

生活就像是一杯水，它最终会变成什么味道，关键在于你往其中添加了什么东西。加了蜜糖，它便是甜的；加了茶叶，它便是香的；加了咖啡，它便是苦中带着香醇。但如果你懒懒散散，什么都不往里加，那么它就永远只能是一杯寡淡的白水，品不出任何精彩的味道。

安安静静等待美丽的绽放

二十几岁的女孩，谁不想如花儿般精彩地绽放？可在这个世界上，天生丽质的人本就是少数，尤其是尚且年轻稚嫩的女孩们，就如毫不起眼的璞玉一般，只有耐心雕琢过后，才能真正焕发出属于自己的光彩。

平凡并不是一种罪过，也许我们天生不够惊艳，但我们却完全可以努力让自己活得特别好看。岁月是一把刀，有的人在平庸中自我放逐，让岁月成了一把“杀猪刀”；可也有的人在平凡中活出精彩，让岁月成了一把“美工刀”。你会活成什么样子，一直都是由你自己决定的。

曾看过这样一则故事：

仙人掌和玫瑰，同样是浑身长满刺的植物，可它们的生命经历以及对待生命的态度，却大相径庭。

仙人掌浑身都是刺，长得也不漂亮，一直被人们厌恶。在人们轻视的目光下，仙人掌承受不住了，它觉得自己根本就没有资格和人类在一起生活，便悲伤地离开了人群，躲到了罕无人迹的热带沙漠。在沙漠里，它慢慢地适应了残酷的环境，并安心地住了下来，甚至在其他各种杂草纷纷逃离沙漠的时候，它依然不肯离去。

玫瑰和仙人掌一样，也是浑身长满了刺，可她并不厌恶这一身刺，反倒觉得是自己的独特魅力，这是一种凛然不可侵犯的美。人们起初并没有对玫瑰加以追捧，总觉得牡丹才是花中之王，大气、富贵，但玫瑰并没有放弃，它不怨恨自己的一身刺，而是努力寻找隐藏在自己身上的独特魅力。

后来，人们惊讶地发现，玫瑰的X光片上竟然是没有刺的。原来，玫瑰知道外表对自己而言不是全部，所以当别人说它的香气太浓郁，浑身长满刺而不敢靠近的时候，它没有气馁和绝望，而是变得更加坚强。

世人常说，谁笑到了最后，谁笑得最好。只是，二十几岁的女孩，很多都不能真正明白这个道理，她们的心太浮躁，总是无法耐下性子，等待生命最精彩的绽放。她们总是恨不得揠苗助长，试图催生出美丽的花，结果却往往一不小心，就把自己活成了仙人掌。

女人想要魅力四射，成就更好的自我，就绝不能像仙人掌那样一味地逃避，不肯接受眼下平庸的自己。不要介意自己因为外貌和实力不足而被周围的人忽视，这一切都可以改变，只是需要一点时间和耐性。像玫瑰那样，身上长满刺却依然傲立于花丛，要学会利用自己的特点，找寻自己的独特美丽，才是女人应有的生命姿态。

读高中的时候，一帆就是众多男生追求的对象，她模样漂亮，身材高挑，这样的条件让周围的不少女生也对她亲近有加，其中也不免有想“沾光”的小心思。这让一帆的虚荣心得到了极大的满足，她也更乐于参加那些集会活动，每天都把心思花在装扮与玩乐上，慢慢地也就把功课落下了。

卓然是一帆的初中同学，她希望能和这个漂亮的女生做朋友，可一帆却总嘲笑她：“你看你，穿得太土了！”“你这衣服早就过时了！”“你也该打扮打扮自己了”……

这些话，像冰针一样刺痛了卓然的心，她恨不得自己能去做个整形手术。可她转念想想：“我现在还是个学生，比漂亮有什么用？能漂亮一辈子才算本事。”卓然是个倔强的姑娘，却也是个聪明人。她一心扑在学习上，最后考上了一所名牌大学。

从那以后，她的愿望通过自己的努力一个个地都实现了。她褪去了学生时代那“其貌不扬”的外衣，留下了学生时代那份坚韧和沉稳，成了职场里一朵鲜亮的奇葩。后来，她结识了一位优秀的男友，可谓是爱情事业双丰收。

一天，卓然和同事逛街，刚走进一家服装店就看到了一个熟悉的身影——那个店员不是一帆吗？她怎么在这里？两个人互相看着对方，都为彼此的变化感到惊讶，却又不知道该说些什么？一帆看着眼前如此知性靓丽的卓然，愣了半天，寒暄似的打了个招呼。卓然轻轻地取出自己的名片，然后拎着新买的衣服走出了一帆的视线。

真正的“公主”不是一帆那样模样漂亮、与世隔绝、清高自负、固执己见的女人，而是认清自己的处境，接受暂时的“平庸”，并以此为跳板来获得更好发展的卓然。唯有坚信自己是世界上独一无二的存在，并相信自身价值，在等待绽放的过程中不断完善自己的女人，才是真正的“公主”。

努力的女人是最漂亮的女人，是最令人佩服的淡定女人。她们懂得静心等待，更懂得在等待中如何使自己的大脑和灵魂保持充实，为了自己的目标不停地奋斗。她们不用言语去证明自己，她心里清楚，当有一天，胜利的光环罩在自己的头顶上，还有谁会忽视“我”的存在？

你若渴望自己有一个美好的未来，就要学会努力改变自己，而不是当别人无视自己的价值时，悲观、绝望、自暴自弃。要知道，从“平庸”变得“不凡”需要时间，需要毅力，谁能够静心地等待，专心地努力，不为外人的偏见所束缚，自信地迎接明天，谁就可以等到花开绽放的美丽。

若能活得精彩，就别做“差不多小姐”

曾经看过一个十分搞笑的小说，里面有这么一个情节：

因为时空错乱，某个皇帝后宫里的嫔妃全都有了奇遇。有的重生了，有的被穿越了，有的莫名其妙有了个神奇的空间，有的脑子里突然多了个系统，有的有了和外星人交易的平台，有的获得了和植物沟通的特异功能……

于是，这些女人开始利用各自的“金手指”展开宫斗，并积极讨好皇帝，想要早点生出儿子，然后扶持儿子上位。

有人看了这样的情节便觉得很纳闷，里面的女人在拥有“金手指”之后，绝对是个顶个的厉害，完全可以利用自己的“金手指”干出一番大事业，或是扬名天下，或是造福万民，总之，怎么都比宫斗强吧？

明明都这么厉害了，为什么不想着自己去干出点什么大事，而只把目光局限在后宅里，和其他女人斗个你死我活，比赛谁更能抱稳皇帝这条“金大腿”呢？其实说到底，还是格局太小了，犹如坐井观天的青蛙，眼中能看到的，只有小小一片天，以至于哪怕拥有了毁天灭地的力量，也干不出什么惊天动地的大事。

在现实生活中，这样的人比比皆是。其实只要注意观察就会发现，每个人都有一种与生俱来的惰性，这种惰性致使人们在做事时往往抱着一种“差不多就得了”的态度。尤其很多女孩子，受到传统观念的影响，觉得自己身为女人，终归是要结婚生子的，所以哪怕有才华有能力，也“差不多”就得了。

更可怕的是，很多人在一个地方或一种状态下待得久了之后，会逐渐失去打破现状的决心和勇气，除非逼不得已，否则即便有了强大的力量，也会下意识地将自己“圈禁”其中，不肯走出来。就像故事里那些骤然得到“金手指”的女人，她们早已经习惯了后宫的生存之道，所以哪怕拥有了强大的力量，也走不出这方禁锢了她们身心的小天地。

欣冉有个绰号，叫“差不多小姐”。因为她不管做什么事，都抱着一种“差不多就行”的态度。

逛街买衣服的时候，原本看中的款式没了，预定又比较麻烦，于是就在销售人员的推荐下，买了另外一件差不多的，欣冉说：“反正就穿这一季，将就将就吧，这件也还可以。”

大学毕业之后，欣冉原本准备留在大都市，所学的专业也更适合在大城市发展。但她很快就发现，一个女孩子，想要在这样一个繁华的大都市里站稳脚跟，着实太不容易了。几次碰壁后，欣冉想：干脆还是回老家吧，反正不管在哪里，日子都是这么过，差不多就行了。于是，欣冉回了老家，在父母安排下考了公务员。

工作稳定下来，家里开始催婚，欣冉便踏上了漫漫相亲路。一连相了几个都没遇到喜欢的对象，可家里催得紧，身边的朋友也都相继结了婚，欣冉想：算了，找个条件差不多的也就行了。于是，欣冉很快找到了条件合适的对象，领了证，结了婚。对象人不错，条件也好，就是性格比较沉闷木讷，两个人相敬如宾、不咸不淡地过着日子。

在二十七岁那一年，欣冉怀孕了，生下一对龙凤胎。有车有房，儿女双全，老公靠谱，欣冉就这样活成了周围人眼中的“人生赢家”。可欣冉却完全感受不到丝毫的满足和幸福，只觉得自己年纪轻轻，生活却已经成了一潭死水。

偶尔会听到过去同学的一些消息，比如大学时候的舍友小姜在公司力荐下参加了一项青年设计师大赛，拿了季军，要知道，当年在学校的时候，小姜的成绩可远远不如自己；文学社团认识的朋友蔡女神毕业就嫁给了富二代男朋友，结果不到一年就闪离了，现在听说蔡女神自己创业，已经成了当地小有名气的美女企业家；还有当初在班上毫无存在感的“小不点”，一个矮矮小小，文文静静的女生，名字已经不记得了，大学毕业那会儿，据说她农村家里那边给她定了亲，但她没回去，和家里闹翻了，自己一个人在外头奋斗，现在成了个小有名气的网络写手，已经出了几本书……

当然，也有不少人和欣冉一样，在将就中过着“差不多”的日子，看上去平平稳稳，无灾无难，只是早与曾经对未来的憧憬或期望没有半点相似罢了。

人生不过短短数十载，明明有能力让自己活得精彩，却只在将就中过着差不多的日子，这样的生活，真的是你想要的吗？既然有机会去做女王，又何必将就着嫁给王子呢？生命是自己的，要努力就应拼尽全力，要拼搏就该做到最好。

上山的路永远不会好走，但活这一辈子，若不去瞧瞧山顶的风景，岂不是会成为一生的遗憾？二十几岁的你是幸运的，还有大把的青春可以挥霍，还有大把的时间可以冒险，哪怕跌倒还能重新站起来，哪怕失败还能重头再奋斗。

任何时候，都没有人能够限制你的眼界和对这个世界的好奇心，除非你甘愿放弃，任凭自己对生活的热情熄灭，把日子过成一潭死水。如果你还对前路摇摆不定，看不清未来的方向，也不必惊慌，生命在于折腾，多折腾几次，总能了解内心的渴望。

人这一生之所以有许多遗憾，皆是因为曾经在某个时候，自己没有拼尽全力去试一试。于是，在往后漫长的余生中，便总是会忍不住去想：如果当初再努力一些……当然，即便当初再努力一些、再坚持一些，也未必就能让生活有所改变，但就因为那时候的退缩，使得我们永远也得不到答案，这便成了一生的记挂。

人生的圆满并不等于事事都要成功，也不需要一切都得偿所愿。我们只需在做任何事情时都拼尽全力，给自己一个肯定的答案，那么无论最终成败如何，都不会给自己留下遗憾，这就是人生的圆满。

所以，女人如果疼爱自己，那么就不要让自己的人生留有遗憾。若是能够活得精彩，那就拼尽全力去试一试吧，别在将就中把自己活成了“差不多小姐”。今天一点“差不多”，明天一点“差不多”，日积月累，差的可就多了。

辑三

当你活成一杯清水，就不会惧怕这个世界的污黑

这个世界从来都不单纯，有极致的美好，亦有深不见底的黑暗；有阳光的澄澈，亦有脏污和泥垢。生活在这样一个世界里，想要活出自己的姿态，并不是一件容易的事情。

但若是能坚守初心，将自己活成一杯坦坦荡荡的清水，既藏不了污，也纳不了垢，又何须惧怕这个世界的污黑呢？要知道，在这个世界上，真正能够让你的人生沾染污浊的，并不是世界本身，而是你自己的本心。心若向阳，便不惧黑暗；心若纯澈，便不惧浑浊。

你若是瓶清水，没人能够将你摇浑

这个世界上，有些人，我们不必怀念；有些话，我们不必听见；有些事情，我们不必争辩。或许，想念的人多，情感会丰满；听到的话多了，见识能增长；争辩的事情多了，口才会干练。

但那又如何？它们未必会给你带来想要的快乐。我们只应该怀念，值得怀念的人，不在意多少；听，我们需要听的话，不要求中听；知道，我们适合知道的事情，不在乎好坏。别让那些没有必要的事情，扰乱自己的思绪，打破我们原本的静谧。

有一位女孩，到一家宾馆办事，走出宾馆大门时，正好遇到本公司帅气的男上司也从宾馆出来。这一幕恰好被路过的同事看到了，就以为她俩有什么猫腻，于是那段时间公司谣言四起，弄得她心力交瘁，坐卧不安。

女孩的苦恼母亲看在眼里，疼在心里。这天吃过晚饭，母亲对她说：

“孩子，我们到湖边散散步。”

那天风平浪静，母亲望着平镜似的湖水说：“你能搅浑这湖水吗？”女孩不解地看着母亲：“这么大的湖，怎么可能搅浑它呢？”

母亲又说：“假如是一个小水坑呢？你能搅浑吗？”

女孩说：“那就很容易了。”

母亲这时从衣袋里拿出一瓶矿泉水说：“试试，你能摇浑它吗？”

女孩接过矿泉水瓶使劲摇着，但瓶子里的水依然清澈明净。

母亲说：“孩子，现在你该明白一个道理了吧，一个小水坑，用一根棍子就可搅浑它；一杯真正的清水，是无论怎么摇也摇不浑的。别人的一句谣言，就把你的心搅浑了，那只能说明你的心只是一个小水坑，不是一面宽阔的湖。一杯水，只要本质是清的，是摇不浑的，摇浑的，都是那些本是浑浊的水。一个人的心，就像一只杯子，只不过杯子盛的是水，而心盛的是思想。一个人的思想，只要它本质是‘清’的，不管你怎么去‘摇’它，也无法摇浑它，它保持的仍是它纯净的本色。请记住一点：真正的清水，是摇不浑的。”

女孩顿时明白了母亲的用意，她深情地拥抱着母亲，心头的烦恼散去了很多。

生活未必如我所意，意料之外的事情总是蜂拥而至，其实都是些无关紧要的琐事，若要真的去在乎，那只能既伤了神，又分了心。这又是何苦呢？那么多的是是非非，纷纷扰扰，与其对着天空流泪，不如俯视大地畅怀。

荣辱得失，只不过是过眼烟云，说散就散了，何必那么斤斤计较。流言蜚语，只不过是小人的伎俩，清者自清，何必那么在意。不必要的事情，就让它随风去吧。

卢雅是某重点大学大三的学生，某天，她在学校论坛上看到一个帖子，上面有一张照片，拍的是一个穿白色连衣裙的女孩正从一辆豪车上下来的样子。发帖人在帖子里含沙射影地控诉了一番关于女大学生嫌贫爱富、被有钱人包养之类的事情。

看到这帖子，卢雅非常意外，因为照片上的那个女孩就是她的舍友安欣。安欣是学校的风云人物，不仅人长得漂亮，还是个“学霸”，是学校无数男生的女神。

卢雅和安欣非常要好，她很清楚，安欣根本不是帖子里说的那种人。她愤怒地把这件事情告诉了安欣，并表示要发动班上的同学一块上论坛去骂那个发帖造谣的家伙。可没想到，卢雅自己激动得不行，被造谣的主角安欣却是一副事不关己的样子，她只是快速地浏览了一下帖子，放下手机说了四个字：“清者自清。”然后就继续扑向实验室去做实验了。

之后的一段时间，流言蜚语愈演愈烈，甚至就连不少周围的人，都开始对安欣指指点点。安欣却依然是一副毫不在意的样子，一心一意做着自己的事情。在安欣的“冷处理”下，很快学校里就又有了新的谈资，只是偶尔还是会碰到一些人，趾高气扬地说着指桑骂槐的话，安欣却连一个眼神都懒得施舍给她们。

大四上学期，安欣获得学校保研名额的消息不胫而走，在一些人羡慕嫉妒恨的小心思中，之前的那些流言蜚语再一次被翻开来，甚至还有人向学校领导寄了匿名信，抗议学校将保研名额给一个“道德败坏”的人。

这一次，安欣没有再选择沉默以对。在学校运动会的开幕式上，校长发言之前，安欣从容不迫地走上了台，简单向校长说明了一下情况之后，拿起话筒面向众人说道：“关于之前学校流传的关于本人的种种流言，我原本不怎么放在心上。但是现在，竟然有人因为这一流言，质疑学校分配保研名额的公正性，为了不让学校名誉受损，我必须站出来澄清几点：第一，关于论坛上那张照片，里面拍到的豪车，车主就是之前给学校捐过一幢实验楼的安先生，也就是我的父亲；第二，我之所以能获得学校的保研名额，一方面是因为我的成绩，这一点我的同学应该都很清楚，另一方面则是因为我申报的实验项目已经顺利出结果，并成功申请专利；第三，我已经搜集了足够的证据，并将对那位发帖抹黑我的楼主提起诉讼。至于那位楼主是谁，我就不说了，不过我想对他说一句，当初我拒绝你的表白，最重要的是你连最基本的品德都没有。”

这一下，事实已经很明显了，抹黑安欣的人不过是个求爱不得、毫无风度的家伙，而那些一个个轻信流言，犹如跳梁小丑一般兴致勃勃传播流言的人，早就已经羞愧得不敢把头抬起来了。

流言蜚语纵然可恨，但于安欣而言，却不过是些脏污的尘土，伸手轻轻一拍，便能将它们尽数驱散。是啊，她本就是清水，又何惧被摇浑呢？

当别人在忙着抹黑她的时候，她在努力忙自己的事情，为自己的未来开辟一片新的天地。于是某一天，当那些人发现，她早已经站到其他人都已经无法企及的高度，而自己则如同一个跳梁小丑般上蹿下跳，就连人家的裙子摆都够不着的时候，这难道不是最有力量的回击吗？

只要你活成一杯清水，便不惧这世上的污浊，守住本心，至于其他，就让它随风去吧！

纵使红尘如斯，我亦始终以清醒自持

有人说，这个世道，女人做得好不如嫁得好，辛辛苦苦在职场累死累活地打拼，到头来还不如嫁个有钱人；有人说，这个年头，女人有本事不如长得好，本事再大，事业做得再好，都比不上嫁个好男人，好好相夫教子……

在这个世界上，我们总能听到很多声音，这些声音无时无刻不在宣扬着各种各样的“规则”，似乎只要你不按照这个“规则”去行事，就会成为人群中的异类。于是，站在人生的十字路口，有许多年轻的女孩在这些声音中迷失了自我，忘却了最初的坚持，忘却了曾经的梦想，忘却了自己真正想要的究竟是什么。

她叫明美，是个非常漂亮的女孩子。年幼时，她曾坐在父亲的臂弯里，说自己要成为最厉害的科学家，造出威力巨大的武器，让当兵的父亲可以拿着它把全世界的坏人都打跑。

后来，父亲在一次危险的任务中牺牲了，明美也失去了幸福的家庭，柔弱的母亲抱着她痛哭了一夜，从此家里不再出现任何与军事相关的东西。

明美的母亲是个非常柔弱的人，观念也十分传统，在抚养明美长大的过程中，母亲最常念叨的一句话就是：“我们明美长得这么好看，将来一定可以嫁个好男人，过上幸福的生活。但是可别像妈妈一样，选错了人……”每当说到这里，便又是泪眼婆娑。

虽然失去父亲是件痛苦的事，但明美却觉得，她和母亲的日子其实过得不算差。父亲留下了一笔非常丰厚的抚恤金，家里的叔叔伯伯、阿姨婶婶也常常帮助她们。明美常常想，等自己长大了，有了好的工作，买一幢大房子，再养一条狗，不也可以过得很幸福吗？为什么母亲说的话里，却总是在强调，一定要嫁个好男人呢？

后来，高中毕业，明美在母亲的劝说下，放弃了自己一心想去的科技大学，选择了家乡一所大学的会计专业。母亲说，女孩子学会计比较合适，而且离家近一些，才能常常见到她。为着这一句话，明美妥协了。

在学校里，明美的成绩非常好，她爱上了自己的专业，并决定以成为全国最优秀的会计师为目标。

毕业之后，明美通过面试进入一家大企业，拥有了一份颇为体面的工作，母亲则开始操心起了明美的婚姻大事。可明美觉得自己还年轻，而且也并没有遇上让自己心动的人，更何况，如果过早结婚生孩子，那么势必会对自己的事业造成影响，明美并不希望在刚刚踏入社会的时候，就又陷入家庭之中。

就在明美因为婚姻问题和母亲爆发了一次又一次争吵的时候，明美的上司对她展开了追求。明美的上司是个富二代，家里非常有钱，自己能力也不错，就是有些大男子主义。明美的母亲知道这件事后非常开心，一直劝说明美答应上司的追求。虽然明美对上司还算有些好感，但很显然，他们的生活理念是有一定差距的，明美希望可以拥有自己的事业，而上司却希望自己的太太能够专注于家庭。

最终，在母亲和一众婶婶、阿姨的轮番“轰炸”下，明美动摇了，接受了上司的追求，并在不久之后步入了婚姻的殿堂。

婚后，丈夫对明美很好，明美也过上了无数人梦寐以求的富太太的生活。母亲和丈夫都希望明美能尽快拥有一个孩子，于是明美在坚持一段时间后，还是辞去了公司的工作，准备怀孕生子。

在所有人眼中，明美是那样幸运而又幸福，唯独只有明美自己，总觉得怅然若失。可她也无处倾诉自己心中的哀愁与失落。是啊，她已经拥有了“标准意义”上的幸福生活，还有什么可抱怨的呢？

在明美35岁的那一年，丈夫和一个小模特在酒店门口拥吻的照片被登上了八卦杂志，明美非常痛苦，和丈夫大吵一架之后便带着7岁的儿子回了娘家。第二天一早，丈夫就抱着一大束花来道歉了。自那之后，无论是母亲还是其他的一众亲戚，都在劝说明美原谅丈夫，回家好好过日子。

“男人嘛，都会犯错误，改正了就好，浪子回头金不换啊。”

“其实你老公对你算是很好啦，你看看那些嫁入豪门的阔太太，哪个老公不是在外面小三、小四的，人家也就睁一只眼闭一只眼了。”

“你现在拿乔，万一过头了，他真就不管你了，把外面那小妖精弄回去，到时候你怎么办？”

“不为自己想，你也要为孩子想想嘛。你现在又没工作，年纪又大，总不能因为这点事情就离婚吧……”

那些劝说的声音几乎让明美崩溃，她不明白，究竟是自己出了问题，还是这个世界出了问题。就在明美浑浑噩噩的时候，她偶然在电视里看到一个访问节目，里面主持人问了一位女明星这样一个问题：“当初在所有人都不支持你的情况下，你是怎么下定决心做这样的选择的？”

女明星笑言：“纵使红尘如斯，我亦始终以清醒自持。所以我从来不会迷茫，也永远不会与这个世界同流合污——哈哈，开个玩笑。但我想说的是，在这个世界上，有资格决定你做什么、怎样做的人，只有你自己。别人认为理所应当的事情，只要你不愿意，那对你来说，就不是理所应当的。”

那一刻，明美豁然开朗。

最终，在所有人的不理解和惋惜声中，明美坚定地和丈夫离了婚，儿子被判给了丈夫。母亲哭得肝肠寸断，一个劲儿念叨着明美将来一定会后悔的。

后来，明美再次捡起了自己的专业，事实上在这些年里，她一直在家兼职帮几个小公司做着会计工作，所以技能并不生疏。很快，她和几个在网络上接工作时认识的会计师一起组建了一个会计师事务所。

离了婚并有了工作之后，明美感觉自己仿佛重新找到了生活的意义。现在，她全心投入自己的事业，周末便把儿子接过来。当然，在别人眼中，她日子过得远不如之前当富太太的时候，但有什么关系呢？明美真的很快乐。

似乎无论到了什么时候，这个社会对女人总是更为苛刻。男人情感关系混乱，只会被说一句风流，女人情感关系混乱，却会被钉上礼仪道德的耻辱柱；男人年纪大了不结婚，可能被赞一句黄金单身汉，女人年纪大了不结婚，却被嘲讽是剩女；男人拼事业是上进有本事，女人拼事业却被嘲是嫁不到好老公……

于是，有的女人迷失在了种种“理所应当”的声音里，“理所应当”地在合适的年纪结婚，“理所应当”地把嫁个好男人当成证明自己成功的标志，“理所应当”地做一个让大众认可的普通女人，“理所应当”地与这个世界同流合污……

但，这样的人生真的快乐吗？真的是你想要的吗？当午夜梦回的时候，你的心中是否会涌起一丝遗憾，回想起抛却在时间洪流中的最初的心？

纵使红尘如斯，你也并不是只能选择“同流合污”，只要能坚定本心，你依然可以走出属于自己的路。即便有万千险阻，但只要是自己真正想要的，那便是幸福。二十几岁的你，可别一不小心，就弄丢了心中的梦想。

邪恶时常诱惑，守住那份淡薄

越是迷人的东西，背后就越是可能潜藏危险。人人都知道这一点，但披着甜美外衣的邪恶却依然拥有众多“信徒”，依然有无数人经受不住诱惑，前仆后继地跌入深渊。

世人皆有爱美之心，美好的东西谁不想要呢？然而，在这个世界上，却有许多虚幻的美好，如同淬满毒药的糖果一般，让人忍不住神往、沉沦，却在昙花一现之后，让人跌入万丈深渊。一时的美好，最后却成为一世的枷锁，得不偿失！

就像伊甸园里的夏娃，若不是经受不住蛇的诱惑，又怎会有后半生的颠沛流离？所以，年轻的女孩啊，睁大你的双眼，别被虚假的美好欺骗了！诱惑无处不在，唯有守住心中那份淡泊，方能坚定本心，方能避开那些诱人跌入深渊的污浊。

在来到繁华的大都市之前，童小凡从未想过，自己有一天会陷入这样一个深不见底的泥淖，无论怎么挣扎，都无法从中逃脱。

童小凡是一个小镇女孩，以当地的生活标准来说，家里还算富裕。她从小就长得漂亮，学习也好，家境在同学之中也是数一数二的。高中毕业之后，童小凡考上了外省一所很有名的大学，从小镇来到了繁华的大都市。

从前在家乡的时候，童小凡一直觉得自己过着公主般的生活，可等到了真正的大都市，见识到了小镇没有的繁华，童小凡才惊觉，自己前十几年的生活，就好像是坐井观天的那只青蛙一般。尤其是看着学校里的那些都市女孩，这让童小凡越发觉得自己像个乡下来的土丫头，是只闯进天鹅群中的丑小鸭。

巨大的心理落差让童小凡非常痛苦，从前她一直都是被人羡慕追捧的那一个，而现在，她却成了站在人群中，艳羡看向别人的那一个。

为了给自己也打上一个“都市”的标签，童小凡开始努力改变自己。她学习化妆，打扮自己，省吃俭用地攒钱买名牌包——童小凡一点点把自己变成了一个时髦的都市女孩，原本她容貌就十分出众，这样一通华丽的“变身”，让她很快就成了焦点，甚至还被冠上了“班花”“系花”之类的头衔，身后也有了不少追求者。

这些东西却并没有让童小凡满足起来，反而让尝到甜头的她更加沉迷其中。她的开销越来越大，向父母张口要钱的次数也越来越多。到后来，隐隐察觉女儿改变的父母和她严肃地谈了一次话，并限制了她的零用钱，这让童小凡顿时变得捉襟见肘起来。

那段时间，正好班上一个女同学要过生日，这个女同学是个富二代，家里非常有钱，庆祝生日自然也十分大手笔。这样一来，去参加生日会送的礼物自然也就不好太普通。之前童小凡和其他两个关系较好的女孩已经说好一块凑钱买一个名牌钱包送给过生日的女同学，钱包已经看好了，平摊下来，每个人得出将近一万块钱。

那两个女孩家境同样很富裕，一万块钱对她们来说并不算什么，而她们其实也不太了解童小凡家的情况，只是平时看她出手大方，便觉得她也应该是个不缺钱的。本就好强的童小凡自然也不可能主动袒露自己的窘境，可偏偏这个时候父母又限制了她的零用钱。

眼看同学的生日已经快要到了，另外两个女孩也多次和她约时间，准备去买礼物，童小凡急得不知如何是好。就在这个时候，童小凡在网络上发现了一个小额借贷平台……

事情是怎么走到如今这一步的，童小凡自己也说不清了。从几千块到几万块，为了还贷拆东墙补西墙，欠的债却越来越多，到了后来，甚至不惜拍摄自己的裸照去进行“裸贷”，最终靠警察来帮助自己脱离泥潭。

这个繁华的大都市，就好像一个张大了血盆大口的怪兽，用人们内心的欲望做饵，吞噬了无数的人。如今，童小凡也成了那个被吞噬的人，她常常在想，自己究竟是如何走到这一步的呢？她家庭幸福，头脑聪明，成绩名列前茅，她本该成为一个优秀的人——如果不曾被虚荣与欲望所诱惑。

二十几岁的女孩，正是最容易在欲望中迷失的年纪。欲望是催促人前行的动力，同时也是毁灭人希望的恶鬼。因为想要的太多，所以女孩们不断努力，让自己站上更高的地方，拥有更多选择的权利；也因为想要的太多，所以女孩们一不小心就跌入诱惑的陷阱，在行差就错中深陷泥淖，无法自拔。

生活中有太多的“童小凡”了，她们渴望别人所拥有的一切，却总是忘记低下头看看自己已经拥有的一切。为了追逐一时虚幻的美好，她们匆匆就赔进了半生的努力。她们从不知道自己最珍贵的东西是什么，便轻率地将纯真双手奉上，让自己沾满污浊。

在这个世界上，没有任何东西是可以轻轻松松得到的，越是能够轻松得到的好处，所需要付出的代价就越大。很多时候，人们并不是不明白这个道理，只是心中总怀着些许侥幸——万一这天上真的会掉馅饼呢？

人这一辈子，赤条条来到世上，自然也只能孑然一身离去。待这一生走到尽头时，再多的利益也不如一个清清白白的名声。

邪恶是惑人的罂粟，是美丽的魔鬼，是虚妄的幻境，但只要守住内心那份淡泊，不让欲望横生枝节，那么我们便永远不会被污浊所沾染，亦不会堕入无尽的深渊。淡泊以明志，宁静以致远，人生才能活得从容，活得美丽。

不虚荣不攀比，做刚刚好的自己

曾听到有人感叹：女人啊，你的名字叫虚荣！

人是群居动物，拥有虚荣之心并不奇怪。无论男人还是女人，其实都是如此，会希望在别人眼中是最优秀的，会在某些时候放大自己的价值，会为了成为别人眼中的焦点而做一些蠢事。

只不过，与男人相比，女人的情感更加细腻，情绪也更为敏感。她们会在意一些看似无关紧要的小细节，她们更容易因失落而自卑，也更容易被情感的好恶所左右，若是遇到讨厌的家伙，她们哪怕使尽浑身解数，也非得压对方一个头！

于是，女人的虚荣总是表现得淋漓尽致，然而也正因为如此，所以女人总是容易感到不快乐，殊不知，真正阻碍你幸福的，不是拥有的太少，而是想要的太多。

曾在电影中看到一个情节：

一个建设得十分漂亮的别墅小区里新搬来一户人家，大家都非常欢迎新邻居的到来。

新邻居是一个四口之家，英俊潇洒的先生，温柔贤惠的太太，高大帅气的儿子，漂亮时尚的女儿，简直就是完美家庭的典范。

很快，新邻居就成了小区里人尽皆知的“明星家庭”，因为他们真的实在太完美了。男人们都喜欢和英俊潇洒的先生聊天，他是那么博学而又有品位，他的车是所有男人梦寐以求的“情人”，他打得一手出色的高尔夫球，他的钱包里几乎囊括了当地所有有名的高档会所的会员卡。

女人们也都非常愿意和温柔贤惠的太太来往，她们常聚在一起，用新邻居家最新型号的烤箱做小饼干，坐在昂贵的真皮沙发上谈论新邻居先生给太太新买的首饰，以及他们结婚周年的旅行计划。

高大帅气的儿子和漂亮时尚的女儿同样也受到了年轻人的欢迎，他们的生活几乎是所有少男少女心中最为憧憬的样子。最新款的球鞋，限量版的皮包，漂亮的公主裙，还有各种各样处于流行尖端的东西。

于是，在新邻居的刺激之下，小区的住户们开始了疯狂的消费。一开始，他们只是想拥有和新邻居一样的美好生活，到后来，当他们发现自己的购买速度永远比不上新邻居家更新换代的速度之后，便开始了更加疯狂的消费，试图要把新邻居给比下去，这些花销甚至远远超出了他们的经济承受范围。

最为讽刺的是，到最后，真相揭晓：原来这个让所有人都羡慕不已的“完美家庭”，只是一个广告骗局罢了，英俊潇洒的先生，温柔贤惠的太太，高大帅气的儿子，漂亮时尚的女儿，都只是经销商们雇佣的推销员而已，他们对外展现的一切，其实都只是为了刺激周围住户的购买欲而已。

瞧，人的虚荣心和攀比心是多么可怕，在它们的控制下，人们会变得越来越疯狂，甚至失去理智，做出许多超过自己承受范围的事情。

这可不仅仅是电影情节，在现实生活中，被虚荣心与攀比心所伤害的人同样比比皆是，比如田晓玲，她就险些因一时的虚荣心和攀比心而毁掉了自己幸福的家。

在参加那次同学聚会之前，田晓玲一直过得很幸福，有一份稳定的工作，有一个疼爱自己的老公，还有一个聪明活泼的儿子。那时候，田晓玲一直觉得自己挺幸福的，哪怕生活中也有许许多多的烦恼，但相比起拥有的幸福来说，根本算不了什么。然而，那场同学聚会却改变了一切。

田晓玲在学生时代有一个特别要好的闺蜜叫谭宁，那时候她们关系非常好，甚至还学着电视里结拜做“金兰姐妹”。谭宁家境不错，高中毕业就被父母送出国念书了，两人也就渐渐失去了联系。

田晓玲在学生时代还有一个死对头叫唐敏，两人一直互相看不顺眼，要说有什么具体的矛盾，似乎也说不出来，或许两人就是天生的气场合不来吧。后来听说唐敏高中毕业之后也出了国，当时田晓玲还感叹了句：“万恶的资本主义！”

几年后，在一场同学聚会上，田晓玲和闺蜜以及死对头都重逢了，最令她意想不到的是，闺蜜谭宁和死对头唐敏还是手挽手一块来的，关系十分亲近。

谭宁见到田晓玲之后非常高兴，直接就挽着唐敏坐到了田晓玲身边。和闺蜜久别重逢的田晓玲原本也非常开心，但只要一看到和谭宁很是亲密的唐敏，她心里就总觉得有些不太舒服。更重要的是，在聊天的过程中，谭宁和唐敏之间的默契让田晓玲感到非常失落。她们聊的很多话题，田晓玲也根本接不上话。她们聊国外发生的种种有趣的事，聊不久前的一场时尚秀，聊新买的包包是几万块一个，聊豪掷千金的富二代如何用一车的玫瑰表白……

那天，田晓玲过得非常煎熬，她第一次在闺蜜和死对头面前感觉到了自惭形秽，甚至萌生出一种感觉：她们都是白富美，而自己只是一个再普通不过的人，她们根本就不在一个世界。

同学聚会之后，再回到自己那个平凡而温馨的家，田晓玲心中却生了完全不同的感觉。她开始嫌弃自己衣柜里大甩卖的衣服，嫌弃化妆台上价格实惠的化妆品，嫌弃不求上进的丈夫，对儿子的成绩也感到了不满。

那之后，田晓玲就仿佛变了一个人似的，她开始买昂贵的化妆品，买价格不菲的衣服和包包，会整天对丈夫念念叨叨，让他去讨好领导，还一口气给儿子报了好几个补习班和兴趣班，一副势必要对儿子实施精英教育的样子。好好一个家在田晓玲的折腾下变得怨声载道。

就在田晓玲对自己的生活越来越不满的时候，一天下午，她突然接到医院的电话，通知她说丈夫出了车祸。那一刻，田晓玲觉得天都快塌了，不等那头说完就急匆匆挂了电话冲去医院。

在路上，田晓玲想起了许多和丈夫在一起的快乐时光，想起了他们那个小小的，却永远充满欢笑的家。那一刻，田晓玲突然意识到，一直以来，自己其实都很幸福啊。

当田晓玲冲到医院，看到病床上吊着手臂的丈夫时，一股巨大的幸福感涌上心头，仿佛最珍贵的宝物终于失而复得一般。她扑过去抱住一脸不明所以的丈夫，失声痛哭，心中却满溢幸福。

我们总以为幸福很遥远，但其实，幸福一直就在身边。不虚荣，不攀比，做刚刚好的自己，这就是人生最大的幸福。

对不起，我不接受潜规则

当你脚步沉重，走在崎岖坎坷的山路上，就连未来也看不到的时候，如果有人对你说，有这么一条捷径，平坦舒适，轻轻松松就能让你爬上山顶，只要你点头，他便能带着你走上去，你会如何抉择呢？

面对这样的诱惑，恐怕没有人会完全不为所动吧？只是，有的人一咬牙，选择了方便又舒适的捷径，而有的人呢，则摇头选择了拒绝，然后依旧迈着茫然而又沉重的步子，在崎岖坎坷的山路上举步维艰。

捷径不好吗？自然是好的，但谁都知道，踏上那条捷径，需要付出的代价往往都十分沉重。在这个世界上，有人会为了功成名就而付出一切，同样也有人会选择坚守本心，哪怕前路再难行，也靠着自己的双腿继续走下去。

在这个世界上，但凡有人的地方，就存在潜规则。早在学生时代，梅就已经明白了这个道理。她见过对校长女儿卑躬屈膝的辅导员，见过为了评职称而和领导纠缠不清的女教师，也见过为了论文通过而刻意讨好教授的女大学生。

梅读的是法律专业，她的梦想是成为一名律师。毕业之后，在一位学长的帮助下，梅顺利进入了当地一家颇有名气的律师事务所实习。

实习期间，梅发现了一个非常奇怪的现象，律师事务所中的新人，有一部分整天都非常忙碌，几乎每天都要加班到深夜，而另一部分则似乎很清闲，大部分时候还会被主任带着出去应酬、聚会。

很快，那位介绍梅进入事务所的学长就让梅知道了原因。原来在事务所中，主任通常会给新人两个选择：一是如果愿意出去应酬，那么工作相对就会比较轻松，且更容易认识不同的人，建立自己的人脉关系，而且在外出应酬的时候，收到的红包都可以直接作为自己的“津贴”；二是如果不愿意去应酬，那么就只能拿微薄的基本工资，干最多最累的活，而且在实习阶段，是没有任何提成的，而事务所给实习生的基本工资都非常低，只能维持基本生活。

梅毫不犹豫地选择了后者。虽然事务所的应酬并不至于让他们做什么过分的事，但梅觉得，在刚起步的阶段，自己最需要的，还是巩固知识和累积经验。再说了，能做实事的人，哪怕辛苦一些，也总是能养家糊口的。

成为独当一面的律师之后，梅开始建立自己的人脉。在这个过程中，梅遇到过很多的职场“潜规则”，有明码标价提出要包养她的客户，也有以“处朋友”为名想和她发展婚外情的小领导，对此，梅都一一拒绝了他们。

作为一名女性，梅切实感觉到了女人在职场打拼的不易。也曾有脆弱迷茫的时候，尤其是看着那些明明不如自己的人，因为搭上某个“人物”的关系，接受了职场上的潜规则，便能轻轻松松青云直上，轻而易举得到自己不管怎么努力都得不到的东西，那个时候，梅也会在心里挣扎：要不，妥协了吧？只要点点头，就能得到梦寐以求的一切！

但最终，梅还是坚持下来了，没有去走那条捷径。

曾有人问过梅，为什么从来不曾动摇过？是什么帮助她抵御住了种种潜规则的诱惑？

梅讲了一个故事，她说那是她初三寒假时发生的事情。那时候，梅去姥姥家，却意外撞见了一出“正宫”当街打“小三”的事件，当时那个被打的“小三”还是梅姥姥家隔壁住的女孩，一个很漂亮也很温柔的大姐姐。

那是一个没什么新意的故事，无非就是漂亮温柔的年轻姑娘受不住诱惑，做了有钱小老板的情妇，结果被小老板家里的妻子发现了，便召集了自家的七大姑八大姨打上门来。

梅说，每一次自己内心开始动摇的时候，就会想到那天看到的情形，她在想，如果选择了那条捷径，那么有一天，当自己被人羞辱、责骂，甚至殴打的时候，自己还能不能理直气壮地反击回去呢？

接受潜规则的人未必就一定会遭受“报应”，而不接受潜规则的人也未必就一定能靠着自己的双腿走到成功的终点。但至少可以肯定的是，没有潜规则的束缚，无论何时，我们都能堂堂正正地抬起骄傲的头，把一切加诸我们身上的谩骂全部怼回去！

人生的捷径是非常昂贵的，当你低下头选择走捷径的那一刻，你就已经失去了头上的桂冠，即便能通过这条捷径暂时登上最高的山峰，也终究不能昂首挺胸，无愧于心地站立于天地之间。

曾听过许多阅尽千帆的女人感慨，说这世界太过污浊。可真正污浊的，明明是人啊，与这个世界又有何干呢？

当你在青春正好时选择了捷径，便意味着选择了与潜规则同流合污，在这个过程中，你所失去的，是你做人的尊严与底气，更是曾经那颗干净的心。而丧失了这一切的你，即便站上更高的位置，也将失去昂首挺胸的底气。

年轻漂亮的女孩啊，别被浮躁蒙蔽了双眼，这个世界很美丽，可这个世界同样也很残酷，你想要的一切，终有一天都将要付出同等的代价。实现梦想的手段有很多，勤奋和努力也许会让你走得辛苦一些，但至少每一步都是脚踏实地；而那条平步青云的捷径，或许确实能将你送到梦想身边，但你也终将为此而付出巨大的代价。

所以，无论前路多么坎坷，无论未来多么迷茫，都请牢牢保护住你昂首挺胸的尊严和不容亵渎的初心，勇敢地对那些黑暗与污浊说一声：“对不起，我不接受潜规则！”

毁灭你的不是世界，是心中的嫉妒

当你看到一个处处都比你优秀的人时，你的心中会有什么样的感受？

有的人可能会觉得欣羡不已，并将对方看作自己努力的目标，希望有一天能成为像对方一样，甚至是比对方更加优秀的人；而有的人呢，则可能会觉得痛苦、愤怒和不甘，甚至涌起一种难言的憎恨，觉得对方的优秀就是对自己的冒犯，甚至恨不得毁灭对方，自己得不到的东西，也绝不让任何人得到。这就是嫉妒。

英国哲学家培根说过这样一句话："嫉妒这恶魔总是在暗暗地、悄悄地毁掉人间的好东西。"

确实，嫉妒是一种非常可怕的情绪，它潜藏在每一个人的心中，随时等待机会兴风作浪。它能够让最聪明的人丢失智慧，能够让最冷静的人陷入疯狂，也能够支使最精明的人去做损人不利己的事。

对于《白雪公主》的故事，想必每个人都不会陌生。故事中的王后本应是个极其优秀的女人，她貌美，聪慧，拥有超越常人的力量。而且她还嫁给了王国里最有权势的国王，成为这个王国中地位最尊贵的女人。

白雪公主有什么呢？除了惊人的美貌之外，她在其他任何一个方面都可以说是完全比不上王后的。她天真而不谙世事，处事手段必然不如王后；她柔弱无害，个人能力更是远远比不过王后；甚至就连她的地位，在王后面前也总是得低一头。

可偏偏，就是因为美丽的容貌这一点，点燃了王后的嫉妒之心，让她一次又一次地针对白雪公主，并逐渐暴露出了自己丑陋的灵魂。最终的结局自然是邪恶被正义打败，作为反派的王后也为自己的行为付出了惨重的代价。

其实，每个人都有嫉妒心，都会希望自己能在方方面面都成为最优秀的那一个人，不高兴别人超过自己，这是很自然的一种心理现象。只是，有的人善于调节自己的内心，将嫉妒的情绪化为对自身的激励，从而促使自己成为更好的人。而有的人，却放任了嫉妒的蔓延，甚至以最恶毒的心思与行为来宣泄心中的嫉妒。

然而，那些被嫉妒折磨得痛不欲生，撕心裂肺地控诉着“既生瑜，何生亮”的人，却从来都不明白，真正毁灭你的，从来不是这个世界，而是你心中的嫉妒，真正待你残忍的，也从来不是所谓的命运，而是你心中的嫉妒！

在林蕊出现之前，辛颖一直是公司里最突出的女孩。她优雅大方，聪明能干，在原本就“狼多肉少”的IT公司里绝对是女神般的存在，而她也早就习惯了这种众星捧月的待遇。

然而，辛颖在公司工作的第三年，林蕊出现了，这让辛颖感受到了威胁。其实，以往公司也并不是没有招收过女职员，只是那些女职员不论颜值还是气质都是远不如辛颖。可林蕊不同，她可爱俏丽，性格活泼开朗，虽容貌不如辛颖那般精致，却是最容易讨人喜欢的那一类女人，才刚到公司就很快和周围的同事打成一片。而这一切，却让辛颖心中隐隐感觉到不舒服。

其实这也不奇怪，人总是会向往自己所没有的东西，而林蕊身上恰恰就有着辛颖所缺少的东西——亲和力。

以往在公司，同事们虽然也都很喜欢辛颖，但和她相处时并不是很亲密。男同事把她看作是高高在上的女神，爱慕之余自然还存了几分“只敢远观”的心思，而女同事呢，在这样一个美丽又优秀的同性面前，难免存了几分自卑，想亲密也亲密不起来。

林蕊则不同，她虽然也很漂亮，但给人的感觉更像是邻家小妹，加上她本身性格就比较活泼开朗，让大家根本就产生不出距离感。

可辛颖却没有想这么多，在她看来，林蕊的到来对她在公司地位无疑是一种威胁，尤其是每天看着她与同事们说说笑笑的样子，一种名为“嫉妒”的情绪开始在辛颖心中蔓延。

在嫉妒心的驱使下，辛颖开始处处针对林蕊，甚至有好几次故意在工作上给她使绊子，然后再愤怒地以此为由责骂她。一次两次还好，次数多了之后，同事们也都渐渐感觉到了辛颖对林蕊的针对，并看到了辛颖尖酸刻薄的一面，这让许多将辛颖奉为“女神”的人都感到了一丝幻灭。

有同事在发现这一切后，本想好心地去调解辛颖和林蕊之间的矛盾，可没想到，这却让辛颖更加愤恨，甚至觉得同事们都为了林蕊“背叛”了自己。面对处处挑刺的辛颖和总是无辜退让的林蕊，久而久之，大家自然都站到了林蕊这一边。

后来，辛颖对林蕊的针对越发变本加厉，甚至还因此得罪客户，让公司损失了一大笔生意。最终，老板只得忍痛辞退了辛颖，并惋惜不已地告诉辛颖，自己原本一直非常看好她，也已经决定要在年后给她升职了，可没想到竟会发生这些事情。

在辛颖离开之前，老板叹息地问了一句：“林蕊到底哪里得罪你了？你怎么就偏偏盯上她这么个小虾米了呢？”

林蕊一阵恍惚，心中只觉得迷茫不已。是啊，林蕊到底哪里得罪了自己呢？就像老板说的，她明明只是个“小虾米”而已，自己辛辛苦苦在公司奋斗了三年，一拳一脚地打拼出了多少优秀的业绩，工作能力也是有目共睹的，怎么就偏偏为了针对这么个“小虾米”，硬生生毁了自己的事业呢？

莎士比亚说：“嫉妒是绿眼妖怪，谁做了它的俘虏，谁就要受到愚弄。”就像辛颖，若非心中生出的那丝嫉妒，她又怎会将自己好不容易建立起的事业尽数毁灭呢？嫉妒让她失去理智，扼杀了她的进取心和包容心，让她变得尖酸刻薄，丑陋不堪，而最终，这些恶果和伤害全都反噬到了她的身上。

正所谓“金无足赤，人无完人”，再优秀的女人都会有自己的缺点和不足，不要总盯着别人比你强的地方去看，反而忽略了自己的优势与长处。要知道，就连圣人都需要时时自省，你又怎能指望自己处处完美呢？

学会正确看待自己，学会放弃自己做不到的事情，学会接受自己的缺点与不足。当你能做到这三点的时候，你会发现自己其实远比你以为的更优秀。

心若向阳，又何惧黑暗

同一个世界，在不同人的眼中，看到的却是不同的风景。就像一朵玫瑰，有的人看到的，是花朵下尖利的刺，而有的人看到的，却是刺上开着的美丽的花。看到刺的人，便将玫瑰当作是糖衣炮弹，感叹一句：“美丽的东西最伤人！”看到花的人，却将玫瑰当成是希望，激励自己：“只要努力，即便是荆棘之上也能开出鲜花！”

人生不如意，十之八九，而生活的风景，则取决于你看入眼中的，是那不如意的“八九”，还是那如意的“一二”。盯着“八九”的人，看到的自然是世道艰难，冰霜刀剑；可瞧着“一二”的人，看见的却是暖阳细雨，月下花开。

前者的日子未必就比后者过得差，后者的人生未必就比前者顺遂，只是大家入眼的风景不同，收获的感受自然也就不尽相同了。

所以，当你眼中看到的，尽是生活的残酷，命运的不公时，或许并不完全是因为世界太过黑暗。因为，心若向阳，又何惧黑暗呢？

安妮和安娜是一对双胞胎姐妹，在她们七岁的时候，父母在一次意外中丧生了，两姐妹从此成了孤儿，被舅舅一家收养。明明是相似的人生经历，可令人意外的是，二十年后，这对姐妹却走上了完全不同的人生道路。

姐姐安妮染上了毒瘾，和同样是瘾君子的小混混男友因抢劫杀人而被捕入狱；妹妹安娜则成了一名作家，并且已经拥有了一个幸福的家庭。人们都觉得很奇怪，这对双胞胎姐妹的人生究竟遭遇了什么，为什么会有如此截然不同的面貌呢？

抱着这样的疑问，一名记者分别采访了姐姐安妮和妹妹安娜，让她们从各自的角度讲述了自己的人生故事。

安妮说："七岁的时候，父母因为一场意外离开了我们，从那时开始，我的人生便陷入了永久的黑暗。很快，我和妹妹就被送到了舅舅家，过上寄人篱下的生活。舅舅和我们关系并不亲近，平时也不太管我们。舅妈是个尖酸刻薄的女人，认为我们是拖累，常常骂我们'拖油瓶''赔钱货'，有时还有比这更难听的。那时候，我非常讨厌去学校，因为那些人总用一种怜悯的目光看着我，一遍遍地提醒我，我到底有多么可怜，多么悲剧，那种感觉真是太讨厌了。还有那些高高在上的施舍，我恨不得全都砸回到他们脸上！好不容易挨到成年，我和妹妹拿到了父母留下的遗产，我终于离开了那个讨厌的地方，离开了那些讨厌的人。我也想过重新开始新的生活，可这个世界实在太黑暗了，我遇上的那些人，没一个好东西……你问我为什么会成今天这个样子？哈！那应该去问那该死的命运！为什么从来不肯给我一条活路！"

在见过安妮歇斯底里、充满恨意的样子后，记者简直难以相信眼前言笑晏晏的安娜是她的妹妹。她们的长相真的非常相似，但给人的感觉却是截然不同。安妮整个人都是一副死气沉沉的样子。安娜却浑身上下都充满了活力，笑容里没有一丝阴霾。

提及往事时，安娜脸上浮现起了温暖的笑容，她说道："那场意外彻底毁了我们的家，那时候，我和姐姐都茫然无措，不知道今后应该怎么办。幸好舅舅和舅妈收养了我们，舅舅是个有些木讷的人，不太喜欢说话，明明很担心我们，却又不知道该怎样表达。舅妈刀子嘴豆腐心，骂起人的时候毫不留情，但却又总是担心我们冷着饿着，一顿饭吃得少了，都得被她教育半天。但我知道，她说那么多，其实是担心我们不好好吃饭。那时候，家里的事不知怎么就在学校传开了，学校本来想给我们组织捐款，但被舅舅和舅妈拒绝了，我们都不喜欢别人那样可怜我们，那种感觉并不是很好。同学们非常担心我们，他们真的很可爱，似乎想要安慰我们，却又不知道该怎么说，于是那段时间，我和姐姐的桌上常常会莫名出现很多零食，却又不知道是谁放的。我真的很感激那些一次次对我展露善意的人们，是他们让我在人生最艰难的日子里见到了希望……"

之后的故事自然也就不必再深究了，一个心中盛满阳光与温暖的人，自然不会让自己的人生坠入黑暗。

明明有着相同的经历，但这些经历在映入各自的眼中后，姐妹俩却收获了完全不同的风景。安妮眼中看到的，尽是世态炎凉，人情冷暖；而安娜眼中看到的，却是身边的人默默的关心。

我们生活在同一个世界，但却又不完全生活在同一个世界。我们看似经历着相似的人生，却又在这相似的人生中活出了截然不同的味道。

人生中的许多事情都是很难单纯以好或坏来定义的，好的事情里也可能存在不好的影响，坏的事情中也可能拥有好的部分。好或坏，很多时候都是相对存在的。就像很多人，明明一无所有，也可以活得快乐而满足；而有的人呢，明明拥有很多，却依然在控诉命运的不公。说到底，不过只是他们眼中看到的世界不同罢了。

所以，女孩啊，若你觉得世界一片黑暗，那么不妨试着打开心门，装一些阳光进来。心若向阳，哪怕身处黑夜，也不会惧怕黑暗。

辑四

二十女孩，如果爱，请深爱；若无爱，也释怀

人生总是要面临很多的选择。有些选择对你的影响微乎其微，而有些则会直接影响到你下半生的走向。比如爱情，正是能够对我们人生走向产生巨大影响的抉择。

在爱情的十字路口上，迷茫的人实在太多。想爱的，怕伤害；想放下的，难释怀。于是，许多人开始左右摇摆，犹豫不决，拿不起，也放不下。而这，恰恰正是爱情最坏的选择。爱情是美好的，也是伤痛的；是不顾一切的，也是必须有底线的。如果爱，请深爱；若无爱，请释怀。这就是爱情最好的样子。

送上门的礼物，他永远不珍惜

二十几岁的女孩，在面对爱情的时候，往往还保有天真的热忱，以为只要拼命对一个人好，就能得到对方的喜欢。殊不知，人性比想象得要复杂许多。有时候，你越是对一个人好，越是包容退让，反而越会失去更多。因为，委曲求全永远换不来真心相待，就像上赶着送上门的礼物，总不会被人珍惜。

越是得不到，越是舍不下，这就是人性。这就好比你想要一件东西，如果只是挥挥手就能简单到手，那么你潜意识中就会认为，这件东西并不是那么珍贵，因为得到的过程实在太简单也太顺利了。但如果你为了得到这件东西付出很多，那么潜意识中就会认为，这件东西来之不易，你在得到这件东西的过程中所投入的一切，也都将被归入这件东西的价值之中。

谈恋爱，其实同样也是如此，作为一个女孩子，如果不懂矜持，那么很容易就会给人留下轻浮的印象，让人觉得你“不值钱”。

林珍娜在学校里非常有名，因为她“很好追”。

不管从容貌还是气质上来说，林珍娜在学校里都不算亮眼。她长相算是清秀，但还称不上漂亮，身材也一般，干干瘦瘦还有些矮。但她性格非常开朗，喜欢结交各种各样的男生。一开始，大家并没有把这当成一回事，但渐渐地，很多人发现，她是个“很好追”的女孩，基本上只要你肯给她花钱，她就能做你女朋友。

别误会，林珍娜并不是一个拜金女。事实上，她只是一个非常想谈恋爱的普通女孩罢了。林珍娜是个比较早熟的女孩，沉迷于各种校园爱情小说，常常幻想自己也能拥有一段梦幻般浪漫的校园恋爱。

大概因为长相比较平凡，林珍娜一直都没什么异性缘。直到上大学之后，周围很多同学都有了想要谈恋爱的心思，而她也比从前会穿衣打扮，自然也就收获了一些男生的示好。在这样的情况下，对恋爱的渴望让林珍娜很快就交了第一个男朋友。

对于这段初恋，林珍娜是非常珍惜的，但可惜，这个追林珍娜的男生其实一开始也只是抱着随便试一试的态度，根本没想认真交往，所以两人交往了不到一个月，就分手了。初恋的失败让林珍娜备受打击，虽然她对这位前男友并没有多少感情，但失败的恋爱确实让她感到非常难过。就在这个时候，一位参加社团时认识的学长开始向林珍娜示好，林珍娜便又一头栽了进去。

这段恋爱同样不是那么顺利，交往不到两个月，学长就毕业了，去了其他城市工作，两人的感情还没培养起来就提前进入了聚少离多的阶段，自然没多久就又黄了。

原本林珍娜"很好追"，只是因为她对恋爱的向往，但男生追求女生，自然免不了会花些钱，送零食、小礼物什么的，所以久而久之也就传出了流言，说只要肯花钱，就能追到林珍娜之类的话。这使得林珍娜在学校的名声越来越差，也让一部分不怀好意的男生跃跃欲试。

后来，听闻林珍娜的感情经历一直都不太顺利，多次失败不说，还被骗了好几次，很多不熟悉她的人到现在都以为她是个很随便的女孩。

在现实生活中，想必有不少女孩都有过和林珍娜类似的遭遇，因为自己过于主动，或过于想谈恋爱，就被别人误认为"随便"，结果越来越难以遇到美好的恋情。

爱情是美好的，年轻的女孩子憧憬爱情，这本身不是什么错。但在爱情面前，一定要懂得矜持，要有高姿态，即便内心再怎么渴望谈恋爱，也要坚持宁缺毋滥的原则。如果今天你因为不懂事而随随便便去恋爱，那么明天愿意接近你的人就只会是那些对爱情随随便便的人了。

女人要懂得为自己"抬价"，你只有先让自己显得"尊贵"，才能有机会吸引到同样"尊贵"的异性。如果你把自己放在廉价区，那么愿意来挑选你的人，自然也高贵不到哪里去。爱情也好，婚姻也罢，其实都是如此。你越是在爱情面前没有尊严，你就越是难以留住自己的爱情。

陈馨曾经很爱一个男人，拼了命地对他好，恨不得掏心掏肺。打工赚来的钱几乎都给男人买礼物了，自己却连一件新衣服都舍不得买。家里大大小小的事情，她都一手包办，把男人伺候得十指不沾阳春水。

陈馨以为，只要拼尽全力地对男人好，他就永远不会离开自己。但生活却永远不会按照你所预想的轨迹去发展。男人并没有因为陈馨的讨好而加深对她的爱，反而在不久之后劈腿了另一个女孩。

知道这件事后，陈馨很难过，她想，是因为自己不够好，所以男人才移情别恋吗？带着这样的疑问，陈馨偷偷跟踪男人，想要看一看那个女孩是什么样子。令她十分意外的是，那个女孩并没有特别突出的地方，更重要的是，她对待男人的态度还颇有些颐指气使，而那个被她照顾得像个大少爷似的男人，在女孩面前尽显温柔小意，被支使得忙前忙后还满脸带笑……

委曲求全永远换不来真心相待，拼命付出也只会拉低自己的“身价”，让自己的价值在对方心里越降越低。就像陈馨这样，为爱情把自己活成了个“二十四孝保姆”，却又在这个过程中弄丢了爱情。而她深深爱恋的男人呢，却宁愿去别人那里“装孙子”，也不肯回来被“供着”。

真正的爱应当是建立在平等的基础上的，而不是只由其中一方无底线、无原则地付出。只有双反都付出了、投入了，才会真正重视这份爱，保护这份爱。而且，男人天生就有一种征服欲，相比一味付出和牺牲的女人，男人心中更为向往的，往往都是自己难以企及的“女神”。

所以，不论你有多爱他，都不要轻易放下尊严，更不能无底线、无原则地为之牺牲和付出，送上门的礼物，是永远不会被人珍惜的。

别怕等待，成长会让你遇到更好的他

现在，许多年轻人的恋爱，就像是城市快餐，味道或许尚可，却少了几分小火慢熬的老汤味道。在恋爱面前，宁缺毋滥四个字说起来容易，但真正做到的人却并不多。那些年轻而躁动的心，总是不甘寂寞，轻易就付出自己的感情，然后在一次次轻率的分分合合中消耗掉了对爱情的期待与信任。

其实，最好的爱情从来都是不怕等待的。在爱的路上，对的那个人也许会姗姗来迟，但永远不会缺席。我们要做的，就是在他到来之前，让自己成长为更加优秀的人。这才是对待爱情最好的方式。

情人节的咖啡厅里，文佳端着一杯做了漂亮拉花的咖啡，独自一人坐在角落，表情闲适地看着窗外路过的一对对情侣，他们或是十指相扣，或是追逐打闹，到处都弥漫着甜蜜的气氛。

文佳今年已经二十六岁了，站在青春的尾巴上，却依旧是独身一人。并不是无人追求，只是一直以来，文佳都没有遇到真正能让她心动的那个人。

对于爱情，文佳一直是抱有美好期待的，她相信自己总会遇到一个对的人，一个能让她安心托付后半生的人。也正是因为这份对美好爱情的期待，这些年来，文佳从不曾因为任何除了爱之外的原因而盲目投身恋爱，对她来说，缺乏心动的恋爱就像是无聊的游戏一样，不过是在浪费时间。

虽然没有爱情的陪伴，但文佳这些年的日子同样过得非常充实，她一直在用心地经营自己，努力让自己成为更优秀的人。

为了保持好身材，文佳报了瑜伽班和游泳班，制定了详细的运动规划，并逐渐养成了健康的运动习惯；发现皮肤差，她就努力学习护理皮肤的知识，把自己打理得白嫩水灵；在工作方面，她更是付出了十二分的努力，此外，她还积极认真地扩充自己的知识，学习相关的技能，为自己累积资本。

越来越优秀的文佳，身边的追求者自然也越来越多。不少朋友开始劝文佳：“为什么把自己弄得那么辛苦呢？倒不如找个人试着谈一场恋爱，或许你就能找到恋爱的感觉了呢？”

可文佳却微笑着摇了摇头，她说：“我正在努力让自己成为更优秀的人，只有这样，才能配得上将来我喜欢的那个人。如果现在不努力一些，万一以后你遇到自己的真命天子，却因为身材不够好，能力不够出众，打扮不够时髦等原因而不敢上前搭话，那岂不是太可惜了吗！”

现在，二十六岁依旧单身的文佳，虽然还没遇到真命天子，但她的内心充满了自信，未来也一片光明。她相信，总有一天，她会遇到那个对的人，然后用最优秀的自己去打动他，圆满自己的爱情。

爱情的路上别怕等待，成长终会让你遇到更好的他。每一个二十几岁的女孩，都该好好学一学文佳，放下心中那颗浮躁的心，以认真而诚恳的态度对待自己的爱情。哪怕经历漫长的等待，也是为了之后更好的收获。

对于女孩子来说，一份认真的爱情，往往也意味着下半生的依靠。而你会找到什么样的爱人，往往取决于你是什么样的人。像王子和灰姑娘这样的跨阶级恋爱童话在现实中是非常少见的，人们所交往的对象，往往都是和自己情况相差不多的人。

所以，如果你希望未来的另一半是个优秀的人，那你首先要做的，就是不断提升自己，让自己成为更优秀的人，这样，你的未来才有机会遇到更好的人，并能与他并肩而行。

大学毕业前夕，于东和寝室几个好兄弟一块喝酒，大伙从展望未来聊到了各自的感情史。这个话题让于东有些尴尬，因为时至今日，他连一场恋爱都还没有谈过。最后，在几个兄弟的调侃下，于东一拍桌子，说自己有本事一个电话就摆脱单身。

话虽如此，但于东和班上的女生其实来往的并不多，手机里也没存几个女生的电话。可既然话都说到这份上，也不能临时认怂啊。就在于东茫然地翻着手机上的联系人时，突然看到了丁曼的名字。丁曼是于东的老乡，之前于东帮她订过一次火车票，所以彼此留过电话。

于东干脆就把电话打去了丁曼那里，然后学着偶像剧里看到的台词，用几句土味情话向丁曼表白了。

接到电话的丁曼感到非常惊讶，于东和她平时并没有什么往来，也从来没给她打过电话，现在电话一打过来就表白，怎么都觉得不太正常。但丁曼心中还是有些难以按捺的欣喜，因为她其实一直对于东有好感。

虽说这通电话是意外惊喜，但丁曼还是很快冷静了下来，她并不想在这个时候浪费时间去开始一段逢场作戏般的恋爱，她也不怎么相信于东突然对自己的情根深种。于是，斟酌片刻之后，丁曼冷静地对于东说道："毕业之后我会留在这座城市打拼，我所有的时间与精力都会投入到工作上。如果五年之后，你还想同我表白，那么我们就认真地在一起过一辈子吧！"

如果说一开始打电话给丁曼是出于维护面子的无奈，那么在听完丁曼这席话之后，于东是真的开始把这个女孩放在心上了。他甚至开始期待，五年之后，自己会看到一个怎样的丁曼。

五年的时光说长不长，说短却也不算短。在这五年中，丁曼果然如她所说，将所有精力和时间都投入到了打拼事业上。她努力地工作，不断地学习，竭尽所能地充实自己，从懵懵懂懂的"社会小萌新"，逐渐成长为独当一面的"都市白骨精"。

与此同时，于东也同样在这座城市拼搏着自己的未来，他做过推销员，后来又转而做企业运营。积累了一定的经验之后，他便辞职创业，拥有了自己的公司。

五年后再聚首，于东再一次认真地向丁曼告白了，两人最终走到了一起。

在两人的结婚典礼上，于东对丁曼说道："感谢你不在我身边的1825天。正是这段漫长的等待，让我们彼此都获得了进步，在理应拼搏的年纪，成长为更好的样子。"

松浦弥太郎说过这样一段话："爱，是让对方活出自己。在长久稳定的伴侣关系中，陪伴只是基本需求，更重要的意义是赋能。这种赋能是相互的，让对方能活出最好的状态，才能被称作是最好的爱。"

如果你期待遇到最美的爱情，那么就一定不能惧怕等待。就像于东和丁曼，正是因为有了一段漫长等待的时光，让他们成长为了更优秀的人，继而在最合适的时候牵起彼此的手。这段爱情之于他们是如此的来之不易，自然会倍感珍惜。

所以，多给爱情一点时间吧，不要惧怕等待，该来的人永远不会在你生命中缺席，而你应该做的，就是在这段等待的时光里学会享受孤独，努力生长，让自己成为更优秀的人。

就算再爱，也绝不做备胎

最好的爱情莫过于在恰当的时候遇到合适的人，你未婚，我未嫁，而且恰好两情相悦，继而携手白头，佳偶天成。只是，在这世界上，并非人人都有这样的好运气，可以遇到恰恰好的爱情。有的人相遇的时机不对，白白消耗了彼此的深情厚爱；有的人则是遇到的人不对，结果错付真心，蹉跎一生。

但不论你遇到的是怎样的情况，都应该明确一点，那就是，再爱也不能没有底线。爱情再美好，也不能丢下自己的尊严。一份认真的爱情，必然是建立在自尊自爱的基础上的，并非所有的为爱牺牲都值得赞扬与感动。

二十几岁的女孩们，总是容易为飞蛾扑火一般的爱情而感动，以为爱就应当轰轰烈烈，情深不悔，以为爱就应当牺牲奉献，不顾一切。然而实际上，这种想法是非常不成熟的。如果你爱的人恰好也爱你，那么又怎会忍心让你承受飞蛾扑火般的痛楚与煎熬？而如果你爱的人并不爱你，那么你的牺牲奉献之于对方来说，并非是感动而是困扰。

换言之，假如一个人，既不回应你的爱，也不拒绝你的牺牲与奉献，那么只能说明，这个人的品德实在是过于低劣，你在对方眼中也只是一个呼之即来挥之即去的备胎而已。这样的一个人，又有哪里值得你不惜放下尊严地去爱呢？

所以，女孩们，请记住，即便再爱，也不要让自己成为备胎。只有当你学会珍惜自己、重视自己之后，别人也才会珍惜你、重视你。

张爱玲说："女人在爱情中生出卑微之心，一直低，低到尘土里，然后，从尘土里开出花来。"这是她爱情最真实的写照，她对胡兰成的爱就是如此，低到了尘土之中，卑微而又不顾一切。

张爱玲遇到胡兰成的时候，他的身边已经有很多女人了，而张爱玲也很清楚这一点。可是她很爱他，爱他的风流倜傥，爱他的才华横溢，也爱他深刻在骨子里的自信与骄傲。因为爱，张爱玲羞涩又胆怯地付出了自己的真心，甚至咽下了没名没分的委屈，只以一纸婚书为定，连仪式也不曾举办过一个。

战后，胡兰成丢下张爱玲独自逃亡，可张爱玲却依然死心塌地地念着他，哪怕生活再困顿，也每月都要寄生活费给胡兰成。到后来，甚至还千里迢迢地从上海跑去温州找他。

而胡兰成呢？面对张爱玲的付出，他并没有“浪子回头”，而是心安理得地花着她的钱，和一个又一个的女人继续纠缠不休，一次又一次地伤害和抛弃这个对他不离不弃，为他付出一切的女人。

张爱玲的爱情就如她所说的一般，确实是低到了尘埃里，只是最终，这份低入尘埃的爱，也未能真正开出美丽的花。

长久的爱情是需要以尊严和平等为基础的，没有底线地去爱一个人，只会给别人看低你的机会，而你的爱与付出，甚至你自己，在别人眼中都会变得很廉价。

舒舒一直觉得，在浩子心中，是有她的一席之地的，即使浩子从未给过她任何承诺，她也一直这么相信着。

舒舒和浩子是青梅竹马一块长大的邻居，从小舒舒就是浩子的“小尾巴”，浩子走到哪儿，她就跟到哪儿，那时候周围的大人都打趣他们，说舒舒是浩子的“小媳妇儿”。

从小学到高中，舒舒和浩子都是同班同学，他们一起上学，一起回家。浩子去打篮球，舒舒就给他拿书包，送矿泉水，浩子溜出去上网，舒舒就给他打掩护。每次有同学打趣他们，浩子都会大大咧咧地一笑，拍拍舒舒的头，说：“别瞎说，这是我妹子！”

浩子长得高大帅气，性格开朗外向，又会打篮球，虽然成绩一般，但很受女生欢迎。从初中时候开始，他身边的小女朋友就没断过。舒舒心里喜欢浩子，但却一直没有说出口，她不想只做浩子无数小女朋友中的一员，所以宁愿顶着“妹妹”的身份一直陪在他的身边。

高中毕业，舒舒偷偷看了浩子的志愿，报了和他同一个城市的大学。每到周末，舒舒都会跨越大半个城市去看浩子，帮他洗衣服，收拾宿舍。后来，浩子在校外租了房子，舒舒就成了他的“免费保姆”。

浩子的舍友常常开玩笑，让浩子直接娶了舒舒得了，可浩子还是一如既往地表示：“这是我妹子。”每每听到这话，舒舒都觉得心里又酸涩又甜蜜。

舒舒也不是没想过放弃，事实上，在上大学后，她也尝试着交往过一个男朋友，可浩子总以“哥哥”的身份出现，让舒舒的男朋友非常有意见。一旦舒舒表现出疏远浩子的意思，浩子就会表现得很伤心，并质问舒舒，是不是要为了“外人”和“哥哥”翻脸。

后来，舒舒还是鼓起勇气向浩子表白了，浩子果然还是如从前一般，笑着说：“你是我妹妹啊，做我一辈子的妹妹不好吗？”

那天之后，舒舒终于删除了浩子的一切联系方式，为自己长达十余年的“暗恋”划下了句号。有时她也会想，浩子是真的把自己当成妹妹吗？还是说，自己其实一直都只是“备胎”而已？

友人以上，恋人未满，这样的关系往往最酸涩也是最伤人的。一个想要爱，一个却只想暧昧，不对等的渴望与需求，注定了两个之间不对等的感情与付出。浩子难道真的不知道舒舒对自己的感情吗？恐怕未必。都说世界上有两样东西是藏不住的：一是咳嗽，二是爱。

通常来说，当一个人对另一个人产生好感之后，往往都会想要为对方做点什么，在这种情感的影响下，付出也能成为一种获得自我满足的方式。而且，很多女孩在为爱付出的时候，往往都会产生一种错误的认知，以为只要自己拼尽全力地去对对方好，就一定能够得到对方的回应。可事实上，现实却告诉我们，一厢情愿的爱情十之八九都会以失败收场。

爱情与感动、同情从来就不是一回事，你倾其所有的付出不是爱，只是取悦。而对你所取悦的对象来说，从一开始，你就把自己的位置放在了很低的地方，对方又怎么可能以平等的目光来看待你，以及你的付出呢？

爱从来不是一件卑微的事情，女孩，请记住，无论何时，都应将自己放在尊贵的位置，只有你先把自己当作珍宝，别人才会待你如获至宝。再美好的爱情，也永远不会比你的尊严更值钱。只有爱得不卑不亢，你才能收获到爱情最美的模样！

如果爱，请深爱

爱情就像是生命中的糖果一样，没有它，你也能正常生活下去，但有了它，却能让你品尝到甜蜜的味道。

女人往往比男人更嗜甜，所以对于爱情，女人往往比男人更重视，也正因为如此，女人也往往比男人更容易在爱情中受伤害。于是，很多在爱情路上摸爬滚打，积累了丰富经验的女人，往往都会一遍遍告诫年轻的女孩：别太天真，爱情不能当饭吃！

诚然，理智与阅历确实能帮我们找一个靠谱的人来谈恋爱，但通过这种方式左右权衡出来的人，或许确实适合搭伙过日子，却未必能真正让我们领略到爱情的味道。少了伤害的同时，也少了关于爱的甜蜜与惊喜。

爱情呀，之所以让人向往，不就是因为其中充满了甜蜜吗？

爱情呀，之所以让人刻骨铭心，不就是因为同时也充斥着难以避免的伤害吗？

如果只想开心，却不想受伤，那么就永远不要恋爱，而这也正是爱情最让人欲罢不能的地方，有多少快乐，就有多少痛苦，有多少甜蜜，就有多少苦涩，有多少回忆，就有多少忧伤。

阿春是个非常理智的女孩，从小她的母亲就教育她，无论做什么事情，都不要感情用事。因为感情是这个世界上最虚幻也最没用的东西，你永远不知道它会在哪一刻就烟消云散。

大学时候，阿春开始了自己的初恋，男友是和她同一个大学但不同院系的学生，两人感情非常好。虽然谈了恋爱，但阿春并没有因此就放松自己的学习，男友虽然为阿春没有时间陪自己有些不满，但考虑到阿春本身就是个爱学习的学霸，也只能体贴地陪着阿春一同投入学习的怀抱了。

大四的时候，阿春决定要出国，当她把这个决定告诉男友的时候，她已经办理好了一切相关的手续。那时，男友的表情非常错愕，他怎么也没想到，当他满怀憧憬地计划着他们的将来时，女朋友却突然通知他自己要出国。而且，真的只是“通知”而已，她甚至从来没想过要和他商量一下。

男友红了眼眶，无力地问了一句：“就不能不去吗？哪怕是为了我？”

阿春心里也很难受，但她很快就调节好了情绪，低声说道：“抱歉，我不能因为你而打乱我的人生规划，这对我来说非常重要。”

男友闭了闭眼睛，嘲讽地笑道：“所以甚至都没打算和我商量一下？”

阿春抿了抿唇，冷静地说道：“没什么好商量的，我是一定会去的。而你的专业更适合在国内发展，更何况，你不是很早之前就已经安排好了毕业以后的事情了？”

听到阿春的话，男友不可置信地看了她一眼，随后自嘲地笑道：“真是可笑，你怎么知道我不会为了你而放弃之前的计划呢？不过也是，你这么冷血，恐怕从来就没想过把我纳入你未来的计划中，又怎么可能会相信我可以为了你放弃一些东西呢……算了，就当我有眼无珠，我们分手吧，再也不见了吧。”

之后，出国留学、学成归国、参加工作……阿春按照理智的规划继续自己的人生，只是在感情上一直兜兜转转，始终定不下来。最后，在父母的安排下，阿春和一个条件还不错的男人处了对象，并很快定下婚期。

未婚夫是个很优秀的人，工作不错，脾气不错，长相也不错，他们就像普通情侣一样相处，一丝不苟地履行着男女朋友的职责，在每一个特殊的节日或纪念日给彼此准备礼物。这场恋爱简直堪称完美，但阿春却总觉得差了些什么。

眼看婚期越来越近，阿春心里却像缺了一块似的，空洞得厉害。冲动之下，在约定好领结婚证的日子，阿春直接收拾行李离开了，只发了条短信给未婚夫，告知对方自己突然有事要离开一段时间。

找到阿春的时候，未婚夫非常冷淡，不耐烦地对阿春说：“这婚你要是不想结，直接告诉我一声就行了，本来也就是搭伙过日子，没必要搞的那么矫情。另外，之前我们一起买的投资产品，还有婚房什么的，要是不结婚还得先算算账分清楚了。对了，你要是暂时没有结婚打算的话，婚房就先让给我，你的那部分，我折成钱给你……”

听着未婚夫理智而冷漠地盘算着这些东西，阿春心里一片冰凉。这一刻，她突然想起了多年前自己通知男友要出国的画面，那时候，或许男友心中的感受就如同她现在一般吧……

这样平静而理智的爱情，真是让人怀疑，双方究竟有没有真的为这份爱投入些许真心。理智的恋爱关系确实能够帮助我们避免许多恋爱过程中的伤害，但在爱情里，如果连真心都不能给，连付出都要再三权衡，那岂不是太可悲了吗？

爱情不是数学题，只求一个最终的结果。爱情是一个过程，一段人生的旅程，它的价值不在于结尾是什么样子，而是在于这个过程中的点点滴滴。爱情之所以让人留恋，就是因为每一个沉浸于爱情中的人，都能获得与其他感情截然不同的感受，或甜蜜、或悲伤、或幸福、或痛苦，都是爱情最真实的样子，是每个人人生中不容错过的体验。

如果爱，请深爱，请勇敢地敞开心扉，这世间所有的奋不顾身都值得我们去善待。青春本就是应该尽情挥洒，肆意燃烧的，无论走过多少伤痛，迎来多少失望，都要相信，在这世间，总有一个人，是值得你倾尽一切去爱的。

遗憾，别样的美丽

年轻的女孩们总以为，人生应当了无遗憾才是圆满。于是，她们用尽力气去爱，去生活，去怀念一次次的错过，后悔一次次的选择。结果，反而让自己在更深的遗憾中纠结一生，痛苦一世。

其实，人生哪有什么圆满？更何况，若没有痛苦的映衬，我们又如何能品尝出幸福的味道呢？那些逝去的人与事，那些消散在生命中的美好，是不可弥补的遗憾，但同时，也是我们生命中不可替代的美好回忆。若你因此而沉浸痛苦中，那么遗憾便只能成为生命的不圆满，但若你能学会释怀与放下，那么遗憾就会成为一份别样的美丽，在你的青春里熠熠生辉。

二十岁之前，她遇到了他；二十岁以后，她却失去了他。一场车祸，让这对相爱的小情侣从此天人永隔，也让她的爱情从彩色变成了黑白。此后，她便在心中筑起了一道高墙，日日思念已故的他，夜夜追忆曾经的爱。

她的衣柜里有一件浅蓝色的外套，那是他生前送给她最后的礼物，是他最喜欢的颜色。她常常会看着这件外套发呆，然后一边抚摸外套上心形的水晶纽扣，一边流着泪。但自从他离世之后，她就再也没有穿过这件外套。

有一天，她突然发现，外套上的纽扣少了一颗，她惊慌极了，翻遍衣柜却也没能找出那颗失踪的纽扣。之后几天，她几乎跑遍全城大大小小的商店，却始终找不到一颗一模一样的纽扣。她懊恼、自责，沉浸在痛苦中无法自拔。

母亲知道此事后送给了她一个小匣子，里头装着的，是五颗漂亮的纽扣。母亲对她说："既然那颗扣子找不回来了，那就把剩下的四颗也拆下来，把这五颗新的换上去。这样，余下的四颗还能钉到其他的衣服上。"

她舍不得让那件外套变成"残缺"的样子，便听了母亲的话，为它换上了新的纽扣。令她感到惊讶的是，母亲带来的新纽扣比之前的纽扣还要适合这件外套。在换下纽扣的过程中，她的心里隐隐闪过一丝明悟。曾经那些美好的记忆，即便逝去之后，也当让它们成为滋养生命的养分，怎么能让它们变成束缚自己的痛苦呢？

第二天，她穿上了那件浅蓝色的外套，新纽扣在阳光下熠熠生辉，她的心门也终于再次打开。

逝去的美好是令人惋惜的遗憾，虽然已经无法挽回，但它们依然是回忆中最珍贵的存在，是我们在人生道路上遭遇的，别样的美丽。别让这些美丽成为束缚我们的枷锁，更别让这些美丽因我们的放不下而成为伤害，既然已经失去，那便留下最美的记忆，用一颗豁达的心去铭记，去欣赏，让它成为人生最美的风景。

人生本就不存在绝对的圆满，“人有悲欢离合，月有阴晴圆缺，此事古难全”……苏轼的一曲《水调歌头》让人们对悲欢离合充满了无奈，对世事变迁感到了伤感。但事实上，有很多事情，我们之所以会有遗憾，往往是因为事后我们总会发现自己其实可以有另一种选择，会有更好的做法，因为有了后悔，所以遗憾便产生了。

其实，这是一件很正常的事情，无论多么一帆风顺的人生，都会存在很多很多的遗憾，但这些都是自己人生中不可或缺的风景，因为有了这些缺憾，你的人生才更真实。但有些人总是极力想把一切事情都做到最好，结果不仅难保不会有遗憾，而且还要花费大把的时间、精力，让自己过得疲惫不堪，甚至失去自我。

一位长相清秀靓丽的女孩经朋友介绍相亲，她听朋友说，这个男的不但才华横溢，而且英俊帅气。约定见面的那天，女孩早早起床，细细打扮，她希望自己能以最美的形象出现在他的面前，希望他对自己有一个好的初次印象。

临出门时，女孩老是觉得自己不是脸上粉没扑均匀，就是眉毛没有化对称，数次往返回家重新化妆，最终出门赶到约定的地点时，男孩已经离去。女孩非常恼怒，一边埋怨这个男孩为什么不多等她一会儿，一边自责自己为什么会耽搁那么长时间。

女孩再次遇到男孩时，男孩身边已有了一个素面朝天的女朋友。其实，女孩本没必要画那么长时间的妆，因为男孩喜欢的就是那种清新淡雅，不喜欢浓妆艳抹。为此，女孩时常叹息，但覆水难收，往事难寻，后悔已无益。

人生中经常会遇到许多缘分，不经意间的萍水相逢，却发现也可以给予更多；不经意间的邂逅和错过，也会留下清晰印迹。许多事，想象总比现实更美，相逢如是，离别亦是。女孩因为错过了男孩，因此有了遗憾。男孩呢？虽然他有了女友，但错过了女孩也不失为一种遗憾，只是他们两人对待这件事的态度截然不同。

女孩总想着挽回，但她深知这是不可能的，所以她只能在回忆中修正自己的种种，可这是没有意义的。人生一世，花也只是一年开一季，重要的过程需要体验，全身心地去体验，而不是身体在动，心还停留在过去。若真是如此，当你身体无法再行动的时候，再想去挽回，却发现为时已晚了。

没有什么是无法割舍的，只要你将一切看得简单些。其实人生就如一场梦，当你梦醒之后会发现什么都是虚无。既然是一场梦，又为什么不能潇洒地看着身边人来人往？而且很多时候，人生也正由于各种遗憾才变得精彩纷呈。

有这样的一个故事：一位左臂残缺的少年去练摔跤，他的教练只教他一个动作，并让他天天重复训练这个动作。

他很是不理解，就问教练何时才能让他学习别的动作。

教练没有正面回答，只说了句：“你先努力把这个动作练好。”

后来，在比赛中，他只用这一招连克数敌，最终获得冠军。

他大惑不解，就跑去请教教练，教练回答：“因为对手要击破这个动作，唯有抓住对方的左臂。”

对手要击破这个动作，唯有抓住少年的左臂，而少年是没有左臂的，这意味着他很难被打败。遗憾有时也是一种优点，这样的例子还有很多，如断臂的维纳斯之所以流芳万代，不正是因为她的断臂所带来的“缺憾”美；月亮有圆有缺，但也正因为此，它创造出了变幻多端的美丽。

生命就像是一次单程的旅行，需要你义无反顾地向前走，不要遗憾，不要抱怨，因为这是一条单行道。若是遗憾让你心生烦恼，那就学着不求全责备吧，用别样的心情去看待遗憾，让它以一种别样的美丽开放在我们心里：“一个是太阳，一个是月亮，太阳月亮从不厮守，但谁不说它们天长地久！”

那个谁，谢谢你曾伤害我

二十几岁的女孩，总以为恋爱大过天，遭遇一段感情的终结，就以为赔尽了一生的爱。所以，每每遇到爱情，都会过于用力地抓住。殊不知，有些人，一旦不再适合，便是怎样都无法留住的，这个时候，我们真正该做的，就是放爱一条生路。

但可惜，很多年轻的女孩都不明白这个道理，总以为只要自己足够努力，就能将爱情牢牢抓在手里。甚至为了挽留爱情，不惜使出“一哭二闹三上吊”的昏招，不顾尊严地死缠烂打。殊不知，这样失去理智的爱情，除了让自己变得更加盲目、固执和任性之外，是不能挽回任何东西的。

因为，很多时候，爱情就像是握在手里的沙，越是用力，你就越无法抓住。

大学毕业后，曼妮追随交往四年的男友一同回了老家，满心欢喜地等着男友和自己结婚。可没想到的是，男友却背着她偷偷出轨了一个漂亮的女网友。曼妮知道这件事后，她和男友大闹了一通，结果男友一怒之下就提出了分手，还宣称女网友才是自己寻找已久的真爱。

身边的朋友知道这件事后，都纷纷劝说曼妮，这样的“渣男”，越早踢开越好，省得以后越陷越深。可曼妮心中却非常痛苦，她觉得自己实在太爱男友了，而且他们之间有着4年的青春与陪伴，这是那个女网友根本比不了的。

为了挽回这段感情，曼妮一次次放下尊严，表示自己愿意原谅男友，可不管自己怎样哀求，男友却是去意已决。万般无奈之下，曼妮开始“一哭二闹三上吊”，甚至不惜对男友说出“分手就跳楼”的话来威胁他。

原本一开始，男友对曼妮还存有一些愧疚，但等曼妮开始又闹腾又威胁之后，男友干脆直接“消失”了，甚至还特意叮嘱了身边的朋友，让他们千万不能将自己的联系方式给曼妮。

男友的消失不仅没有唤回曼妮的理智，反而让她更加偏激了，她开始自暴自弃，常常去酒吧通宵买醉，就连工作也因为三天两头旷工而丢了。而男友呢，在从别人口中听到曼妮的事情后，不仅没有丝毫愧疚，还十分庆幸自己早早离开了她。

恋爱有风险，你可能遇到的是良人，但也可能遇到的是人渣。更何况，即便你遇上的是全天下最好的人，也不意味着你们的爱情就一定可以开花结果。要知道，一段感情的开始和终结都是非常正常的事情，男女双方从相遇相识，到相爱相知，再到步入婚姻的殿堂，这其中除了缘分之外，还会不可避免地经历很多风雨，最终才可能迎来“有情人终成眷属”的大团圆结局。

这世间，不是所有的有情人都能白头偕老，也不是所有感情的保质期都能有一辈子那么长。所以，女孩们应该明白，相爱也好，分手也罢，都是生命旅程中可能会经历的，这是非常正常的事情。

当一段感情终结的时候，我们会悲伤、会难过、会愤怒，有时甚至可能产生痛不欲生的感觉，这都是人之常情。但这种情绪并不会一直持续下去，因为时间是治疗伤痕最好的良药，哪怕再爱的人，终有一天也会在心底慢慢模糊。重要的是，在这个过程中，我们要学会放手，放爱一条生路，同时也是放自己一条生路。

爱情从来都是两个人的事，如果一方退出，那么就说明彼此的缘分已经尽了。只有一方单方面维持的爱情，即便再努力，也终将走向分崩离析的结局。所以，何必把自己弄得这样狼狈呢？爱情不是独角戏，勇敢放下，潇洒离开，总有一日蓦然回首时，你可以云淡风轻地说一句：谢谢你曾伤害我，让我变成了更好的自己。

温雅曾以为，和他在一起，就是拥有了世间最大的幸福。

他是温雅的初恋，也是温雅曾以为会一生相伴的爱人。对他的一切，温雅都了如指掌，知道他的喜好，知道他衣物鞋袜的尺寸，知道他喜欢吃什么菜，知道他喜欢喝什么酒，知道他喜欢什么样的音乐……这一切就好像已经在温雅脑海中生根发芽了一般，填满了温雅的整个青春。

他们从来没有什么矛盾或争执，从高中时期的相识相知，到工作之后的共同打拼，一切都顺利得不像话。可就在某一天，他却突然离开了，从一起租住的小屋里带走了他所有的行李，留下一句“分手吧”。

失去他的那一刻，温雅感觉整个世界仿佛都天塌地陷了一般，她彷徨又茫然，好像在一瞬间失去了对未来的憧憬与希望，她如行尸走肉一般地生活着。

直到有一天，漫无目的行走在街头的她突然听到一首歌这样唱道：“……他走了带不走你的天堂，风干后只留下彩虹泪光，他走了你可以把梦留下，总会有个地方等待爱飞翔……”

是啊，虽然他走了，爱走了，可谁也无法带走自己的天堂。把时间和眼泪浪费在追忆与缅怀中，让自己沉浸于痛苦无法自拔，这才是最愚蠢的做法。他既然已经不爱了，那么自己才更应该多爱自己一些不是吗？

想通了这一切，温雅开始努力调节自己的心情，把自己的生活用更多精彩的事情一点点填满，以免自己再胡思乱想、伤春悲秋。她尝试着剪短了长发，学会了化不同的妆容，给自己调配营养餐，并开始学习瑜伽、跳舞……渐渐的，温雅的心情平复了下来，她的生活也注入了许多新的活力。有时候回过神来，温雅甚至觉得，虽然分手带给她很大的打击，但自从分手之后，她的世界不再以他为主，生活反而变得更加精彩、更加美好了。

后来，他曾回来过一次，他对温雅说：“我很想你。”

这是温雅曾幻想过无数次的画面，但真正到这一刻，温雅却发现，虽然心中不免有些小小的触动，但她却完全不想再回到过去的生活了。她微笑对他说：“可我并不怎么想你。谢谢你曾伤害我，如果不是你离开，我可能永远不知道，原来不再绕着你转之后，我的人生可以更精彩，我的生活可以这样轻松和愉快。”

在爱情的道路上，并非所有感情的结束都是一场悲剧，有时带来的也可能是更美好的开始。一辈子有那么长，你还那么年轻，遇到几个没有缘分的人，不是很正常的事情吗？所以，二十出头的年纪，哪怕失恋了，也别忙着痛苦和绝望，往后的路还长着呢，也许下一个转角，你就能遇见更好的爱情呢?

更何况，假如你真的那么在乎一段感情，真的那么渴望能挽回，那就更不应该沉浸在痛苦中每天哭哭啼啼了，你越是把自己折腾得糟糕透顶，只会让对方越是庆幸自己慧眼独具，早早甩掉了你。你真正应该做的，是让自己成为更优秀的人，让自己的生活更加丰富多彩，好让对方知道，他究竟错过了多么珍贵的宝藏!

你想结婚，一定要找深情相爱的人

在离婚率居高不下的今天，结婚这件事在许多年轻人心中已经少了一些重量。不少人只将结婚当成是生命中理所应当去做的一件事情，像完成任务一样去完成它，仿佛结婚和找工作并没有多少不同。

所以在现实生活中，从我们结束学业、踏入社会之后，身边的亲戚朋友就会开始不断催促我们结婚，他们的关注点似乎只放在我们是否能够在合适的年纪步入婚姻这一点上，而不会去探究我们是否遇到深爱的人，以及我们是否渴望及需要婚姻。

此外，如果我们挑挑拣拣，却怎么也挑不出合适的对象时，他们或许还会不断地劝说我们，不要再挑剔啦，找个差不多的就行了呗，只要条件各方面都过得去就行。你说没感觉？这有什么关系呢？结婚过日子嘛，要什么感觉，嫁给谁不是嫁!

可事实上，嫁给谁，真的是件很重要的事。若嫁给了爱情，那么即便最后的结果是不好的，至少在最初的时候，我们确实收获了幸福与快乐；可若是随随便便嫁个人，那么到最后，一旦结果不好，我们不就什么都没有了吗?

况且，两个无论是性格还是习惯都不同的人在一起生活，必然要经过一段漫长的磨合期，学会彼此包容、相互退让。这个过程本身就是极为艰难的，即便是两个彼此相爱的人，也未必就能顺利度过这段时期，更何况是两个连感情都没有多少的人呢？若是有爱，哪怕发生矛盾和冲突，两个人的心也还是在一起的；可若是没有爱，那么在矛盾与冲突之中，恐怕就只能两看生厌了。

所以，若是想结婚，一定要找个深情相爱的人。爱情与婚姻不是过家家，是会影响你一生的重大事件。将就的婚姻只会让你痛苦不堪，让你在婚姻的囚笼中消耗生命，最终变得麻木不仁，失去对生活的热情。

大学一毕业，交往四年的男友就出国了，这让陈妍非常生气。火速分手之后，陈妍便听从家里的安排，加入了相亲大军。

陈妍的童年过得非常缺爱，那时候正是父母工作的上升期，父母都忙着为事业打拼，根本没时间照顾陈妍，可以说，陈妍见家里负责给她做饭的小保姆的时间都比见到父母的时间多。因此，从很小的时候开始，陈妍就一直渴望能拥有一个属于自己的温馨的家。

大学期间交了男朋友之后，陈妍就一直计划着毕业就和男友领证结婚，可没想到，男友却突然来了这么一手。这件事让陈妍大受打击，也更加激发了她对家庭的渴望。

很快陈妍就找到了合适的结婚对象，对方是一名企业高管，年纪比陈妍大了十岁，属于事业有成之后开始渴望建立家庭的那一类人。对方和陈妍的想法不谋而合，都不打算追求什么情情爱爱，只想平平淡淡地组建家庭过日子。于是两人一拍即合，很快就领证结婚了。

都说相爱容易相处难，更何况是两个连相爱都还没有的人呢？

搬到一起过日子之后，许多之前没发现的问题就凸显出来了。陈妍喜欢吃辣，属于无辣不欢的那种，可她老公却丁点儿辣都沾不了，一吃就胃疼；陈妍习惯吃西式早餐，培根煎蛋面包片，可她老公却只钟爱清粥小菜。除了吃食口味上的不同，两个人的许多生活习惯也有较大差异，住到一起之后怎么都觉得不合拍。

如果说这些都还能勉强克服，那么有一点就是很难调和了，那就是关于睡觉的问题。陈妍一直都有失眠问题，晚上很难入睡，睡着之后也很灵敏，稍有声响，就会被吵醒，一旦被吵醒，这一整夜就别想再睡着了。可她老公却有打呼的毛病，睡相也不怎么好，弄得陈妍苦不堪言。最终，没办法，为了让彼此都好受一些，这对新婚小夫妻只得暂时分房睡。

结果，有一天半夜，陈妍突然犯了胃病，整个人疼得快要昏厥。迷迷糊糊之间，习惯性地给父母打了电话，让父母帮她叫救护车。那天夜里，父母急匆匆赶往陈妍的住处，折腾半宿把她送去了医院。而陈妍的老公呢，由于睡得太死，居然根本不知道这件事情，第二天一早照常上班去了。陈妍的父母也并不知道夫妻俩分了房，半夜去的时候没见着女婿，还以为他在外地出差呢！

这场闹剧让陈妍心中不免有些酸楚，孤独地躺在医院病床上时，她一直在想，这样匆匆忙忙结了婚，到底是对是错呢？这真的是她想要的吗？

陈妍对家庭的渴望，主要源于她内心对爱的渴求。儿时被父母忽略的经历让她的内心一直非常缺爱，与其说她渴望一个家庭，不如说她渴望的是关心和关注。可一份没有爱情的婚姻，又怎么可能满足得了这些呢？

爱情最大的魔力就在于，它能让最粗鲁的人变得柔软，能让最软弱的人变得坚强。当你爱上一个人的时候，你会发自内心地去关注他，对他好，你会在乎他的喜怒哀乐，会愿意浪费自己的时间去做些看似无意义的事，只为了哄他开心一笑。

可如果没有爱，那么你的伴侣出于责任或许依旧会对你好，关心你，但他不会再时时注意到你的喜怒哀乐，不是他不想，而是因为缺少了爱的催化，他可能根本就没注意到。他也不可能会为了博你一笑就做出许多傻事，因为缺少爱的滤镜，他在做任何事情之前都会理智地权衡一番得失。

但每一个真正品尝过爱情味道的人都知道，爱情最令人感动，也最令人着迷的地方，正是一个个因相爱而生的小细节。看着对方为你犯傻，看着自己心甘情愿、义无反顾，这正是爱情最令人着迷的地方。

如果你结婚只是为了找个人搭伙过日子，那么请相信，和你闺蜜一起生活，远比找个陌生人一起搭伙要顺心得多；如果你结婚只是为了完成人生某个阶段的任务，那么请冷静地想一想，完成这样的任务究竟能给你带来什么好处；如果你结婚是为了让生活拥有更高的品质，那么或许还是先计算一下，步入婚姻之后你需要承担的责任，究竟抵不抵得过从中得到的好处。

女孩，请慎重对待你的婚姻，别让宝贵的青春消耗在低质量的爱情与婚姻里。别太把那些流言蜚语当回事，没有任何人有权决定你的人生应该划分成几个区间，也没有任何人有资格审核你应该拥有怎样的生活方式。若是你想结婚，那么就一定要找个深情相爱的人。请相信，爱情永远都不会缺席，当你等待之时，或许它已走在路上。

美好的爱情，经不起无意义的消耗

爱情对于任何一个二十几岁的女孩来说，都有着莫大的吸引力。对爱情的憧憬有时会很容易让女孩迷失自我，甚至做出许多荒唐的事情。

有时候，女孩会一厢情愿地去爱另一个人，至死不渝、不离不弃，以为某一天会打动他的心。可随着时光的流逝，却发现那只是梦中蝴蝶，不管多么美，也都是恍恍惚惚的遥远；有时候，女孩会义无反顾地去挽留一个人，纵然爱已逝，情已冷，以为拼尽所有力气就能够再拥有，可最终才发现，爱其实就是一场泡沫。

和他在一起的时候，她觉得世间最大的幸福，也不过如此了。男人的一切她都了如指掌，她知道男人的衣服、裤子、鞋子在不同场合的搭配，知道男人喜欢的衣服风格、颜色，知道他最爱的菜肴，等等，这一切，都深深印在了她的脑海里。

她从没有刻意去记这些，因为有爱，一切都是那么地自然而然，仿佛不经意间就刻在心里了，根本用不着费尽心思去记忆。女人容易在爱中迷失自己，可同时她也很敏感，能够感觉到男人最细微的变化。偶尔，她看到男人莫名其妙地对着手机屏幕笑，接听电话也总是躲躲闪闪，偶尔回家已是深夜，这些小小的异常让她感到一丝恐惧，仿佛在预示着爱情即将离她而去。

她是多么害怕失去他啊！为了能够留住他，她对他比从前更好。即便发现了他出轨的证据，也装作不知道。尽管如此，她等来的依旧是那句冰冷冷的——我们分开吧！

爱的时候，天涯海角她都愿意跟随他。男人带着行礼离开家时，她的世界仿佛失去了颜色，她的灵魂和整个世界似乎也跟着他和他的行礼，一同离开了。此后的日子，她变得沉默寡言，日子也一塌糊涂，工作不顺心，生活不开心，她觉得自己无法再爱了，身边的一切都在与自己背道而行。

不是一切都在与自己作对，而是手里还握着爱情那一点残留的痕迹，心里还没有真正的放下。当一份爱已逝去，那么和这份爱有关的一切就应该停止了。要知道，爱情不是一个人的全部，没有爱，生活也应该继续。如果你坚持守着情伤不肯放手，那么连你自己也成了伤害自己的帮凶。

一首名为《lydia》的歌中唱道："幸福不在远方，开一扇窗许下愿望，你会感受爱，感受恨，感受原谅，生命总不会只充满悲伤。他走了带不走你的天堂，风干后只留下彩虹泪光，他走了你可以把梦留下，总会有个地方等待爱飞翔。"

是的，爱走了，你的天堂还在，这是属于你自己的，如果连你自己都选择放手伤害，那么最终你一定会为爱而殒命。退一步去想，有谁真的能够陪伴我们一生，从生至死，寸步不离?

生命中，总会有人到来，也会有一些离开，很多时候我们都是独来独往的。既然爱过，就算有所收获，这也是生命的一次成长。就像林徽因说得那样："绿萝拂过衣襟，青云打湿诺言。山和水可以两两相忘，日与月可以毫无瓜葛。那时候，只一个人的浮世清欢，一个人的细水长流。"

曾经看过一则日记，那是一个女人在分手写下的心声，字字句句中都透着一种洒脱，一种淡定，一种"自我"的幸福。

现在的我，不再等你夜归，你总是找不到钥匙，我强迫自己从温暖的被窝里爬出来为你开门，是一件多么不简单的事。尽管我总是很积极主动地为你开门，脸上还带着一丝微笑。我没有必要在床上胡思乱想，想你晚饭后去了哪里逍遥，把自己整得面色憔悴，最终成为一个标准的"黄脸婆"。有时怕不小心睡着了，让你在外面久等，我甚至硬是挺到半夜。

现在的我，有了更多的逛街机会，不再问你想吃什么，不用浪费难得的假日等你回家团聚。满大街的衣裙，在我眼睛里突然变得莫名其妙的可爱。只要我喜欢的我就买，我不再听你的"建议"，我喜欢自己挑选的衣服，我喜欢自己光彩照人的样子。

现在的我，"多语症"不治而愈了，变得安静而善解人意。我不再为你乱扔臭袜子而唠叨，不再担心你酒后驾车的种种危险，更不会在晚饭后打电话催你早回。我已没有管理你的义务和责任。

现在的我，变得很理智、很智慧，朋友见面都说我的状态很好，这让我欣喜若狂。因为有人说女人的智慧和美丽总是并存的。我现在可以大大方方和任何人说话，因为你没有权利责备我又说错话了，害你没面子。

现在的我，回过头想想，过去和你在一起的时候，我真的很讨厌“黄脸婆”这份工作，综合要求实在太高，既然我业务水平不高，那不如炒自己“鱿鱼”！现在的我，在离开你之后，我不会再抱怨别人，我也重新找回了自信，找回了美丽，找回了年轻。

现在的我，想对你说一声谢谢，谢谢你的离开，让我开始了更精彩的生活！

对于已经无法修补，或是不复存在的东西，自爱的人不会选择过多留恋，他们会向前看，找到重新面对生活、期待幸福、寻找幸福的机会。

或许，过去的一景一物，往往都会勾起许多伤心的往事。但过去了就过去了，何必让自己始终活在阴影里呢！你不妨销毁他留下的烙印，删除他的QQ号、手机号以及所有跟他有关的东西。暂时的悲伤和难过可以理解，但是不要把大好的时光全都用在伤春悲秋，哀悼过去的恋情上，要一个人静下心来理智地对待这件事，认真反思。如果自己有错，那么改变自己，提醒自己以后不要再犯同样的错误。

人生路上，不是每段感情的结束都注定是一场悲剧，有时它也是另一种美丽的开始。至少，在一个人的日子里，你有机会重新认识自我，重新审视自己的价值，再次塑造自我，就像凤凰涅槃那般，在欲火中获得重生。每个爱自己的人都要懂得，要让事情变得更好，就得先让自己变得更好。请记住，年轻的时候会遇到无数种可能，爱情不过只是其中的一道风景罢了。

辑五

女人三十，别爱太懒：加固围城，才是最要紧的事儿

女人三十，最怕爱得太懒。韶华易逝，更应好好珍爱自己，经营爱情。你不芬芳，总有别人替你绽放；你随波逐流，总有别处风景依旧。婚姻不是恋爱的终点，而是人生另一阶段的开始，加固围城，那才是你最要紧的事儿。

给自己长点儿脸，给爱情保点儿鲜，给婚姻添点儿味，给爱人多点儿关心。幸福其实就是这么简单，别爱太懒，日子又怎会黯淡！

那个聪明的女人，糊涂地幸福着

都说相爱容易相处难，再恩爱的伴侣也不可能在生活的方方面面都完全契合。无论是喜好的食物口味，爱看的电视节目，还是各自的生活习惯，总会在某些方面有所偏差。当步入婚姻，朝夕相处之后，如何让这些偏差变得契合，就成了考验爱情的一大关卡。

作家尔玛班贝克曾说过这样一句话：“上帝创造了男人，我则可以把他改造得更好。”于是，许多女人将此奉为“经典”，以为在步入婚姻之后，自己的指手画脚必然能将男人“改造得更好”。

然而，这是一件多么可怕的事情啊！当女人萌生出自己可以改造男人的想法之后，往往就会误以为，只要自己足够努力，就一定能将男人变成自己理想中的样子。于是，女人们开始孜孜不倦、锲而不舍地对自己的伴侣横挑鼻子竖挑眼，恨不得将他们身上所有的缺点都磨去，再将所有的优点都“装载”在他们身上。

可在这个世界上，原本就不存在十全十美的人。更何况，男人真的就有这么多毛病吗？某网站曾做过一个调查，据不完全统计，如果让女人挑男朋友身上的毛病，她们能挑出至少一千个可以改造的地方。可以说，女人对伴侣的挑剔是永无止境的。再者，女人当初爱上一个男人的时候，他的身上可早就满是这些毛病了，若男人真被改造得面目全非，那么还是当初那个让女人怦然心动的人吗？

梁婷婷在和陈涛结婚后，给他颁布的第一条规定就是：戒烟戒酒。

好在，陈涛虽然抽烟，但并没有什么烟瘾，平时喝酒也不多，慢慢控制下来，倒也没受什么苦就把烟酒戒了。

两个人在一起过日子，一开始的时候必然会有许多因习惯不同而产生的摩擦，但陈涛愿意让着梁婷婷，所以结婚以后，两人即使时有摩擦，也都因陈涛的退让而迅速解决了，日子过得也算是蜜里调油。

要说陈涛身上的毛病，梁婷婷最难忍受的就是卫生习惯问题。陈涛这人性格大大咧咧，平时又比较懒散，基本没有做家务的习惯，衣服常常是积一堆之后，一股脑塞进洗衣机，东西更是随手一放，转头就忘记丢到什么地方了。梁婷婷则有些小洁癖，喜欢把家里归置得井井有条。为了纠正陈涛的卫生习惯，梁婷婷可谓是费尽心思，磨破了嘴皮。

陈涛是个性格跳脱，喜欢玩乐的人，结婚以前就隔三岔五会叫一帮朋友到家里一块打牌看球，结婚之后虽然收敛了一段日子，但恰好碰上世界杯足球赛，自然忍不住想和兄弟们一块看球，一起撸串。梁婷婷虽然嫌闹腾，但也知道，陈涛和他那帮朋友感情好，就答应让他叫朋友来家里看球，只要陈涛事后把家里收拾干净就行了。

结果，梁婷婷完全低估了"球迷"的疯狂，不仅被闹腾得一整夜没睡好，早上起床一到客厅，就看到几个大男人在沙发上横七竖八地躺着，茶几和地板上堆满了啤酒罐子，撸串签字，烟灰也抖落得到处都是。烟味酒味撸串味掺杂在一起，让梁婷婷怒火"噌"地一下就起来了，满脸不高兴地换了衣服去上班。

梁婷婷刚走没多久，陈涛也醒了，一看时间，衣服都来不及换就忙着回公司。偏偏那天还特别忙，晚上一加班，把收拾家的事情给忘记得一干二净。这回可糟糕了，陈涛加完班回到家的时候，梁婷婷已经把客厅收拾得井井有条，脸色冰冷地坐在沙发上，对陈涛说了两个字："离婚。"

这一次把陈涛给吓个够呛，发誓赌咒半天才把老婆给哄好。为了婚姻生活的和谐，陈涛开始努力改变自己，渐渐的，他变得爱干净了，会收拾家了，也不再和朋友一块玩乐。

对于陈涛的改变，一开始梁婷婷是比较开心的，但时间久了，便总觉得哪里不对劲。看着现在这个头发梳得一丝不苟，安安静静坐在家里看电视听音乐的丈夫，梁婷婷心中总觉得怅然若失，她总会想起当初刚认识陈涛的时候，英俊的男子头发微乱，外套随意地搭在肩膀上，和一群朋友谈笑风生，笑容灿烂又肆意……

因为爱，所以陈涛愿意为梁婷婷改变自己，然而当陈涛逐渐失去本真的自我，变成另外一个样子的时候，梁婷婷才发现，原来当初那个被她百般挑剔的丈夫，才是让她怦然心动的那个人。

梁婷婷是幸运的，因为有一个爱她的陈涛愿意为她做出努力，做出改变。可在现实生活中，并不是所有男人都能像陈涛这样“忍辱负重”“改过自新”，毕竟压抑自我从来不是一件让人高兴的事。即便一开始，男人可能因为沉浸于热恋而信誓旦旦地向女人保证，自己一定会变成她所期望的样子。但当激情退却的时候，又有多少男人能真正实现当初的“保证”呢？

女人啊，已经三十几岁的你，该成熟起来了，你的伴侣不是面团，不会任你揉捏成理想中的模样。婚姻能长久在于相互的理解与包容，事事较真倒不如难得糊涂。更何况，爱一个人，在喜爱他优点的同时，不也应该包容他的缺点吗？至少当初在你爱上他的时候，这些缺点也早就已经存在于他的身上了。

我们愿意为爱而让自己成为更优秀的人，但这并不意味着我们要因为爱而丢失自我。相爱容易相处难，但聪明的女人却明白，给婚姻添一点“糊涂”，这样才能让日子在糊涂中变成幸福。

婚姻是现实的日子，与理想的爱情总会存在偏差。在步入婚姻这座围城之前，每一个女人都应该有这样的心理准备。当你发现男人身上存在的诸多小毛病时，与其喋喋不休地念叨，不如学会给自己宽宽心，睁一只眼闭一只眼，其实生活也并没有那么多烦恼。

当然了，如果这些小毛病确实给你造成了困扰，那么不妨动动你聪明的脑筋，迂回地让男人自己意识到，改变这些小毛病，将会让他变得越来越优秀，越来越有魅力，相信到时候，即便不用你不停地念叨，他也会在潜移默化中让自己成为更好的人。

没点手腕，怎么斗赢网游这个“三儿”

人们总调侃，说在生活中，一定要“防火防盗防闺蜜”，否则一不小心，你的对象可能就和闺蜜走一块儿去了。但结婚以后，很多女人才发现，比闺蜜更可怕的“三儿”，是网络游戏，那才真是防不胜防的婚姻破坏者。

“他每天就知道打游戏，跟我半句话没有。我要是着急了，拔了电脑的电源线，他就凶得厉害！”——这大概是很多和网游“争宠”失败的女人亲身经历过的情境。没有相同经历，不能感同身受的人可能会觉得，这多大点儿事啊？不就是个网络游戏吗？别说，这还真不是一件小事。

想想看，当你心情郁闷，想和丈夫倾诉一下心中烦恼的时候，他却对着电脑兴致勃勃，完全没心思和你交流，你是什么样的心情？想想看，明明生活在一个屋檐下，他却每天眼睛都黏在电脑上，心思都花在游戏里，却连帮你洗个碗都懒得伸手，你是什么样的心情？

女人在情感和情绪方面天生就要比男人敏感细腻得多，她们渴望交流，渴望得到关爱，但如果她们的丈夫连这些都不能给予她们，那么这段婚姻对于她们来说，还有什么幸福和快乐可言呢？

结婚刚一年的林若和陆虎就是这样的情况。

结婚之前，林若就知道陆虎喜欢玩网络游戏，但她并没有放在心上。在林若看来，男人嘛，总归得有点爱好，相比那些喜欢抽烟喝酒打麻将的人来说，陆虎就喜欢玩个游戏，似乎也不是什么大问题。更何况，喜欢玩游戏，那就意味着他不会像其他男人那样，成天在外头不着家，这样一想，这一爱好似乎也没什么可诟病的。可等生活在一起之后，林若才发现，陆虎的这一爱好，简直让人窝火。

每天一进家门，陆虎第一件事就是迫不及待地打开电脑，上QQ，开游戏，连上耳麦呼唤队友，然后一场“厮杀”就这么开始了。林若想和他好好说说话都没机会，就连做好了晚饭，都得喊上好半天，才能等到陆虎上桌。更过分的是，有时候饭吃到一半，陆虎就又急急忙忙地回到电脑面前去了。

就为了这事，林若和陆虎吵过许多次，可陆虎每次都理直气壮地说：“我不抽烟不喝酒，就爱玩个网络游戏，这都不行吗？”

林若和陆虎的生活相信很多女人都能感同身受，毕竟网络游戏的魅力实在太大了，丈夫沉迷网游也成为社会上的一个普遍现象。可以说，如何斗赢网游这个“三儿”，已经成为众多女人捍卫婚姻所要面临的重大问题之一了。

通常而言，在现实生活中，大多数容易沉迷网游的男人都是比较少言寡语的，相比和朋友玩乐，他们更喜欢沉浸在自己的世界中。而网络对于他们来说，就好像是他们的另一段人生，那些虚拟的数据于他们而言，和真实的世界并没有什么不同。所以，如果女人强行介入他们的网络世界，甚至以较为激烈甚至极端的手段对他们进行干预，那么势必会引起他们的反抗、抵抗，甚至是暴力。

要想打赢这场“女人与网游”的战争，可不是件容易的事，没有点手腕，怎么能斗赢网游这个“三儿”呢？

结婚以前，林园怎么都没想到，有一天老公居然也会沉迷于网络游戏。

林园的老公大伟是名国企员工，对高科技产品向来不怎么“感冒”，平时拿个手机除了打电话发短信之外，也就会上个微信，逛个淘宝，家里的电脑除了工作需要之外也就拿来看个电影或电视剧。

有段时间，林园突然发现大伟喜欢上了网络游戏，每天一下班回家就往书房跑，一连好几天大半夜了也不睡觉。一开始，林园对这事也没放在心上，觉得这也就是个爱好，无伤大雅。直到有一回，大伟居然因为沉迷网游，把去幼儿园接儿子的事给忘了，林园这才引起重视。

可是，怎样才能把老公从网游的“泥潭”中拉出来呢？林园决定向身边的朋友求助，让她们想办法给自己支支招。

林园的闺蜜丹丹对这种事可以说是经验丰富，因为丹丹的男友以前也是个沉迷网络游戏的网瘾少年。

上大学的时候，丹丹和男友展开了为期四年的异地恋，只能通过电话和视频来缓解相思之苦。有一段时间，男友迷上了网络游戏，有好几次甚至在和丹丹通电话的时候都心不在焉，两人为这事没少吵架。后来，丹丹一怒之下，干脆自己也开了个号去玩网络游戏了。

一开始，男友还挺开心，可以恋爱游戏两不误了。可没想到，丹丹在玩游戏方面似乎特别有天赋，没多久就玩得比男友还厉害，弄得男友心里挺不是滋味儿，一来二去的，对这款游戏的兴趣也慢慢降低了。

后来，男友又开始玩另一款网络游戏，丹丹自然是立马尾随而至，果不其然，没过多久，再次把男友远远甩在身后。就这样，在接连不断的“碾压”之下，丹丹硬生生把男友对网游的兴趣给磨没了。现在，男友就连手机里的连连看都是单机的，坚决不联网。

林园可没有丹丹这样的本事，作为一名“手残党”，想通过高超的游戏技巧“吊打”老公恐怕是很难做到的。但听了丹丹的讲述，林园自己也有了一些想法。

周末早上，林园起床后就对大伟说道：“老公啊，你今天在家好好玩游戏，我和朋友约了逛街，晚上回来。”大伟一听，高兴地点头应了，难得老婆没有在耳朵边上念叨让自己少玩点游戏。

这一整天，林园都在外头，到了很晚才回去。回到家之后，大伟还在玩游戏，林园也没主动去和他说话，自己洗漱完就直接睡了。

第二天，第三天，第四天……就这样，整整过了两周，林园几乎都没有在家主动和大伟说过一句话，也没像往常一样做好饭催促他来吃。

这天，林园和丹丹在外头吃饭的时候，大伟的电话打过来了。林园刚接起来，就听到大伟急切的声音：“老婆老婆，你到底在哪里呀？赶紧回来吧，我以后不玩游戏了，没意思，真的，你快回来吧，我想吃你做的蛋炒饭……”

听着大伟的声音，林园得意地笑了起来。

不管丹丹还是林园都非常聪明，她们知道，在面对沉迷网游的恋人时，大吵大闹是毫无用处的，只会进一步激发他们的逆反心理，甚至伤害彼此之间的感情。所以，她们都用了聪明又迂回的方式，一点点磨灭了恋人对网游的兴趣，让他们自觉自愿地回归现实生活。

男人沉迷网游，说到底，是因为觉得网游能带给他们的乐趣要远胜于现实生活。既然如此，那么女人不妨试着去开发一下男人的其他兴趣，当他们领略到现实生活的精彩后，自然也就不会沉迷于网游了。

切记，在对付网游这个“三儿”的时候，千万不要硬碰硬，因为拔网线、删游戏等过激行为只会把你的恋人越推越远。不妨学着迂回一些，让男人“迷途知返”！

只要现在是你的，管他过去是谁的

很多女人在谈恋爱之后，都喜欢干一件事，那就是查问男人过往的感情史：

你的初恋对象是谁啊？

你谈过几次恋爱啊？

你以前的女朋友中你最喜欢谁啊？

……

和女人谈论前女友是一件非常危险的事，因为只要涉及“从前的感情”这个话题，无论说什么都会踩到“雷区”，这应该是不少男士都亲身体验过的。似乎很多女人在关于爱情的问题上都会产生这样一种奇怪的认知，觉得感情是专一的，应该做到毫无保留。因此，她们总是喜欢对恋人的一切都追根究底——你的从前是什么样的？你的现在有什么秘密？你的将来会如何？

殊不知，每个人都有属于自己的感情隐私。有些话题男人不愿提及，可能是希望自己独享，可能是为了避免争吵，也可能只是不想给你带来伤害。当然了，更大的可能是，男人并不想为自己招惹麻烦，毕竟一旦涉及另外的女人，女人总能绞尽脑汁地想出许多让人难以招架的“死亡问题”。

二十几岁的女孩子喜欢揪着男友问他的过去，这大概还能视为青涩爱恋中的小情趣，但如果已经步入成熟的三十岁，开始为后半生谋划婚姻与家庭，那便不该再玩这套“翻旧账”的把戏了。

对于成熟的男女而言，对另一半的过去追根究底，看似好像是一种关心和在乎，但实际上不过是对自己的恋爱或婚姻缺乏自信罢了。然而，过分在意过去的事，不仅对你的婚姻毫无帮助，反而可能在彼此之间埋下一枚“定时炸弹”，甚至影响到婚姻的稳定。

在众人眼中，关悦无疑是幸福的，丈夫英俊体贴，宝宝乖巧可爱。然而，这份幸福却在某天因一件看似无关紧要的小事而土崩瓦解。

那是一个上午，关悦把宝宝送去幼儿园之后，便去篮球场观看丈夫公司举办的篮球比赛。比赛结束之后，关悦看到一个陌生的女孩主动上去和丈夫打招呼，两人还稍微聊了几句。

本来这也不是什么大事，但女人的直觉却告诉关悦，这个女孩和丈夫之间肯定“有什么”。事后，关悦也立刻就质问了丈夫，丈夫则解释说，“那只是以前的同学而已，是很普通的朋友。”

虽然丈夫的表情很平静，但关悦并不相信他的话，百般追问之下，丈夫只得无奈地向她坦白：“她是我的前女友，我们曾经在一起交往了一段时间，但两人都发现不适合便分手了。”

一听这话，关悦更生气了：“怎么？这是想重归于好啦？她怎么知道你们公司有比赛？你告诉她的？”

丈夫急忙解释：“别瞎说，这就是正好碰上的，我和她都多久没联系了，我不知道她今天会来这里，她也不知道我们公司有篮球赛。再说了，我现在都已经有你了，怎么可能再和谁牵扯不清啊！你别成天胡思乱想的。”

丈夫的解释并没有平息关悦的怒火，她冷笑着说道：“要是心里没鬼，一开始你怎么不说她是谁？还普通同学？偶然遇上？你们可真有缘分啊！”

就为着这事，关悦和丈夫大吵了一架，虽然后来和好了，但彼此之间却埋下了一根刺，关悦也开始变着法儿地打听丈夫的这位前女友的事情。

关悦的丈夫一直觉得，已经过去的事情根本没有再说的必要，而且出于对女方的尊重，也不好在私底下议论那些事。可丈夫越是避而不谈，关悦就越是放不下，甚至偷偷去和丈夫的朋友打探情况。这一来二去的，不少朋友都以为关悦的丈夫真和前女友旧情复燃了，还有人私底下来规劝他要对婚姻负责任。

最终，关悦的丈夫实在不胜其烦，恼怒之下直接搬了出去，并扬言，如果关悦再这么胡搅蛮缠，就要离婚。

原本幸福的家庭，就因为一件无关紧要的小事，闹得险些就散了，这是多可笑的事情啊！关悦的婚姻原本是非常幸福的，但她却因纠结于丈夫的过去，而把自己逼入了死胡同。

过去的事情已经过去了，我们根本就无法改变，又何必非要执着呢？只要他现在是你的，管他过去是谁的！你真正应该做的，是捍卫好眼下的婚姻与家庭，加固好自己的“围城”，确保将来的他依旧是属于你的，这才是最要紧的事情。过去怎么样，又有什么关系呢？

纠结于男人过去的女人，说到底都是因为自己敏感多疑、缺乏安全感。具有这样特点的女人，在对某件事没有得到确定的消息或根据时，往往就会忍不住开始狐疑瞎猜，甚至习惯把危险的威胁假想化，将一切事情都往最坏的方向去想。尤其是在面对男人的所谓“过去”时，她们总是会担心有一天男人会“吃回头草”，于是便变本加厉地去逼迫男人，折磨男人。殊不知，这样的行为不仅不会对现状有任何帮助，反而只会将男人越推越远，将原本属于自己的幸福也越推越远。

其实，在爱情中，哪有什么好对比的呢？无论过去他的生命中经历过多少女人，无论那些女人漂亮与否，强于你还是不如你，都没有什么关系，也并没有比较的意义。无论如何，现在的他已经在你身边了，而你爱的是现在的他，也并不是他的过去。既然如此，又为什么非要去执着追寻那些你既无法改变，也与现在的你毫无关系的往事呢？

那些已经过去的，就让它们都过去吧。收起你的好奇心，别总想着去翻他的“旧账”了，给他留下一点“情感隐私”，多一些宽容，少一些计较，多一些善解人意，少一些睚眦必报，这才是正确对待一段感情应有的态度。如此，你们也才能拥有快乐幸福的婚姻，美满如意的生活。

既然选择原谅，那就应该真正放下

在众多有关恋爱婚姻生活的情感倾诉类综艺节目如雨后春笋般冒出来的今天，现代婚姻中的情感问题已经成了困扰众多家庭的主要问题之一。在不少节目中，我们都能看到一些女人因为丈夫精神或身体上的出轨而困惑痛苦。她们一方面不能洒脱地放弃婚姻，但另一方面又无法真正做到原谅，于是便只能在无尽的痛苦中沉沦，伤害自己，也折磨别人，把日子过得苦不堪言。

感情是一种非常复杂的东西，今天他可以为你疯狂，明天也可能将你弃如敝履。永恒的爱是美丽的童话，残酷的现实却告诉我们，多少的山盟海誓都抵不过流年偷换，婚姻终归是要归于平淡的。而在这个过程中，有人将爱化作责任，时刻放在心头，但也有人选择放任自流，不惜摒弃责任与道德的束缚，去追求一时欢愉。

所以，在拿起一段感情之时，女人就当有心理准备，未来迎接你的，可能是意外的惊喜，也可能是你想不到的打击，而我们总要惊得起大喜，更得承受住大悲，这样日子才能好好过下去。

在得知丈夫出轨的那一刻，苏莹感觉天都快塌了。如果不是偶然碰见在街角和那个女人亲密相拥的丈夫，苏莹恐怕永远都无法相信，那个温柔体贴，无论对自己还是对女儿都关怀备至的男人会做出这样背叛家庭的事情来。

虽然苏莹和丈夫是相亲认识的，两人之间也不曾有过什么轰轰烈烈的爱情，但从结婚以来，两人感情一直非常好，彼此之间流动的脉脉温情也不乏心动的味道。苏莹一直认为，这也是一种相爱，虽平淡却隽永。

丈夫的出轨对象是他的初恋女友，那是学生时代一段美好而青涩的记忆，后来因初恋出国，这段感情便带着深深的遗憾无疾而终。如果刨除个人感情，苏莹其实完全可以理解丈夫和这位久别重逢的初恋之间的悸动，毕竟遗憾总是最难令人忘却的。但也正因为可以理解，所以苏莹才越发感到绝望。

事情刚发生的时候，苏莹是想和丈夫离婚的，哪怕丈夫跪在自己面前流泪忏悔、发誓赌咒，也没能让她的心思动摇分毫。但那股冲动过去之后，想到年幼的女儿，苏莹却动摇了。她可以不惧周围人的流言蜚语，但她不得不考虑年幼的女儿，她舍不得让女儿在残缺的家庭中成长。

于是，苏莹最终还是不情不愿地选择了原谅，看着丈夫写下一张又一张的“保证书”。然而，即便嘴上说着原谅，苏莹的心里却始终过不去这个坎儿。哪怕天天看着丈夫在自己面前伏低做小，苏莹也始终憋着一口气，说起话来自然免不了夹枪带棒。至于丈夫，因为知道自己理亏，即便被苏莹气得面红耳赤，却也没脸去争辩什么。

那段日子，苏莹过得非常痛苦，她总是忍不住在脑海中翻来覆去地回想当时自己偶然看见的那一幕，每想一次就仿佛从心上撕开一个口子，鲜血淋漓。有时苏莹也会想，要是直接选择离婚，是不是就不会这么痛苦了。

直到某个深夜，苏莹听到女儿躲在房间偷偷哭泣，这才惊觉，当她沉浸于痛苦中的时候，女儿或许早已经察觉到了这个家庭的摇摇欲坠。原本一开始，苏莹就是为了女儿才选择妥协和原谅的，可现在，她所做的一切不仅没能保护好女儿，反而让她承受了巨大的压力。那一刻，苏莹意识到，自己必须真正做出一个决断。

之后的一段日子，苏莹把女儿送到了爷爷奶奶家，自己也暂时离开了丈夫。她想了很多事情，想到了丈夫在这段婚姻中的付出，想到了彼此从陌生到熟悉的历程，想到了共同迎接女儿这个小生命时候的喜悦，自然也想到了丈夫出轨对自己造成的伤害，以及这段时间以来，丈夫的忍让与决心。

最终，苏莹还是决定原谅丈夫，不只是嘴上的原谅，而是真正地放下这件事情，再给婚姻一个机会。

在彻底转变心境之后，苏莹渐渐放下了心中的痛苦，虽然偶尔还是会想起那些藏在记忆深处的伤害，但至少，看着依旧温柔体贴的丈夫和乖巧可爱的女儿，苏莹终于再次品尝到了幸福的味道。

当你因别人犯下的错而沉浸在痛苦中无法自拔时，其实只惩罚到了自己。遭受背叛是一件非常痛苦的事情，但无论如何，我们都需要作出一个决断，而不是放任自己沉浸在痛苦的情绪中走不出来。不能原谅，那就当机立断地选择离婚；若是选择原谅，那就真正放下一切心结重新来过。

人生的路很长，既然选择了与他走过一生一世，又何必拿婚姻中的沟沟坎坎惩罚对方，同时也惩罚自己呢？学会放下，用平静的心去面对、去包容，这样才能真正让自己活得坦然、活得从容。

人非圣贤，孰能无过。只要是人，就总会有犯错的时候，不可能时时刻刻都做到尽善尽美。男人如此，女人又何尝不是？对方犯了错，你可以选择不原谅，但若是已经选择原谅，那就应该真正做到放下，这才是对自己最大的疼惜。

谁都渴望能拥有完美无瑕的爱情，谁都希望自己的婚姻可以如童话般圆满。然而，瑕疵与遗憾却是生活中不可丢弃的组成部分。所以，若是想让婚姻稳定持久，就得学会包容生活中的瑕疵与遗憾。

佛说：五百年的回眸，才换来今生的一次擦肩而过。世上这么多人，能够走进同一座“围城”，本就是一场难得的缘分。人生苦短，缘来不易，我们每个人都应该好好珍惜身边的一切，豁达睿智地对待生命中每一个人，每一件事。可以原谅的，便尽量原谅，已经原谅的，那便潇洒放下吧。给婚姻一个机会，也是给自己一次幸福的机会。

退一步，距离远了，心近了

有人说：“爱情就像手中的沙子，握得越紧，流失得越快；但只要你微微松开手，给它点缝隙，反倒能留住掌心的沙。”确实，在爱情中，最好的保鲜方式就是给彼此一些距离，哪怕再爱，也要给彼此留出一点呼吸的空间，不要做缠藤树，爱不是占有，而是给彼此自由。唯有如此，爱情才能真正长久。

可惜的是，很多女人并不明白这个道理，她们的爱情犹如飞蛾扑火，不懂退缩，不懂迂回，只一股脑将自己扑进去。殊不知，越是义无反顾，往往就越是容易留不住。

网络上曾流行过这样一段话：如果你问一百个女人，最让她感动的三个字是什么？多数女人的答案不是“我爱你”，而是“在一起”。对于女人来说，“在一起”似乎就是爱情最好的样子，她们带着美好的憧憬走进婚姻围城，期望能遇到最美的爱情。于是，她们格外珍惜，想要将每一个“在一起”的日子都变成生命最可贵的时光。

然而，可惜的是，生活并不能如人所愿。婚姻中，除了爱情之外，更多的是实实在在的柴米油盐，这些才是过日子的本质。于是，一切都变得那么现实、那么没有悬念，往日的缠绵悱恻和朝朝暮暮的情怀，自然也就渐渐消退了。

当初怦然心动的感觉开始变淡；拉着他的手，也像拉自己的手一样；恋爱时令人紧张又期待的约会，成了简单的一起出行……真是味同嚼蜡，可这偏偏才是生活最真实的样子。

没办法，过日子就是这样平淡无奇，总不可能每天都有玫瑰和烛光晚餐，也不可能每天都有甜言蜜语和小惊喜。任何一段婚姻，最终都要回归于平淡，所有的爱情，也终将褪去华丽的模样。只不过，有的女人很聪明，懂得在平淡的日子里守护好那份爱，让它不褪色，不走样。

结婚七年，每天的日子都波澜不惊，在日复一日的平淡中，唯有那颗心，却越来越焦躁。

某天，女人突然对男人说："我要出差一周，事情会比较多，所以这期间不要给我打电话，完事了我自然就回来了。"嘱咐过后，女人便带着行李箱走了。

女人的离开并未让男人心头泛起多少波澜，毕竟老夫老妻，早就过了一日不见如隔三秋的年纪。只是在这期间，男人因为一些琐事给女人打过电话，可结果却是关机。几次之后，男人有些焦躁，打电话到女人的公司询问，却得知她并未出差，而是请假一周。

事情的脱轨让男人倍感不安，他第一次清晰地认识到，失去女人对他而言会有多么痛苦。他疯了一般地四处找她，给她的朋友一一打电话。最后，终于在一家宾馆里找到了正喝着红酒，听着慢摇音乐，穿着睡衣随着音乐悠然扭动的她……看到女人这个样子，男人惊呆了。而男人的突然出现，也让女人惊呆了。

男人有些失控，疯了一样地奔向女人，紧紧抓着她的手腕，然后开始四处搜寻，他以为这个房间里会有另一个男人的存在，可最终却什么都没找到。

男人质问女人："你为什么撒谎，你究竟在隐藏什么？"

女人淡淡地说："藏我自己。"

"为什么要藏自己，难道你想放弃我们的爱？"

“你错了，我只是想守住我们的爱。所以，我带它出来透透气，吹吹风，为它保鲜。”

爱情最大的敌人不是磨难，而是平淡。当往日的激情化为平淡的生活后，爱情终究会在平淡中逐渐失色，婚姻问题中的“七年之痒”正是这样出现的。在这样的情况之下，女人要做的不是任平淡洗礼，磨灭自己对爱、对生活的美好憧憬，而是要学会享受平淡，并在平淡之中幻化美好。就像故事中的女人，偶尔给爱透透气，为爱保鲜，也让男人在平淡如水中偶尔也能回忆起思念的味道。

两只刺猬凑在一起，离得太远无法相互温暖，离得太近又容易刺伤对方。不远不近，保持一个最佳的距离，既能温暖彼此，又不至于互相伤害。这其实也正是爱情与婚姻中的理想距离。男人与女人就像这两只刺猬，只有找到最合适的相处距离，才能让爱恒温。

很多人应该都有过这样的体验，当你盯着一个字看久了以后，会产生一种错觉，好像突然就不认识这个字了一般，这其实是一种非常正常的心理现象。在爱情与婚姻中也是如此，两个人如果过于亲近和熟悉，反而会渐渐生出冷漠的错觉。但如果能偶尔拉开一些距离，给自己和对方都留一点自由的空间，彼此间的关系反而会变得更加亲近。

而且，通常来说，爱情的开始都是由兴趣引发的。当你对一个人感兴趣，产生好奇心和探索欲的时候，爱情也就不远了。因此，想要让爱情保鲜，最好的方式就是，永远给对方留下一点神秘感，这样才能让对方永远都有探索你、了解你的动力。

因为爱，所以在一起；在一起，却不等于一定要如影随形。爱是彼此的城堡，每个人都需要呼吸的空间。平淡的流年里，学会退一步，不缠绕、不牵绊、不占有，当距离远了的时候，你会发现，彼此的心反而近了。偶尔把心窗打开，让爱出去透透气吧！如此，爱才能变得更加鲜活，你也无须因惧怕失去而拼命抓住不放，爱不会随风而去。

既是他的美丽贤妻，也做他的红颜知己

在两性世界里，“红颜知己”一直是一个比较敏感的词语。通常来说，男人提起它，便总会萌生出一种莫名的温情与温馨的渴盼，而女人提起它，则仿佛遭遇天敌一般，不自觉就会高度警惕。甚至有不少女人是直接把“红颜知己”当成“红颜祸水”的，毕竟在爱情的世界里，怎么可能容得下第三者呢？

可对于男人来说，几乎每个男人都渴望自己的生命中会拥有两个女人，一个是老婆，负责疼他；一个是红颜知己，负责懂他。甚至有男人坦言，如这一生中能有一个美丽贤惠的妻子，再有一个红袖添香的红颜知己，那他绝对称得上是全天下最幸运的男人了。

男人为什么会对红颜知己有着这样深沉而异样的情愫呢？在回答这个问题之前，不妨先来看看俄罗斯音乐家柴可夫斯基和梅克夫人的故事：

梅克夫人是大资本家梅克的遗孀，拥有万贯的家财。1876年，她在朋友家做客时，第一次听到了柴可夫斯基的钢琴曲《暴风雨》，那一刻，她被深深地倾倒了，柴可夫斯基的音乐才能让她备受震动。

当时，正是柴可夫斯基人生中最为艰难的时候，这位才华横溢的音乐家正陷入经济困境而无力自拔。梅克夫人知晓情况之后，当即就决定要拯救这位音乐天才。她通过朋友和柴可夫斯基取得了联系，并定期给他寄去数额不小的生活补贴，以保证这位伟大的音乐家能够安心创作，不受外物所困扰。

为了不让这位高傲而敏感的作曲家感到难受，同时也接受自己的资助，梅克夫人从来不曾亲自出面，而是一直采用写信的方式，与他交流了长达13年的时间。她在信中这样写道：“我们的灵魂在互相触摸、对视、交谈，您和您的音乐，每时每刻都在轻叩我的灵魂。”

梅克夫人诚挚的言语让柴可夫斯基大为感动，他深深感到他们之间

确实是互相了解，有着共同语言的。他们常常在信中讨论音乐、艺术以及人生的一些问题和感想，柴可夫斯基甚至还专门为梅克夫人写了传世名作《第四交响曲》和《悲怆交响曲》。

梅克夫人绝对称得上是柴可夫斯基的红颜知己了，他们终其一生都不曾有过任何逾越的交集，但他们之间却又有着超越一切的深厚感情，这种感情就像是伯牙与子期的灵魂碰撞。试问，谁又不想拥有这样一个能够和自己引起灵魂共鸣，真正懂得理解自己、支持自己的红颜知己呢?

可以这么说，男人之所以会倾向于找红颜知己，是因为他需要一个与自己在精神上独立、灵魂上平等，能够投机又兴趣盎然地聊天，并且能够在思想上达成深刻共鸣，并给予适当的意见建议的女性朋友。只不过，在现实生活中，男人与女人之间总是容易滋生暧昧的情愫，真正能够像梅克夫人与柴可夫斯基这样相处的只是少数。大部分的男人与他们的红颜知己之间，总是难免有着说不清道不明的牵扯，也难怪女人会将伴侣的“红颜知己”视作是洪水猛兽了。

既然如此，那么，作为妻子的你，为什么没有想过，将老婆与红颜知己两个角色结合于一体呢?这样一来，既能满足男人内心对红颜知己的渴求，又能避免可能存在的潜在危机，何乐而不为呢?

在生活上，你可以给予他妻子的关爱和照顾；在心灵上，你也可以让他感觉到你们之间的相知相悉、同气相求。当你能够同时扮演好贤惠妻子与红颜知己这两个角色的时候，他的生活自然就再也离不开你了。

早在结婚之初，兰芳就知道老公有一个红颜知己，这在朋友圈子里几乎是公开的事情了。兰芳也和那个女人打过几次交道，不得不说，那确实是个非常优秀的女人，娴静淡雅，相处起来非常舒服。但这并不意味着兰芳会愿意这样一个女人和自己的老公来往过密。

虽然兰芳对老公的人品很有信心，也相信他们之间的相处确实一直克己守礼，没有任何越轨的地方，只是单纯的精神交流，但每次作为旁观者，看着他们聊得那么投机又兴趣盎然，兰芳心里都感觉很不是滋味，好几次都按捺不住想和老公大吵一场。偏偏老公隔三岔五就要打电话给他那红颜知己，约着一块去茶室聊天品茗。

无奈之下，兰芳只得收起自己的火气，悄悄约了那位红颜知己见面，向她请教究竟为什么自己老公这么喜欢找她聊天。那红颜知己却是宛然一笑，淡淡地说道："其实我也没做什么，只是会耐心地倾听一下他的烦恼，然后告诉他我认为如何做会更好而已。你不妨多问问他在想什么，需要什么，多和他聊聊天。这样，他有了倾诉的地方，也就不会再向我倾诉了。"

自此之后，兰芳开始主动和老公聊天，耐心地听他说自己工作上的状况，以及心里的想法，等等，遇到不懂的，或者不赞同的，也尽量轻言慢语地和老公沟通。渐渐地，老公向她倾诉烦恼的次数越来越多，和那位红颜知己见面的时间则越来越少。更重要的是，随着交流的日益加深，兰芳和老公之间的感情也变得越来越深厚了。

男人为事业、为家庭而打拼，当他身心俱疲的时候，需要的不仅仅是身体的按摩，更是心灵的按摩。

对于男人来说，红颜知己是他们的心灵伴侣，思想交流的驿站，灵魂存放的小屋。红颜知己不需要有绝美的容颜，不需要有性感的身材，不需要有高超的厨艺，不需要有操持家务的体贴，但一定要是一个有思想、有内涵、有品位、懂人生的成熟女人。当男人陷入困境的时候，妻子或许会慌张无措、哭哭啼啼。可红颜知己不会哭，她只会冷静地站在一旁，默默为男人分担，让他的灵魂不再孤寂。

但其实，无论是妻子还是红颜知己，这两个角色之间并不存在冲突。你可以做最贤惠的妻子，那么你就也能成为最睿智的红颜知己。当你能够承担起红颜知己的"职能"，在照顾男人生活的同时，也能让男人感受到灵魂的共鸣时，哪还有什么其他"红颜知己"的事情啊！所以，努力做个红颜知己一样的爱人吧，满足他做天底下最幸运的男人，更何况，这也是在为你自己的幸福而努力。

辑六

快快快！给婚姻添几味爽心小菜，酸酸甜甜都是爱

都说女人要抓住男人的心，就要先抓住他的胃。煎炸蒸煮烧，爽口小菜，浓郁靓汤，添一碗米饭，来几只蒸饺，端一盘包子，拉一碗面条——摆上桌的菜肴千变万化，各色美食让人食指大动，哪一个“老饕”逃得过这舌尖上的“盛宴”？

婚姻亦是如此，你得善于掌勺，长于烹调，酸甜苦辣咸，味味都能烹出好菜肴，又何愁婚姻不保鲜？可见，婚姻这桌菜，吃得开不开心，关键还在于你做得好不好。

男人也需要惊喜，信不信由你

在众多的爱情故事中，总能看到男人绞尽脑汁给女人制造各种惊喜的桥段，却鲜少看到女人绞尽脑汁给男人制造惊喜。似乎在很多人的认知里，男人哄女人是理所当然的事情。但其实，哪怕是男人，同样也是需要哄，需要惊喜的。

爱情与婚姻最大的敌人从来不是什么艰难险阻，而是一成不变的平淡。这一点相信很多步入婚姻的女人都是深有体会的。很多时候，结婚对于很多恋爱中的男女而言，就好像是一种“尘埃落定”“告一段落”的感觉，仿佛只要挨到结婚，就意味着爱情从此修成正果了。于是，在步入婚姻之后，很多人就会不自觉地懈怠下来，不再费尽心思地讨好另一半，也不再绞尽脑汁地策划惊喜来给爱情加温。于是，当日子回归柴米油盐的平淡后，曾经的浓情蜜意也在时间的洪流中逐渐褪色……

姜米是个性格率直、敢说敢做的女子，脑子里塞满了各种鬼灵精怪的主意，和她在一起永远都不用担心无聊，因为她总能突发奇想地给你制造许多惊喜或惊吓。

姜米的老公大卫是她一见钟情之后主动追求来的。大卫是个安静的美男子，和闹腾的姜米完全就像两个极端。当初姜米对大卫一见钟情的时候，谁都不相信她能把大卫追到手，毕竟他们两个人身上几乎找不到任何一丝相同的气息，就像是两条永不相交的平行线一般，活在两个不同的世界。可令人惊讶的是，大卫不仅成了姜米的男朋友，甚至后来还成了她的老公。

大卫家境比姜米家好。他的母亲无时无刻不端着优雅端庄的架子，见到这位贵妇之后，姜米才终于明白，大卫身上那股处变不惊的优雅劲儿是从何而来。

大卫的母亲不喜欢姜米，这并非是因为她普通的家境，而是因为姜米的个性实在太闹腾了，在这位贵妇的眼中，姜米就像是个缺乏教养的皮猴子一样，很难引发她的好感。姜米也很清楚这一点，但她非常爱大卫，自然也希望能得到他母亲的认可。因此，在结婚之后，姜米辞去了自己喜欢的编辑工作，一门心思投入到了家庭中，甚至和以往的朋友都减少了联系。

为了得到婆婆的认可，姜米努力学习礼仪规矩、下厨烹饪，硬生生把自己从一个鬼灵精怪的小皮猴打造成了贤良淑德的小女人。这不是一件容易的事，在这个过程中，姜米也曾无数次动摇过，觉得自己活得不是原来想要的样子了，但只要一想到大卫，姜米就觉得，一切都是值得的，她心甘情愿为了大卫去做一个小女人。

然而，讽刺的是，当姜米终于赢得婆婆的喜欢，成为她心目中的完美儿媳妇时，丈夫大卫却出轨了。大卫说，他喜欢的是从前那个搞怪有趣，个性鲜明的姜米，是每天都能让他感到惊喜的姜米，是永远都猜不透下一秒会做什么的姜米，而不是现在这个如同从某个模板中抠出来，没有趣味、没有意思的贤妻良母，和这样的她在一起，实在太没意思了。

姜米这回彻底傻了呆了，怎么也没想到，自己这样努力地为了丈夫，去争取婆婆的认可，换来的却是这样一个充满讽刺意味的可笑结局。

婚姻并不是爱情的结局，它只是漫长爱情道路上开启的一个“新副本”，并且通常是“地狱模式”的。如果你因为结婚就放松警惕，以为只要领到这个结婚的红本本，就能实现一生一世、地老天荒的圆满，那么可要小心了，离婚的绿本本可随时都在向你“招手”呢！

如果说女人渴望惊喜，是因为迷恋惊喜带来的新奇感和趣味性，那么相比女人更加喜新厌旧的男人自然就更需要惊喜了。所以，如果说一个女人能够长长久久地抓住一个男人的心，那么这个女人身上必然有着与众不同的地方，能够给予这个男人其他女人无法给予的精彩。就像曾经的姜米，个性鲜明、出人意料，浑身上下都充满着猜不透的惊喜，让男人不由自主地被吸引。

当然了，维护婚姻稳定的，除了爱情之外，还有夫妻双方的责任感和道德感。一个有责任感和道德感的男人，必然不会像大卫那样，轻易就做出背叛婚姻的事情。但如果我们能够尽可能地延长爱情与婚姻的“保鲜期”，那么为什么不努力去试一试呢？

婚姻其实就像做菜一样，天天吃一样的菜，再好吃也难免会觉得腻味。但如果能在饭桌上制造一些小惊喜，添几味酸酸甜甜的爽口小菜，那么萎靡的食欲自然又将再次活跃起来。女人经营婚姻也是如此，一成不变的生活或许会将男人的激情逐渐磨平，但如果女人能够适时地做出一些改变，给男人添一些意想不到的惊喜，那么磨灭的激情自然也可能死灰复燃，再次烧出熊熊烈火。

惊喜就像是人生餐桌上的一道小甜点，没有它，日子照样能够过下去。但若是有了它，便能让人唇齿留香，回味无穷。所以，如果你希望自己的爱情与婚姻能够永不褪色，那么就用心去经营你的生活吧，适时地给你的伴侣一些惊喜，让生活每天都能充满新鲜感。

老公老公抱抱，我要飞起来的抱抱

都说会撒娇的女人最好命。撒娇是一种智慧，更是一种信号，是女人与生俱来的一种天赋。从出生开始，女孩子就比男孩子更会撒娇，绕在父亲的膝上，抱着母亲的脖子，钻进奶奶的怀抱，亲亲爷爷的胡子等，往往是快乐的小天使奶声奶气地一撒娇，她的心愿就实现了。

等有了爱人之后，撒娇就成了女人与另一半对话的艺术，其弦外之音就是“你要让着我、宠着我”。虽有少许要赖的意味在其中，但只要女人一撒娇，男人往往都是难以招架的。从女人娇滴滴的撒娇里，男人总能领略到被爱的自我价值而获得高度的心理满足，从而心甘情愿地听从差遣，满足女人的一切要求。

只可惜，随着年纪的增长，尤其是在步入婚姻之后，在工作与生活压力的影响之下，越来越多的女人开始变得沉稳和庄重，撒娇这种特质也就不知不觉被抛诸脑后了。殊不知，撒娇本就是女人的天赋与特权，无论到了哪个年纪，女人都有撒娇的权利。而且，现实也告诉我们，会撒娇的女人确实最好命，她们也最能守住婚姻幸福的大门。毕竟相比起刻板乏味的女人，男人显然更喜欢那些活色生香，愿意对着他们撒娇的女人。

冯梅是个女强人，在事业上很有作为。在公司，她一个人就领导着上百号人，创造了一个又一个销售奇迹，很多人私底下都叫她作“铁娘子”。

或许是因为在公司已经习惯命令别人，回到家里，冯梅对老公也常常是一副冷面孔，说话也总带着命令的口吻：“快去把碗洗了！”“把电脑关掉！”“跟你说了多少次了，要把柜门关紧！”……

后来，冯梅离婚了，因为老公居然和处处不如她的小保姆勾搭在了一起。这件事对冯梅打击很大，她不明白，自己学历高，工作好，人长得也漂亮，处处都远胜于那个出身农村，连普通话都说不标准的小保姆，老公究竟为什么选择了她呢？

对于冯梅的疑问，老公是这样回答的：“每一个男人都希望自己的妻子小鸟依人，你太坚强、太能干，从不向我撒娇，我找不到男人顶天立地的感觉，而小保姆崇拜我，常在我怀里撒娇，我爱怜她，我想好好保护她。”

虽然冯梅的老公确实“渣”，但不得不说，他的确说出了不少男人的心声。对于男人来说，女人会不会撒娇差别真的很大，一个会撒娇的女人，可以使春风化雨，可以化腐朽为神奇，即使心肠再硬、再彪悍粗犷的男人在撒娇的女人面前也会垂下高傲的头，甘拜下风，这就是撒娇的神奇力量。

其貌不扬的莎莎就是靠撒娇的力量“掌控”了自己的幸福。

莎莎是个喜欢打扮自己，不爱做家务的普通女孩。虽然她不算漂亮，但英俊潇洒、年轻有为的丈夫王柯却对她百般宠爱，这让周围的很多女人都感到不解又羡慕，纷纷向她讨教“驯夫”秘诀。对此，莎莎莞尔一笑：“秘诀倒没有，不过我倒可以传授一点诀窍，那就是跟你的他撒娇吧！”

为了学会这一诀窍，一位女性朋友决定去莎莎家做客，亲自观摩一下她都是如何对老公撒娇的。

莎莎带着这位朋友一起回了家，刚坐下，王柯就倒了杯水过来。莎莎一见，便笑嘻嘻地冲王柯娇嗔道：“给我也倒杯水吧，人家上班都累死了，也不知道怜香惜玉！哼！”

听到莎莎的话，王柯笑答：“你又不是客人！自己倒！”

莎莎不干了，轻轻拧一下丈夫的脸，嘟着小嘴说道：“不嘛，我就想喝你亲手倒的，行不行嘛？晚上给你做酸菜鱼呀！”

于是，王柯又乐呵呵地起身去倒了杯水给莎莎。

吃完晚饭后，看着满桌狼藉，莎莎双手攀着王柯的胳膊，柔声说道：“亲爱的，你去把碗洗一下，好吗?我明天做更好吃的给你！”

王柯一听，又高高兴兴地去洗碗，莎莎则和女友人悠闲地坐在沙发上看电视，聊天。

看着莎莎游刃有余的样子，女友人简直佩服得五体投地。后来，在聊天时，王柯对莎莎的女友人说道：“莎莎这个人吧，脾气不怎么好，还经常喜欢跟我耍小性子。只是每次看她噘嘴嗔媚的样子，就觉得实在太可爱了，我又怎么舍得真的怪她呢！”

莎莎的幸福婚姻是她自己争取来的，而她的武器就是撒撒娇。听上去很不可思议吧？但这的确是事实。如果不相信，那么你不妨也试一试，收起稳重又冷漠的面孔，对你的丈夫撒撒娇，相信你一定能从中收获惊喜。

女人的撒娇是婚姻中的甜枣，能够为平淡的婚姻生活添几分甜。不过，需要注意的是，撒娇也是有学问的，需要看场合，更要拿捏好分寸，否则一着不慎，那可就真是弄巧成拙了。那么，在撒娇的时候，哪些问题是需要注意的呢？

首先，撒娇之前要懂得察言观色。如果你的恋人正处于心情烦闷、失落，精神欠佳的时候，或者正在思考什么严肃认真的事情，那么你最好还是识趣一点，别用娇嗔缠着他了。这时候，任何声音对他来说都会是多余的。你可以安静地陪着他，或者给他一个独处的空间。

其次，撒娇一定要把握好度。正所谓物极必反，过犹不及，不管做什么事情，都不应该超过一个度。撒娇同样也是如此，只有做到见好即收，收放自如，才能得到最大回报。否则，撒娇很可能就变成“胡搅蛮缠”了。

再者，撒娇还得有自己的风格。众所周知，撒娇的方式有很多，个人有个人的撒法，欲擒故纵是撒娇，无中生有也是撒娇；连哄带求是撒娇，梨花带雨也是撒娇；蛮不讲理也是撒娇，甚至连起外号都是撒娇。你可以从中选择一种方式，但一定要契合自己的气质，否则撒起娇来反而可能闹得“四不像”。

最后，一定要记得的是，别在公共场合乱撒娇。对男人撒娇，是夫妻私底下的情趣，女人在公共场合下撒娇只会让人侧目，带来尴尬。所以，在公众场合的时候，就多注意一下吧，撒娇这种事情，还是留在家里的好！

吃醋乎？必须吃，吃得恰到好处

古龙先生说过这样一句话：“世界上不吃饭的女人或许会有几个，而不吃醋的女人却没有一个。”

确实，这天底下的女人，就没有不吃醋的，真的能不吃醋，那只能说明彼此之间根本没有爱。爱情本就是自私的、排他的。女人又是种极为感性的动物，并且普遍都缺乏安全感，因为一点点的事情就能胡思乱想，患得患失。因此，但凡是牵扯上爱情，女人就很难不吃醋，这可以说是女人的天性。

吃醋就代表有爱，这是一个女人在乎一个男人最直观的表现。所以，很多时候，爱人之间，其实都是想要对方为自己吃一点醋的。很多男人在看到女人为他吃醋的时候，都会觉得很开心，有成就感，因为这说明，在女人的心里，他很重要，她不想失去他。所以在某些时候，男人总会狡猾地以女人是否为自己吃醋，来推测对方对自己有没有爱。

然而，在现实生活中，很多褪去稚气，走向成熟的女人，对吃醋这件事的认知是存在一定偏差的。她们总以为，吃醋是一种不成熟，甚至小肚鸡肠的表现，于是为了营造稳重大方的形象，哪怕心里酸得不行，她们也要竭尽全力地掩饰，强迫自己表现得“识大体”。殊不知，在爱情与婚姻中，吃醋其实也是一种表达爱意的方法，你不吃醋，又怎么让另一半知道你的心中这样重视他呢？

在一次聚会上，很多女人都在谈论自己的丈夫。其中一个新婚的女人说，她从来不会因为自己的丈夫和别的女性交往而吃醋生气。当别的女士给丈夫打电话时，她会平静地把电话递给丈夫，她心静如水，从不打听是谁给他打电话了，以及他们是什么关系。因为她信任自己的丈夫，也愿意给他足够的尊重和私人空间。

听了这话，周围的人都纷纷为她鼓掌，夸赞她是个贤惠大度的女人。可没想到的是，还没过多久，这个女人的婚姻就亮起了红灯，因为她的丈夫居然在外面和别人有染。得知这件事情后，女人痛苦万分，同时又暴跳如雷，她质问男人：“难道我对你还不够好吗？我包容你的一切，尊重你的隐私，可你是怎么对待我的？你对得起我吗？”

看着暴跳如雷的女人，男人脸上浮现出一种奇怪又痛苦万分的表情，他说道：“不，天哪，事实上我非常爱你，甚至到现在也是如此。但长久以来，我真的不知道你是怎么想的，你爱我吗？在乎我吗？我无从确定。似乎不管我和哪个女人来往，不管我去做了什么，你都完全不在乎，不会吃醋，也不会生气……你总是这样，摆出一副无所谓的态度，什么都不在乎，这让我感到很痛苦，我不知道到底要怎样做才能让你在意我，所以我……”

在爱情中，最不需要的就是佯装大度。你表现得越是宽容大度，往往就越是容易让对方以为你不在乎他。所以，身处爱情之中，该吃醋时还是应该吃一吃的，最好是认认真真和光明正大地吃。把“醋”吃好了，不仅能合理地发泄出自己的不良情绪，还能用最淳朴、最可爱的方式表达出你对他的爱意。

缺少了醋味儿的调剂，爱情与婚姻必然会变得寡淡无味。更何况，女人要是不吃醋，那么爱她的男人又怎么能从中获得快乐和满足的感受呢？毕竟爱与醋往往是相辅相成的，没有爱，哪里来的醋？

女人偶尔吃点醋，某种程度上其实就跟撒了个娇似的，可以更强烈地激发男人的爱欲和保护欲。可以说，女人吃醋本身并不是一件坏事，适量的“醋”表明你很爱对方，很在意对方的行为，这对婚姻生活有着不可替代的积极作用，也能让男人感到自己在你心中的重要地位，从而在心理上获得极大的满足，进而以更多的爱来回报你。

但需要注意的是，吃醋也是一门学问。少了味道进不去，多了酸味太浓，只有恰到好处才会不酸不淡，意“味”悠长，令人回味。所以，女人吃醋的时候，千万不要把醋瓶子打翻了，否则幸福也会离自己越来越远。女人会吃醋，而且吃得不失态，才能让他对你疼爱有加。

最近一段时间，素敏发现老公越来越不着家了，每天一吃完饭就出去找人下棋，把她一个人留在家里，玩到很晚才回来。

素敏和老公是大学同学，毕业没几年两人就结婚了。婚后的感情虽然一直很好，但是在琐碎的柴米油盐中，感情似乎也渐渐变得平淡了。想起人们常说的“三年之痛”“七年之痒”，素敏心里难免有些担忧，这恰好是他们结婚的第三个年头，万一真来“痛”一场，恐怕自己是很难接受的。

为了捍卫婚姻与家庭，素敏拐着弯儿地和老公明示暗示，让他多在家里陪陪自己。可是老公根本就不听，照旧该干吗干吗，根本没把素敏说的话放在心上。这可让素敏发了愁，毕竟老公也只是去找人下棋，并没有做什么对不起他的事，要真为这么点事情吵起来，倒显得她无理取闹了。

怎么办呢？思前想后，素敏决定，得让老公也感同身受一下被冷落的滋味。

于是，这天刚吃完晚饭，还不等老公出门，素敏就已经打扮得漂漂亮亮出去了。晚上回到家，老公问素敏去干了什么，素敏大大方方地表示，自己和朋友一块去跳舞了，还兴致勃勃地和老公讲了半天跳舞有多么好玩。

第二天，第三天，第四天……素敏几乎都是比老公出门早，比老公回来晚，脸上还总带着兴奋的笑。连续几天之后，素敏的老公终于忍不了了，主动找素敏谈话，要求她不许单独出去跳舞，就算要去也得带上自己一块去。当然，老公也表示，自己会减少去下棋的时间，多在家里陪素敏。

瞧，这吃醋吃得对，不仅能发泄自己的不满情绪，还能稳固婚姻关系呢！如果素敏直接和老公争执，那么最后两个人大概只能不欢而散；如果素敏放任不管，那么天长日久下来，夫妻之间的感情难免会越来越淡薄。幸而聪明的素敏想到了高招，转头就让老公也体会体会吃醋的滋味儿。微酸的醋味儿一出来，倒是给平淡的婚姻也添了几分味道，这么一折腾，夫妻感情反倒是越来越好了。

所以说，女人别怕吃醋，只要掌控好吃醋的尺度，把醋吃得恰到好处，那么就能让醋变成婚姻生活最好的调味剂，让日子过得别有风情、别具风味！

半糖主义，不甜不腻才是婚姻“保鲜计”

男人在很多时候其实是非常矛盾的，他们希望女人依赖他们，所以，当一个女人愿意将自己的喜怒哀乐都寄托在他们身上时，他们会感到非常满足，充满成就感。但与此同时，他们又非常惧怕女人将过多的情绪都倾注在他们身上，时间越长，负担越大。

于是，当男人遇到一个如菟丝花一般，将一切都“寄生”于他们身上的女人时，一方面会因为觉得“这个女人离开我活不了”而沾沾自喜，可另一方面又会抱怨"怎么那么烦"。糖虽然很甜，但吃得太多，又会觉得很腻。在婚姻里，女人对男人的依赖，会让男人觉得在吃糖，当男人感到女人的依赖太过，他会觉得甜到齁得慌。当这份甜蜜成为了负担，最后当然会迫不及待地逃离。

所以，女人如果想要把一个男人牢牢抓在手里，就一定不能轻易将自己的一切都寄托于男人身上。若失去了独立生存的资本，那么女人又凭什么去抓住爱情的主动权呢？你难道以为爱情就是两个人彼此表白，从此倾心相待，安安稳稳地过一辈子，没有出轨，没有欺骗吗？拜托，情场如战场，不懂运用智慧，你就只能在爱情的战场上一败涂地，被人厌倦，被人插足。

要知道，无论爱情还是婚姻都是需要用心去经营，才能让爱情经久不衰，让婚姻天长地久。成年人的爱情与婚姻从来不是童话故事，在童话故事中，有情人终成眷属已经是结局，但在现实生活中，有情人终成眷属不过只是婚姻生活的开始罢了，接下来数十年的长跑才是生命真正的"重头戏"。

那么，对于爱情与婚姻，女人究竟应该如何经营，才能让它时时保鲜呢？

说到这个问题，就不得不说一说家喻户晓的童话故事《灰姑娘》了。这个故事想必大家都听过：

一个被后母虐待的可怜小女孩，在仙女的帮助下参加了王宫的宴会。王子对女孩一见钟情，和她跳了一晚上的舞。当十二点的钟声响起时，女孩慌忙跑走了，连个名字都没来得及留下，只在跑走的过程中不慎遗落一只水晶鞋。

为了寻找到心仪的女孩，王子下令让全国的少女都试穿这只水晶鞋，声称只要鞋子合脚，就娶对方做自己的王妃。最后，靠着这只水晶鞋，灰姑娘一朝飞上枝头，成了尊贵无比的王妃。

《灰姑娘》是一篇结局幸福而完美的童话故事，王子在与灰姑娘相处的过程中，他既尝到了甜蜜，也尝到了苦涩。甜的是，他对灰姑娘一见钟情，并在舞会上与她跳了舞，涩的是，他还没有与灰姑娘相处够，灰姑娘就不辞而别。正是这种又甜又涩，令王子对灰姑娘念念不忘，令他不惜一切地去寻找她。

不甜不腻的半糖主义，这才是爱情与婚姻真正的“保鲜计”。就像十二点悄然离去的灰姑娘，绝不会因为王子的恳求或花言巧语而多留半分钟，但却又留下了一只水晶鞋，让王子有了遐想的空间。不甜不腻，只给他们“半块糖”，可偏偏就是这“半块糖”，却远比甜腻腻的“一整块糖”更让人向往。

这种“半糖主义”，听上去似乎挺复杂，但归结起来，其实也就是三个要点。

首先是制造危机感。人都有一种喜欢争抢的心理，当你面前摆着满满一盘菜的时候，你可能没有多大兴趣，但如果这个时候，突然有很多人来和你抢这盘菜，那么你反而可能会食欲大开，恨不得能多抢几筷子。

在爱情中也是如此，如果女人表现得对男人过于死心塌地，好像除了这个男人之外就再也没有其他选择，那么久而久之，这个女人在这个男人心中就会变成一盘无人问津的菜，提不起多少兴趣。但假如这个时候，突然有人跳出来争抢这盘菜，那么就会给男人造成危机感，从而激发他的斗志。

当然，需要注意的是，危机感只是一个给感情加温的小把戏。你可以让他知道你有人追求，但也要让他知道你不会被追走；你可以让他知道有人一直在等你，但也要让他明白你不会选择那个人。如果不把这些事说清楚，很可能会让感情产生裂痕。自卑的男人会默默走开，自负的男人会说你水性杨花，冲动的男人则可能要找“情敌”决斗……那你的麻烦可就大了。

其次是推迟满足感。很多人都有这样一种心理：越难得到的东西越珍贵。在爱情中同样如此，你越是对男人千依百顺，就越是容易被他弃如敝履；你越是对男人若即若离，反而就越是让男人珍惜。

这其实不难理解，举个例子：假如你养了两只猫，一只茁壮成长，根本不需要你照顾；一只从小爱生病，你必须经常惦记它，照顾它，总害怕它出问题，几年后，你会更喜欢哪一只猫？多数人都会更喜欢后一只，因为这只猫让你付出了最多的感情和精力，你必然对它有更多的期待和喜爱。

感情也是如此，一个男人在一个女人身上花费的时间越长，心思越多，他就会越发觉得不能放手，无法舍弃。这种感受除了爱情自身的原因之外，还有他为爱情付出的那些努力。因此，在爱情里，女人要有自己的想法，不要让自己成为一个只听从命令的机器人。在与你的那个他相处时，要懂得适当拒绝、适当反抗，让他意识到，你有自己的原则和底线，让他将你放在与他平等的位置之上。

最后是做百变女人。再美味的食物吃多了都会觉得腻味，再美丽的花看多了都会产生审美疲劳。所以，为了保持恋爱的激情和婚姻的新鲜，女人一定要争取做百变女郎。比如平时的你可能是温柔贤惠的，那么偶尔展露点小女人的娇气，必然能让男人大感惊艳；平时的你可能如女王般倨傲，那么偶然一低头的温柔，则可能立马就直击男人心；平时的你可能有着孩童般的稚气，那么偶尔流露出的稳重端庄，必然让男人耳目一新。

百变女人的魅力就在于时时都能带来惊喜，让人觉得无比刺激，并能满足男人不同层面的心理需要，和这样的女人在一起，你永远不知道下一秒她会呈现出什么样子，永远都带着惊喜。如此，无论恋爱还是婚姻，又怎么会担心腻味呢？

不是所有的刁蛮，都能叫作“可爱”

女人如花，而世上最灿烂的风景莫过于百花争艳。不同的花有不同的风情，就像不同的女人有不同的个性。有人喜欢莲花的高洁，自然也有人欣赏牡丹的雍容；有人独爱寒梅傲雪，自然也有人眷恋玫瑰芬芳。女人也是如此，温柔娴静的女子固然令人疼惜，但娇蛮活泼的女子同样可爱动人。

只不过在现实生活中，总有那么一些女人，分不清娇蛮与刁蛮的区别，仗着有人宠爱便任性得肆无忌惮，作天作地，最终把属于自己的爱情与婚姻都作没了。

要知道，男人喜欢女人的娇，但绝不会喜欢女人的刁。没有哪一个男人会愿意成天围着一个爱生气的女孩转。如果有一个男人对你说，他就喜欢任性的女人的话，那么只能说明，他恐怕还没见过真正的“任性”。

人的包容都是有限度的，再多的爱都经不起不讲道理的磋磨，再宽广的胸怀，都有无法容忍的时候。尤其是在蜕下青春的冲动，逐渐走向成熟之后，无论男人还是女人都会渐渐认识到，生命中除了爱情之外，还有更多需要去追寻的东西。到了这个时候，恐怕再没有谁会无止境地退让与包容另一个人的任性了。

曾看过这样一个故事：

一个女孩出身名门，又是独生女，从小就是父母的掌上明珠，集万千宠爱于一身。因为收获了太多的爱，身边的人也总是让着她，所以这个女孩从小就活得如同骄傲的公主一般，受不得半点委屈，性格也难免有些任性。

长大后，她嫁给了青梅竹马的丈夫。丈夫很爱她，也愿意如同她的父母一般宠着她，哄着她，任由她耍自己的小性子，公主脾气。就像当初求婚时承诺的那样："不会让你受丝毫的委屈！"丈夫也的的确确做到了。

其实，丈夫也是独生子，也是从小就被父母放在心尖上疼爱着长大的。但因为爱，他愿意学着去宠爱另一个人，愿意承担生活里那些烦琐的事情，愿意为她遮风挡雨，把她宠得如孩子一般，让她能够生活得随心所欲。

周围的人都羡慕她的好运气，她也一直觉得自己很幸福，并且认为这份幸福会永远这样延续下去。

在她30岁生日的时候，丈夫和往年一样，邀请了许多朋友到家里为她庆祝。虽然已经30岁了，但她依然还是像个孩子一般，什么都不需要操心，只要穿上漂亮的衣服，享受众人的恭维和赞美就行了，负责招待朋友，忙前忙后的都是丈夫。

一切都非常顺利，但就在她准备吹蜡烛许愿的时候，丈夫突然接到电话，说公司出了急事，需要马上处理。她非常生气，觉得丈夫此时离开让她很没有面子，一怒之下就把丈夫给"轰"了出去，还让他去公司永远别回来。丈夫本想和她好好解释，但事情确实比较着急，无奈之下，只得一边忙着赶去公司，一边打电话给她。结果，正在气头上的她干脆直接把电话关了机，这场生日会自然也尴尬地提前散场了。

待朋友们都离去之后，面对着空荡荡的家，她更加生气了，心里一直埋怨丈夫把工作看得比她还重，想着等丈夫回来之后必须要好好惩罚他。可一直等到深夜，丈夫都没有回来，她这才赶紧打开手机，拨通了丈夫的电话，对面却一直无人接听。

就在这个时候，她等来了警察的敲门声：她的丈夫，因为一边发信息一边开车，在回家的路上出了车祸，永远地离开了这个世界……

伴随着手机迟来的信息提示音，她简直不敢相信这个晴天霹雳。她哭得歇斯底里，但那个会心疼的男人却再也无法开口哄她了。看着手机里一条条道歉的短信，她的心仿佛被挖空了一般。如果当时她不那么任性，如果她稍微体谅一下丈夫，那么这一切是不是就都不会发生？只是，这个答案，她永远也无法知道了。

不是所有的刁蛮都能叫作“可爱”，也不是所有的任性都能得到包容。故事中的她是幸运的，遇到了一个可以包容她一切任性和刁蛮的男人，当然，她也是不幸的，因为在失去这个男人之后，恐怕她也不会再有这样的好运了。

而在现实生活中，大多数的女人恐怕终其一生都很难遇到一个可以这样无限包容自己的男人。所以，女人无论做什么事都应该考虑好后果，毕竟男人肚量再大也有个度，别让自己的刁蛮任性把身边的好男人都赶走了。

也许有人会说，明明有些女人也任性，却还是得到男人的宠爱了呀。甚至在许多故事中，那些刁蛮任性的女人还总能胜过温柔体贴的女人，成为男主角的心头好呢！比如《倚天屠龙记》里那个刁蛮任性的蒙古郡主赵敏，不就胜过了温柔似水的周芷若，最终俘虏了张无忌的心吗？

诚然，与周芷若相比，赵敏从一出场就处处彰显自己的“刁蛮”，可你仔细想想，她所做的那些刁蛮任性的事情，又有哪一件真的踩到了张无忌的底线呢？显然并没有。她确实刁蛮任性，但这种刁蛮却又非常识时务。她看似无所顾忌，想哭就哭，想闹就闹。但实际上，她娇而不狂，狂而不扈，虽然偶尔会发发小脾气，但只要面对自己心爱的人，就会学着克制任性的情绪，也会偷偷地给男人一点温柔，而恰恰正是这点克制和难得的温柔，最能打动男人的心。

学着聪明一些吧，并非所有的刁蛮都能变成“可爱”。如果你也希望能够收获完美的爱情，如果你也希望能够多得到一些体贴与呵护，那就不要肆无忌惮地发脾气。你可以要要小性子，但更要能够识时务，别等幸福离自己越来越远之后，才来后悔自己当初的任性。

老夫老妻，也需要有共同语言

很多已婚女性都会有这样的感受：在结婚之前，尤其是和自己的丈夫在热恋期时，仿佛有说不完的话，随着交流的越多，感情也越发升温。但是，在结婚之后，随着结婚的年数越来越久，深入交流的次数就会越来越少。因此，很多结婚多年的女性，都会感觉到孤独感和失落感。其中原因，是因为你与他之间缺少了共同语言。

这里的共同语言是广义的，并不单单指彼此聊得来的话题，也指兴趣爱好。所以，仔细回忆一番，婚前的你与婚后的你与他之间的共同语言有哪些转变?

婚前的你可能是性格开朗的，他的性格可能是内向的，性格上的互补令他觉得你们很契合。但是结婚后，来自生活、工作、家庭的压力令你越来越沉默。

婚前的你可能是热爱运动的，他可能也是个运动达人，共同的兴趣爱好令你们无比合拍。但是结婚后，随着生活重心的转移，孩子的诞生，令你渐渐忘了两人每天吃完晚饭后要出去小跑半小时这个约定。

婚前的你可能是喜欢旅行的，他可能也是个背包客，在徒步与探险中，你们会相视一笑，眼中仿佛有万千星辰。而婚后的你，因为繁忙和其他原因，已经有许久没有陪他来一场说走就走的旅行了。

正是因为共同语言的缺失，令婚后的你与他之间仿佛隔了一道墙，令他再也感觉不到来自妻子的温柔和甜蜜。都说共同语言能够拉近人与人之间的距离，其实不止是热恋中的你们需要共同话题，老夫老妻也是少不了共同话题的。所以，我们在婚姻里，要懂得去创造你与他之间的共同语言。

徐燕和李墙是一对结婚有十多年的夫妻，两人的感情一直特别好，仿佛还在热恋期一般。下雨的时候，李墙会将伞倾斜到徐燕身边，从不让她淋湿；外出吃饭的时候，李墙总是会先点徐燕爱吃的菜；天冷的时候，李墙会将徐燕的手裹在手里给她捂暖。诸如这样甜蜜的小事，每一天都会有。

更加令人惊讶的是，徐燕和李墙这对夫妻是在同一家单位工作。人们十分费解，这对夫妻几乎是天天在一起，按理说应该会很容易出现枯燥感和厌倦感，怎么能做到几十年如一日的恩爱呢？这得益于徐燕懂得寻找她与李墙之间的共同语言。

徐燕是一个懂得观察的人，她会主动地去观察李墙，譬如李墙最近对什么感兴趣？最近阅读了什么书，看了什么电视节目？谈论的话题中，有哪些是他主动提起和极其兴奋的？等等。基于这些观察，挖掘出她与李墙之间的共同话题。

譬如前段时间，李墙迷上了围棋，和她谈论的话题也常常围绕围棋而展开。于是，徐燕就将围棋当做两人的共同语言。她会陪着李墙一起看围棋比赛，一起去公园里看老大爷下围棋。等对围棋有了一些了解后，她又陪着李墙一起玩。因为这些共同语言，让结婚多年的两人依然感到融洽和甜蜜，婚姻生活也更加的和谐。

婚姻虽然将两个人绑在了一起，但依然是独立的个体。所以，彼此之间的思想、兴趣、性格等都存在着差异。如果说，两个人之间有共同语言，可以说是幸运的。倘若没有，就要做到山不就我，我来就山，主动的去创造彼此之间的共同语言。那么，我们该如何创造呢？

首先，以他的兴趣爱好为彼此的共同语言，而这也是创造共同语言最快的方法。就像故事中的徐燕，她就是以她的丈夫的兴趣爱好为共同语言的。所以，我们也要多多观察你的那个他。观察什么呢？观察他最近的言行举止。当他频繁地主动说起某个话题，频繁地去做某件事时，那么便可以将这个话题和事儿列为你们的共同话题。

其次，以你的兴趣爱好为彼此的共同语言。如果说，以他的兴趣爱好为彼此的共同语言是被动的，那么以你的兴趣爱好为彼此的共同语言就占据了主动。比如，你很喜欢打羽毛球，那么在周末的时候，可以拉着他一起打羽毛球。

我们需要知道，兴趣爱好是可以培养出来的。当我们有意识地向他灌输、培养，久而久之，就会真的成为他的兴趣爱好。需要注意的是，一项兴趣的养成需要一个过程，我们必须循序渐进，不能操之过急，否则就会适得其反。

最后，去寻找彼此的共同语言。一个人的兴趣爱好并不是一成不变的，在不同的阶段，就会有不同的兴趣爱好。我们可以根据当前阶段，和他一起去寻找彼此的共同语言。比如，人到中年，很多人都逃不过发福的魔咒。那么，可以以减肥、健身作为彼此的共同语言。当看到彼此变得越来越好，会发现你与他的心也越来越近。

总而言之，夫妻之间的共同语言可以令夫妻关系变得牢不可破，可以令彼此惺惺相惜。尽管，在创造彼此的共同语言上需要付出努力，但哪段甜蜜的婚姻不需要经营呢？所以，如果你感到婚姻已经亮起了警戒的黄灯，一定要主动出击，用共同语言找回曾经的悸动与甜蜜。

好“煮”妇，就得让脸和厨艺一样漂亮

随着现代女性地位的日益提高和女性意识的逐渐觉醒，已经有越来越多的女性认识到了疼爱自己的重要性。她们不再一味地为家庭而牺牲，把自己熬成“黄脸婆”，而是越来越重视自己的容颜与装扮。尤其一些现代新女性，更是立志成为“活色生香”的大美女。

但与此同时，依旧还是有一部分女人，在步入婚姻之后，就开始为家庭终日操劳，为生活辛苦奔波。生活的重压和日子的忙碌让她们变得不修边

幅、蓬头垢面，她们有着精湛的厨艺，能在极短的时间里把家务料理得妥妥当当，把丈夫和孩子都照顾得无微不至，可自己却终日邋里邋遢。

诚然，为了家庭牺牲的女人是值得敬佩的，但在爱家人的同时，为什么不能也给自己一些疼爱呢？并不是非得把自己磨成“黄脸婆”，才能让男人明白你有多辛苦。更何况，男人本就是视觉动物，你把自己磨成了那般不堪入目的样子，还能指望他像从前那般迷恋你吗？

真正优秀的好女人，在爱家人的同时也会懂得爱自己。真正优秀的好“煮”妇，不仅要能做得一手好菜，温暖自己和家人的胃口，同时也要能照顾好自己的容颜，让颜值和厨艺齐飞。

结婚之前，映菡是公司里受人追捧的清秀佳人，清爽飘逸的气质让她成了众多男士心中的女神，再加上那温婉贤淑的性格，简直是全公司男士心中最完美的老婆人选。当初映菡的丈夫也是因此而坚定了娶她的信念，并在追求许久之后终于成功抱得佳人。

映菡是个比较传统的人，在事业方面并没有什么野心，因此结婚之后就辞职做了全职太太，一心一意地相夫教子。

在生下儿子之后，映菡把自己所有的精力都投入到了照顾孩子上。或许是因为照顾孩子太过繁忙，也或许是因为觉得既然已经结婚做了妈妈，就没有必要再过分在意外表，映菡逐渐失去了爱美的心，变得越来越不修边幅。

为了方便，她每天穿着宽松的旧T恤，周旋在忙不完的家务事里，即便有事出门也懒得好好打理自己。一心为了家庭，完全忘了“照顾”自己。

一开始，对映菡的付出，丈夫是非常感动的。但时间久了之后，每天看着自己眼前这个邋里邋遢的妻子，丈夫心中也渐渐生出了一丝不满。他曾数次告诉映菡，不要总把自己弄得那么劳累，他更希望映菡能够像从前那样，活得光彩照人、貌美如花。

可映菡对丈夫的话却不以为然，她总觉得，作为一名妻子、一名母亲，她最大的价值就是照顾好一个家。整天打扮得光鲜亮丽又有什么用？她又不是年轻小姑娘，都已经是孩子的妈了。

终于有一次，丈夫实在憋不住了，看着坐在沙发上不修边幅的映蓠说道："如果你再不注意，你很快就变成黄脸婆了。你没发现你现在脸上长了很多斑吗？"

听到丈夫的话，看着他眼中透出的嫌弃，映蓠顿时没有了声音。

这个世界上没有丑女人，只有不想打扮、不敢打扮和不会打扮的懒女人。女人的容颜是珍贵而脆弱的，需要认真去呵护。尤其是在跨入三十岁之后，女人的美丽将会随着年龄的增长而不断流失，这种时候，如果再不打起精神认真呵护，那么恐怕就真的要成"黄脸婆"了。

在如今这个时代，大家公认的理想妻子，必然都是入得厨房也出得厅堂的。温柔贤惠早已经不是衡量已婚女人优秀与否的唯一标尺。要想成为一名优秀的主妇，不仅要懂厨艺，更要懂社交，有情调，这样的主妇才称得上是女性的楷模。

一个真正懂爱的女人，在宠爱家人的时候，也会宠爱自己。无论何时，她们都会把自己收拾得干干净净，然后从容优雅地出入厨房，衣着得体地站上厅堂。

倩柔是一个美丽而又知性的女性，在工作上有着傲人的业绩，在家庭中也是一位让无数人赞叹的时尚"煮"妇。她不仅会烧各种各样美味的菜肴，同时也把自己打理得光鲜亮丽、井井有条，和那些总是周旋于琐碎家务的主妇截然不同。

对倩柔来说，下厨是她的一项爱好，同时也是她在百忙之余放松的一种方式。老公喜欢吃她做的饭菜，更喜欢欣赏她下厨时的模样。见过倩柔下厨的人都说，看她下厨是一种享受，她做菜的样子就和她所做出的菜品一样，精致优雅、从容不迫。倩柔总说："饭菜是有情感的，心情愉悦、倾注爱心做出的饭菜，色香味都会诱人。"

闲暇时间，倩柔从来不会忘记保养自己。都说手是女人的第二张脸，所以倩柔平时特别注意呵护自己的双手。在她的厨房里，总会挂着两副手套：一副棉毛布质地、五指分开的隔热、防油手套；一副清洁、洗碗用的橡胶手套。有了手套的保护，倩柔的手永远是那么的柔嫩光华。

在倩柔看来，贤惠是女人的优点，美丽同样也是女人的优点。女人可以为了家庭而付出，但绝不能以忽略自己的美丽和健康为代价，这样的牺牲是极其愚蠢的行为。而且倩柔一直坚信，无论丈夫还是孩子，想必都更希望能拥有一位美丽优雅的妻子、母亲。

做一个好的“煮”妇，无论内在美还是外在美都同样重要。而且，就像倩柔所说的，无论是丈夫和孩子，如果可以选择的话，谁不希望自己的妻子或母亲是美丽优雅、光鲜亮丽的呢?

所以，已经步入婚姻的女人，别小瞧了美貌的重要性，真正优秀的“煮”妇，就得让脸和厨艺都一样漂亮!

辑七

亲爱的辣妈，宝贝计划，你准备好了吗？

孩子是遗落在人间的天使，当一个家庭有了孩子后，会平添许多的欢声笑语，会令一个家庭更具有凝聚力，也会令夫妻之间的关系更进一步。

对女人来说，孕育一个孩子不容易，教育孩子更不容易。你需要对胎儿的健康发育负责，需要面对身材的走形、美丽的暂逝，需要对孩子的成长负责，等等。所以，当你选择成为一名辣妈，准备想要一个小宝贝时，你需要有准备、有计划，更重要的是，你还需要有担当。

你想要个棒宝贝，备孕很关键

结婚、生子，这是绝大多数女人都会经历的一个过程。所以，女人认定自己的人生是否完整，很多时候也取决在是否有一个孩子之上。

每个女人在选择怀孕前，都会畅想一下自己的孩子，希望自己的孩子活泼可爱，冰雪聪明，长得如天使一般精致漂亮。然而，现实并非如想象的那般美好，因为你想象出的完美无瑕的孩子在生活中是不存在的，绝大多数的孩子还是普普通通的。但是，当你为人母，当你将孩子抱在怀里的那一刻，你会觉得怀里那张皱巴巴看不出一点美感的孩子，会是全世界最美丽可爱的孩子。

比起普普通通的孩子，还有一类刚出生的孩子令人心酸、同情，这类孩子可能没有一个健康的身体，可能身体上有缺陷，也可能智商不高。这类孩子的未来注定要比普通孩子的未来坎坷很多，而作为孩子的母亲，往后人生也注定了要艰辛。不过，这种情况发生的概率却是极小的。

因为，孩子是否健康，是受到先天因素和后天因素的影响。先天因素是父母有遗传疾病，或是基因缺陷，才导致了孩子的不健康，譬如父母患有侏儒症，或者带有侏儒症基因，那么生下患有侏儒症孩子的概率是非常大的，对于先天因素，我们无法干预，只能排查。后天因素则是在孕前或孕中的一些不好习惯，让尚在发育的孩子失去了一个健康的身体，而后天因素确是我们能够掌控的。所以，当你有了想要一个孩子的想法时，必须懂得备孕很关键。

张馨是一名游戏主播，每天的工作就是直播打游戏。对张馨来说，这份工作很轻松，因为她游戏打得很溜。不过，这份工作也有一点不好，就是作息颠倒，别人下班后的休息时间，就是她的工作时间，她需要从晚上的八点直播到隔天凌晨两点，因为这个时间段是别人看她打游戏的高峰期。

在张馨二十八岁那年，她遇到了自己的真命天子，并踏入了婚姻的殿堂。婚后一年，生孩子这件事被提上了日程，因为她的丈夫已经三十多岁了。

对于生孩子，张馨没什么反对意见，因为她觉得，结婚生子是一个女人必须经历的过程。不过，她在准备要孩子前，并没有做备孕措施，而是顺其自然等孩子降临。

在等待孩子来临的期间，张馨的生活依然与之前一样，她会每天工作到凌晨，然后一觉睡到中午才起来，又因为丈夫出去上班，家中只有她一个，所以她从来没有吃早餐的习惯，至于中午饭，不是随便吃点，就是点外卖，到了晚上的时候，因为中午没有吃饱吃好，又会暴饮暴食。此外，在周末的时候，她还有娱乐活动，譬如和朋友一起出去聚餐，而聚餐的时候又少不了会喝点酒。更重要的是，在这期间，她得了一场重感冒，连续吃了好多天的药。在她的病好没多久，她就发现，她怀孕了。

张馨怀孕的消息让丈夫非常高兴，全家人都将她将当公主一般照顾，大家都非常期待张馨肚子里的孩子出生。在张馨怀孕一个月的时候，丈夫陪着她去做孕检。然而，医生检查了好久，发现胎儿长了胎芽，没发现胎心。医生告诉张馨夫妻俩可能是因为胚胎月份太小了，胎心还没有长出来，让他们过段时间再来检查。

对此，张馨夫妻俩十分忧心。就这样，又过了一个月，两人再次去医院检查。这一次，医生不止没有发现胎心，还发现胚胎已经停止生长发育了。这个消息对张馨夫妻俩无疑是晴天霹雳……

后来，张馨夫妻俩询问医生，为什么胚胎没有长出胎心，还停止了生长发育，医生在简单的介绍完先天原因后，又详细地说了后天原因。当张馨得知，原来孕前的作息不规律，饮食不正常和喝酒、吃药等都能影响胎儿发育后，她后悔极了。与此同时，她也认识到备孕的重要性。

对女人来说，孩子是生命的延续，但当他出生后，又是一个独立的个体。而孩子的健康与否，与父母在孕前是否备孕了有直接的关系。

可能很多已经当过母亲的人会认为，自己没有备孕，但也生下了一个健康的宝贝，不可否认，这样的情况不在少数，当我们需要知道，备孕可以将孕育出不健康的孩子的概率降到最低。所以，备孕的女人要比没有备孕的女人要优生优育。

那么，在决定要小宝贝前，该怎么做好备孕工作呢？

做孕前检查。人是由细胞组成的，细胞内又存在着基因，而基因又支持着生命的基本构造和性能。当一个人的基因完整时，才会有健康的体魄。当基因出现了缺陷，身体就会存在缺陷。基因又名遗传因子，顾名思义，它会遗传给下一代，所以当你的基因存在缺陷时，有很大概率会造成孩子存在缺陷。因此，在孕前一定要做好检查，将先天因素扼杀在摇篮里。

备孕前要补充营养素。人体内存在着不同的元素，譬如钙、铁、锌、硒等，当某种元素太过稀缺时，除了对自身造成不好的影响外，对孕育中的胎儿也会造成不利的影响，比如缺钙会影响胎儿的骨骼发育，缺铁会令胎儿贫血。所以，在孕前，一定检测身体的元素是否平衡，缺乏的话，就要及时补充，在元素均衡的情况下怀孕，才会有一个健康聪明的宝贝。

此外，良好的作息习惯、饮食习惯、运动习惯等等，对胎儿的生长发育都存在着重要的影响。所以在准备要小宝贝前，也要做到作息规律、饮食规律、保持运动等等。

对女人来说，做好备孕工作，你的小宝贝将更加健康、聪明。

嗨，孕妈妈，这些禁忌你知道吗？

女人有了孩子后，人生会步入另一个全新的阶段。这个阶段可能是美好的，也可能是灰暗的，最关键的因素取决于孩子是否健康。

因为，当一个家庭降生了一个健康的孩子，增添的会是许许多多的欢声笑语，当一个家庭降生的是一个不健康的孩子，增添的将会是数之不尽的烦恼和忧愁。所以，在你决定要孩子时，不仅要做好备孕工作，在孕中也有注意各种各样的禁忌。

每个小宝贝都是天使，这些小天使们在妈妈肚子里的时候，会经历这样一些过程，先受精，生长发育为胚胎后，再渐渐发育成胎儿，之后一点点长大，最后瓜熟蒂落从妈妈的肚子里出生。在胎儿生长发育中，会长出五官、器官、四肢等等，当胎儿在发育的过程中遇到影响其发育的不利因素，那么就会对其造成损伤。

对孕妈妈来说，胎儿健康发育，这是一件非常令人愉悦的事，一旦胎儿的健康出现了意外，那么其中悲痛是令人难以承受的。

李瑶和丈夫谈了几年恋爱后，感情水到渠成时，便踏入了婚姻的殿堂。李瑶从小就是个要强的女人，所以事业心特别重，哪怕结了婚，她也将绝大多数的时间奉献给了事业。而有付出就会有回报，在职场打拼多年后，她的职位一点点往上升。

在李瑶三十三岁这年，事业处在上升期的她迎来了一个意外，她怀孕了，成了一名孕妈妈。对于孩子的到来，李瑶的内心很纠结，一方面她很想要孩子，因为她的年纪已经不小了，一方面孩子的到来会影响她上升的事业。最终，她选择了留下孩子，但对事业也依然很拼搏。

一名女性想要在职场上有所作为，除了有出色的工作能力外，还需要懂得交际。李瑶在怀孕后，她并没有向除了家人以外的人透露自己怀孕的消息，而在他人邀请她参加饭局时，她也毫不犹豫地答应了。在这样的环境下，李瑶也会喝一点酒，即使她知道烟酒有可能会对正在发育中的胎儿造成伤害，但她选择用侥幸心理来安慰自己。

就这样，在李瑶的肚子没有显怀之前，她喝过好几次酒，也吸了大量的二手烟。在她的肚子显怀后，才没有人邀请她去参加饭局。然而，这已经是她怀孕四个多月之后了。她庆幸的是，在之后的四维彩超孕检时，孩子没有出现畸形。

此外，公司在知道李瑶怀孕的消息后，考虑到她行动不便，精力不足，将她的工作锐减了大半，而交给她的工作也很简单。但这个结果对事业心极重的李瑶来说，无疑令她难以接受。所以，怀孕后期的这段时间里，她的情绪突然变得低落，有时候回到家后，还会因为对职场的不满而大发脾气，这样不稳定的情绪一直持续到孩子出生。

孩子出生后，李瑶得知孩子身体没有畸形，她偷偷松了口气，觉得自己运气好。然而，随着孩子逐渐长大，她发现了孩子是存在问题的。因为她的孩子智力发育明显比别的孩子迟缓，一直到三岁了，还不会说出除了“爸爸”“妈妈”之外的话。她带着孩子看了很多医生，而每一名医生说孩子的脑发育迟缓与她孕期不良作息有关。然而，就算后悔也来不及了。因为孩子的不健康，她的家庭变得一团糟，全家人都陷入了忧愁之中。

对每个家庭来说，一个健康孩子的到来，带来的是希望，但一个不健康的孩子到来，带来的却是绝望。但很多绝望，对孕妈妈们来说，是可以避免的。

怀孕，这个过程说不长也不长，说不短也不断。但在孕期，却有许许多多的雷区。一旦踩到雷区，就会对胎儿造成各种各样的伤害，这些伤害对孩子来说，将会是一辈子的事。这里的雷区，有些是我们无法避免的，有些却是我们能够完全避免的。

因此，每一位孕妈妈们都要谨记，怀孕忌踩的雷区有哪些：

在孕中检查上，一次都不能缺席。怀孕之后，几乎每个月都会有孕检，而检查的项目也有很多。所以，很多孕妈妈们会存有懒惰的心理，或是见医院孕检的人多，就会放弃孕检。但孕妈妈们需要知道，孕期的每一项检查，都是有必要的，都是对胎儿是否存在风险的筛查。所以，为了生下一个健康的小宝贝，孕妈妈们决不能缺席孕期中的每一次、每一项检查。

就饮食而言，孕妈妈需要牢记的禁忌有许多，譬如不要暴饮暴食，不要饮食不规律，不要饮食不健康，等等。对孕妈来说，暴饮暴食除了会导致自身的体重增长外，也会令胎儿体重飙升，孕妈过胖，胎儿过重，对生产都会不利。而饮食不规律和不健康的饮食，则会影响胎儿的生长发育，因为胎儿的营养是从妈妈身上吸收的，也就是说，只有妈妈吃得健康，他才会茁壮成长。

在情绪上，孕妈妈要保持情绪稳定，切忌大喜大悲。医学表明，孕妈妈的情绪对胎儿影响剧烈，即当孕妈妈的情绪低落、哭泣时，胎儿会感受到那股不愉快的情绪，也会出现情绪低落和哭泣的情况。此外，激烈的情绪对胎儿的生长发育、未来的性格都是有直接影响的，譬如孕妈妈情绪暴躁，那么孩子未来的性格也会暴躁。因此，孕妈妈们要保持情绪稳定，要积极乐观。

在情绪不好时，也要学会自我调节。

在卫生上，孕妈妈在保持自身整洁的同时，也要切记不要洗澡时间过长。到了怀孕中期的时候，孕妈妈可能会觉得自己特别爱出汗，而且之前并不油的皮肤变得油腻起来，所以很多孕妈妈都爱洗澡。洗澡是没有问题的，只是洗澡时要注意，不能时间过长，因为时间久了，孕妈妈可能会因为体力不支而昏倒，也可能造成胎儿缺氧，影响其智力的发育。所以，孕妈妈每次洗澡时间大约保持在20分钟以内就好。

在环境上，孕妈妈要为胎儿营造一个健康和谐的环境。二手烟、嘈杂、空气质量差等糟糕的环境，孕妈妈都不要去，或者少去，因为这样的环境也是不利于胎儿健康发育的。

此外，孕妈妈还切记不能化妆。因为很多化妆品中含有重金属或有毒物质，这些对胎儿的生长发育都是不利的。

对孕妈妈来说，孕期的禁忌还有许多，不管这些禁忌是否会对胎儿造成实质性的影响，孕妈妈们都需要注意。

孕期咱不焦虑，把它当作一种新体验

对女人来说，怀孕是一个崭新的阶段，这个阶段里，会面临着各种各样陌生的体验，以及许多未知的状况。这也意味着，孕妈妈们很有可能被焦虑来敲门。

因为，从心理学上来说，焦虑是人类对即将来临的、可能会造成危险或威胁的情境产生各种复杂的情绪状态，所以，焦虑是紧张、不安、忧虑、烦恼等不愉快的情绪的交织物。在孕期，孕妈妈们会遇到许多未知的令人感到恐惧的事，尤其是对敏感的孕妈妈来说，孕期会感到焦虑的概率更大。

那么，孕期令孕妈妈们感到焦虑的事物有哪些呢？

有职业生涯上的焦虑。对事业心重的女人来说，会十分看重自己的职场前景，期待自己能升职加薪。然而，职场上的时机是不等人的，怀孕后的精力不足，领导的格外照顾，都有可能令孕妈妈们产生焦虑的情绪。

有对孩子健康上的焦虑。每个孕妈妈都希望自己生下一个健康漂亮的小宝贝，但是，总有不健康的宝贝来到人世。在看到诸多的不健康的小宝贝的新闻报道时，孕妈妈如何不会焦虑！

有对生产时的焦虑。心理学认为，焦虑源于恐惧。对孕妈妈们来说，怀孕生产是令人感到恐惧的。因为，生产时，不仅要面临难产、大出血等风险，还要面临巨大的疼痛，有研究表明，生产时的痛仅次于烧伤。所以越临近生产，孕妈妈们越会感到焦虑。

在家庭成员关系的处理上，会感到焦虑。很多女人在结婚后，并不会跟婆婆住在一起，产生的矛盾很少，因为所站的立场不交织，争执也不多。但在怀孕后，婆婆会住过来照顾自己，当接触得多了，矛盾就会多，并且在孩子的照顾和教育等立场上，家庭成员间也会发生矛盾。所以，孕妈妈也会焦虑怎么处理家庭成员关系。

当然，每个家庭的情况都不相同，所焦虑的事也不一样。但只要焦虑了，在对孕妈妈的身体、精神造成伤害的同时，也会对胎儿的生长发育带来不利的影响。

郝希希是公司出了名的“开心果”，公司同事都喜欢希希，因为她不但工作出色，而且为人热情，与谁都能聊得来。

可是，希希最近像换了一个人似的，常常一个人发呆，眼神中总透着一丝恐惧，整个人显得异常焦虑。丽丽的办公桌与希希相对，看到希希的变化后，便关心地问她怎么了？

希希则勉强地笑了笑，然后说没事。

丽丽觉得，既然希希不想说，那她就不再多问。

突然有一天，希希的老公赶到公司向老板请假，原因是希希先兆流产，要在家保胎。丽丽觉得很奇怪，她前几天才陪希希产检还一点问题没有，怎么就先兆流产了呢？

原来，希希因为老公出差没有陪她产检，便觉得老公不爱自己了，这让她很焦虑。希希的老公回来之后，不知道从哪里听来说“怀孕三个月后胎儿稳定，要多走动，将来才容易生”的话，便拉着希希在楼下散步，当天晚上希希便觉得肚子不舒服。

夫妻俩惊慌之下，立马去了医院，检查后没有什么问题才松了口气，在听到医生建议运动不要太激烈时，希希便觉得是老公故意谋害自己，害她的宝宝，回到家里大哭，哭得肚子又不舒服后，又去了医院。

丽丽下班后，便发短信问希希怎么回事，希希回复说："你知道吗？我看了很多新闻，都是老婆怀孕后老公出轨的。你看那些明星，不也是这样吗？我从怀孕后就感觉他对我不一样了，有时甚至嫌弃我。我在他的衣服上发现了和我发色不一样的长头发，还有一回，我看到他偷偷在厕所发信息。你说我老公他是不是出轨了？"

很显然，希希是患上了产前焦虑症。在焦虑的折磨下，她整个人暴瘦，精神状态十分萎靡，与此同时，在做孕检的时候，医生发现胎儿发育的异常迟缓。

孕妈妈在孕期受外界环境的影响，心理会跟着起一些变化，轻微的可能会引起情绪上的波动，重的就会出现焦虑。

如果你是一名孕妈，不妨自省一下自己是否存有焦虑的情绪。

感到小便频繁；感到不容易入睡，且多梦易惊醒或做噩梦；感到很多事情都不顺利，觉得周围的人对自己的态度发生了变化；感到胸闷气短；感到情绪不稳定，时常会紧张、不安、烦躁、恐惧等等；感到头晕、出汗、颤抖等不适……但凡出现这样一些现象，就要警惕自己是否患上了焦虑。

每个孕妈妈都要知道，怀孕本是一件很美好的事情，这个过程中，你将体会到胎儿一天天长大的奇妙变化，胎动是小宝宝与你的第一次爱的交流，小腹隆起是小宝宝健康长大的信号，妊娠纹也是身为母亲最美丽的印记。所以，不要惊慌，不要着急，静静地享受这一幸福的过程吧。

面对焦虑，我们无法消除，因为焦虑是无处不在的，但我们却能控制住焦虑。对此，孕期感到焦虑的孕妈妈们该如何控制自我焦虑的情绪呢？

要懂得保持愉悦情绪。有句话说："闲来易生事"，孕妈妈在孕期，与其将精力放在过分在意自己的生理变化或者周围人的态度上，不如培养一些自己的小爱好，如编织、绘画等，多分散注意力，就不会被烦恼的情绪所困扰。另外，营造雅致、温馨的家居环境，将家庭环境布置得更加整洁、美观、赏心悦目，多欣赏花卉、盆景、美术作品，与大自然亲密接触，常听优美的音乐，多看图书，等等，这些都能帮助孕妈妈保持愉悦的情绪。

要及时宣泄负面情绪，学会开导自己。负面情绪就像是雪山顶上的小雪球，当它朝山下滚去时，会滚得越来越大，积压的越来越多。当负面情绪超过一个人承受的极限时，就会爆发。因此，孕妈妈在孕期感到负面的情绪时，不要忍耐，要及时宣泄出去。宣泄的方式有很多，譬如做一些适度的运动，对他人倾诉，等等，同时也要开导自己，对自己做一些心理建设。

此外，孕妈妈还要多了解怀孕相关的知识。很多孕妈妈的焦虑来自对分娩的恐惧和胎儿的过分担心，以至于任何一点生理变化都会引起自己的恐慌，让精神状态变得很糟糕。所以孕妈妈们应该学习一些专业且正确的孕期保健知识，不要听信他人的信口开河。

在孕期中，焦虑并不可怕，可怕的是发现了焦虑没有及时去控制。只有及时控制住了焦虑，焦虑才不会愈演愈烈，才不会对孕妈妈和胎儿带来危害。

产后不抑郁，做一名乐观开朗的宝妈

对女人来说，生孩子就像是唐僧取经一样，需要经历许多的考验。在孕期除了要避免焦虑症的产生外，在产后还要注意抑郁症的发作。

抑郁症，从心理学上来说，它与焦虑症有很多相似之处，不同的是，抑郁症比焦虑症要来势凶猛。因为抑郁症在使人产生负面情绪的同时，还会使人产生悲观厌世的想法，甚至会企图自杀。

所谓的产后抑郁症，顾名思义，它发生在产褥期。有研究表明，产后抑郁症的发病率极高，达到15%至30%，通常发生在产后的6周内，它的持续时间很长，少则3至6个月，多则1至2年，甚至时间更久。

那么，患上产后抑郁症的新手妈妈，有哪些表现呢？

情绪上的改变。当患上产后抑郁症时，情绪会出现明显的变化，这些变化都是负面的，譬如总是闷闷不乐、忧愁、悲伤、愤怒等等。并且，这些负面的情绪持续时间很长，稍有缓解，又会复发。

自我评价低。因为身份的猛然转变，认为自己无法胜任妈妈这一角色，会对宝宝的健康过分的担忧，会自责或担心自己无法照顾好宝宝，会自暴自弃地认为自己无法处理好与家人之间的关系，对未来的生活极其缺乏信心。

言行上带有攻击性。患上产后抑郁症的妈妈，绝大多数都表现的郁郁寡欢，而一旦情绪积压太久，得不到宣泄，就会出现极具攻击性的言行，譬如说话带刺，会歇斯底里的大哭大闹，会做出伤害宝宝、自己或他人行为，等等。

会令身体产生不适。产后抑郁症虽然是一种心理疾病，但对身体也会带来许多实质性的伤害，因为每一个产后抑郁的妈妈精神会长期处于一种紧绷的状态，会出现易疲倦、食欲下降、心悸、头晕等症状。

新手妈妈会患上产后抑郁症的原因有很多，总结可以归为两点，一点是生物因素，一点是社会心理因素。

所谓的生物因素，与内分泌、遗传、产前心态、产后伴随的病症等有关。有研究表明，孕妈妈在分娩的过程中，内分泌会发生巨大的变化，特别是产后的24小时内，体内的激素水平会急剧变化。这些变化会直接影响到新手妈妈的情绪，使其感觉到不快乐，久而久之，就会患上抑郁；如果新手妈妈的家族有精神病史，那么患上产后抑郁的概率会极高；每个孕妈妈在产前的心态都不同，但如果产前心态太过悲观、恐惧，那么产后会诱发抑郁；新手妈妈在生产后，会有感染、发热等并发症，这些病症都会促使产后抑郁症的发生。

至于社会心理因素，涉及的方面也很多，譬如当夫妻关系不合时，新手妈妈无法很好的处理与其他家庭成员的关系时，无法胜任照顾宝宝的工作时，无法承担过重的经济压力时，无法面对走样的身材时，等等，都会造成产后抑郁。

陈雅是一名乐观开朗的女孩，她还特别喜欢孩子，与孩子相处时特别有耐心，家里亲戚的小孩都特别的喜欢她。然而，令大家没想到的是，特别喜欢孩子的她，居然会做出伤害自己孩子的事。

陈雅在不久前，成了一名新手妈妈，生下了一个女孩。因为是母乳喂养，孩子绝大多数的时间都躺在正在坐月子的她的身边。但令陈雅丈夫疑惑的是，每当妻子给孩子喂奶时，孩子总会发出细弱的哭声。

有一回，在孩子再次哭时，陈雅的丈夫推门而入，眼前的一幕令他非常吃惊，他的妻子正一只手掐孩子的脚心，一只手捂着孩子的嘴巴。

当下，他立马跑到床边抱起了孩子，呵斥妻子是不是疯了。

陈雅立马哭了，说自己不是故意的，也不知道自己怎么会掐孩子。

虽然陈雅的丈夫很担心陈雅会再次伤害孩子，但他要出去工作，家里除了陈雅外，没有其他人照顾孩子，不得已，他还是将孩子交给陈雅照看。哪想到，陈雅变本加厉起来，她不仅掐孩子的脚心，还会掐孩子的大腿、肚子、胳膊。每每丈夫大发雷霆，陈雅都会大哭，说自己如何后悔伤害了孩子，如何难以自控。

在这个时候，陈雅的丈夫终于意识到，陈雅是患上了产后抑郁症。当他送陈雅去看心理医生时，也明白到了她会产后抑郁的原因。

原来，陈雅有一个心结，她一直认为自己的婆婆不来照顾自己坐月子，是因为嫌弃她生了一个女儿。越这么想，她就陷的越深。但事实上，陈雅的丈夫曾向她解释了，他的母亲是因为身体不好才不能来照顾她的。但对此，陈雅是不相信的，她固执地认为她的婆婆就是看不起她，不喜欢她生的女孩，渐渐的，她才患上了产后抑郁，做出了伤害孩子的行为。

相对于男人，女人的心理要脆弱得多，尤其是刚刚生完宝宝的女人，在面对人生的新阶段时，会产生茫然无措、敏感多疑的负面情绪。若是放任负面情绪的发展，就会导致抑郁。

作为一名新手妈妈，如何防止自己患上产后抑郁症呢？

如果是生物因素造成的产后抑郁症，可以通过就医来治疗。要知道，抑郁症作为一种病症，是有药物能控制或治愈的。如果是社会心理因素造成的产后抑郁，最关键的是打开心结，须知心病还需心药医。譬如事例中患上抑郁症的陈雅，她不相信自己的婆婆是因为身体不好才不能来照顾自己，如果陈雅的丈夫能够再三解释，或是将婆婆请来，那么陈雅便能走出心结。

此外，在孕期，孕妈妈们也可以为自己做好心理建设，当心理足够健康，产后抑郁就不会找上自己了。在产后，新手妈妈也要学会将心态放平和，学会控制自己的情绪，可以多听听音乐、读读书，逗逗身边的小宝贝，等等。

产后恢复，如何让自己美丽如初

当今社会，有很多的女性选择做一名丁克族，其中原因，一方面是认为自己无法胜任母亲这一角色，一方面是因为怀孕生子会令自己失去美丽。

对女人来说，美丽是一生都在追求的事业。但是在怀孕、生子之后，美丽有时候会与自己渐行渐远。那么，怀孕生子会给女人的美丽带来哪些变化呢？

会令身材变得臃肿。怀孕期间，除了要保证自己营养充足外，还要保证胎儿能吸取到足够的养分，所以孕妈妈们的食物摄入量会变大，再加上不少孕妈妈都会有“吃得多，孩子才会长得好”的想法，便吃得更多。当孕妈妈摄入的能量高于自身和胎儿需要的能量时，这些多余的能量就会转化成脂肪，使得身材变得臃肿。

会令皮肤变得粗糙。女人肌肤的好坏，很大原因与内分泌有关。在怀孕时，内分泌失调会令肌肤出现各种各样的问题。

会令女人失去装扮自己的心思。俗话说：“佛靠金装，人靠衣装”，一个美丽的女人，她的美丽有三分是先天的，七分是后天穿衣打扮而来的。不管是孕期，还是产后，女人都会失去打扮自己的心思，这是因为孕期是禁止化妆的，因为有些化妆品会影响到胎儿的生长发育，而在产后，新手妈妈都热切地投入到带娃大军中去了，哪有时间去装扮自己？再加上因为宝宝作息不规律，使得自己的作息也不规律，长久以往，整个人看上去满面倦容，变得邋遢。

当一个女人失去了美丽后，有时候带来的影响是令人难以承受的。

小南有一个幸福的家庭，公婆有退休金，父母也有足够的钱来安享晚年，最重要的是小南的老公年轻有为，他们的女儿聪颖可爱。

小南从女儿出生后就做了全职妈妈，但是因为与公婆住得很近，她每天除了做一些简单的家务，就只是带着女儿玩，他们一天三顿在婆婆家吃，而且婆婆也常常帮他们收拾家。朋友们都说小南虽然出嫁了，可还是过着公主般的生活，被公婆爱，被老公宠。

公婆的性格很好，对小南就像女儿一样，他们一直盼着小南能生二胎，无论孙子孙女，承欢膝下就好，不过小南更想生个儿子，凑成一个“好”字，就像她的生活。

女儿上了幼儿园，小南便将二胎提上了日程，果然，天遂人愿，小南又怀孕了，5个月查出是一个男孩，小南兴奋极了。在公婆的悉心照顾下，小南吃着父母送来的各种补品，脸渐渐圆了，体重飞速增加。在怀女儿时，她身上没有留下丝毫的痕迹，但这次刚刚7个月，她的肚子上、大腿上就已经爬满了妊娠纹。

闺蜜劝小南少吃一点，营养要均衡，但是小南却不在乎，她说：“大不了生完了减呀，我也不能亏了我儿子。”

生产那天，医生说胎儿过大，劝她选择剖宫产，但小南说：“我不想留下疤痕，而且我的女儿也不小，我都生出来了，这个我也能生。”

医生看她态度坚决便做了两手准备，除了顺产的助产师之外，手术台也随时待命，经过了一天一夜的折腾，小南终于生了。

小南把女儿送到了父母家，全身心都放在了儿子身上。一年过去了，儿子学走路时不小心碰倒了小桌，原本放在桌子上的包倒扣到了地上，这是小南老公的手包，小南赶紧上前收拾，突然，手包中的一张购物小票让小南呆住了：日期是最近的，而所购的物品是一支香奈儿的唇膏。小南已经两年没有化妆了，婆婆也不用这个牌子的唇膏，那这支唇膏是给谁买的呢？小南再次确认了小票上的买方信息，的确是老公的手机支付的。难道……小南突然不敢往下想了。

从那天后，小南开始回忆：老公从她生完二胎后，经常出差，最初小南只是单纯的认为老公的生意忙，现在越想越心寒。

思索了几天后，小南找到了闺蜜，闺蜜说：“生完孩子，女人的注意力一定会在孩子身上，再加上你天天围着孩子转，不打扮，不健身，老公再好，还是喜欢打扮漂亮的妻子。”

小南的眼泪连成了串，一胎生女儿时，她年纪小，不在意孩子，只在意自己要美，所以体形没变，而生了儿子后，自己天天就围着儿子，哪里还注意过夫妻的感情呀？

可见，当女人选择成为一名妈妈时，就要有承受失去美丽的勇气。不过，这些美丽并不是永久性的失去，只要做好产后的恢复工作，也是能令自己美丽如初的，成为一名妥妥的辣妈。那么，如何去做产后恢复呢？

在众多的产生恢复建议中，“42天复查”说法被采纳的最广。国内外也有大量数据显示，至少有30%以上的女性在生完孩子后会发生盆底功能障碍，也就是说你可能会尿频、漏尿等，如果不尽早进行康复治疗，那情况可能会更严重。所以，为了让辣妈们未来的生活质量更高，在产生的第42天一定要做一次盆底功能检查，如果出现盆底肌肉松弛、压力性尿失禁等情况，一定要及时进行治疗和康复训练，因为在生产后的3个月内，是盆底功能恢复的最佳时期。

过了哺乳期后，重点做好产后塑形。我们可以选择一些简单的动作，如：呼吸运动，即仰卧，两臂放在后脑，深呼吸，使腹壁下陷，而使内脏牵向上方，然后将气呼出；举腿运动，即仰卧，两臂伸直，平放在身边，左右腿轮流举高，与身体成一直角；缩肛运动，即两膝分开，再用力合拢，同时用力收缩及放松肛门；胸膝运动，即跪姿，两膝分开，胸与肩部放在床面，头侧向一边，可在产后十天开始做。

其实，产后恢复无论有多少种，对于塑形来说，一句话便明了——“管住嘴，迈开腿”。很多产后妈妈孩子都好几岁了，仍然没有塑出好看的形体，这很大程度是与饮食有关。因为，当吃的食物热量过高，或是总在夜里吃宵夜，这些都极其容易堆积脂肪。

如果你想要成为一名身材火辣的辣妈，必须要学会管控自己的嘴，不要成为美食的俘虏。在控制饮食的基础之上，也要让自己动起来。因为，运动加合理控制饮食，才是最健康、最有效的塑形方法。只有这样，你才会拥有令人羡慕的好身材。

需要注意的是，在恢复自己身材的同时，更需要做好心理上的恢复。因为，孩子不是我们人生中的唯一，他仅仅是我们人生中的焦点之一。美丽是自己的，不要让孩子成为你拒绝产后恢复的理由。

当我们看到身边的辣妈自信且有魅力时，总觉得又羡慕又佩服，与其在那里感叹，不如赶快行动起来，从现在开始改变自己吧！

妈妈、老师、朋友，三位一体

从孩子出生的那一刻起时，作为妈妈的你，在感到喜悦的同时，也会感到慌张无措。并且，这种慌张无措感，会随着孩子的长大越来越沉重。

其实，你会感到内心沉重，是因为你对孩子有了期待。你期待孩子乐观开朗，你期待孩子谦虚有礼，你期待孩子未来前程似锦。也正是这种种的期待，常常令你在与孩子相处的过程中，迷茫而无措。

与孩子相处最好的模式是慈爱的妈妈，严格的老师，亲切的朋友，三位一体，不同的环境做好不一样的角色。

小乔是某公司的高管，她的女儿今年4岁，活泼可爱，但是小乔从女儿入幼儿园后，就开始了纠结的生活：别人家孩子去艺术学校上课了，让女儿去吧，女儿不喜欢；不去吧，又担心女儿没特长。

女儿总爱哭，小乔训斥女儿吧，女儿哭得更凶，哄着讲道理吧，女儿又不听。

就连去个超市，她也会因为一块蛋糕而纠结，女儿要买好看的，可好看的含反式脂肪；她主张买鲜奶的营养，可女儿不吃。

小乔每天脑子中全是女儿的事情，常常无缘无故发火。小乔已经发现了自己的问题，之前那个爽快利落的女子竟然被一个娃娃打败了。

如何为人母？如何能让孩子与自己好好地交流？如何不让教育孩子的事情成为自己混乱的因素？这些都是需要深思的问题。回想一下自己的童年，你身为一个孩子的时候是什么样的心理呢？再回忆一下自己的孕期，难道你决定生下他的那一刻是为了为难自己吗？

你有自己的思维方式，孩子也有自己的想法，当你把这种思维的碰撞变成一种乐趣，便会渐渐发现其中的美好，自然也会享受其中，这远远比你升职加薪的快乐要大得多，因为这种幸福是由心而起，刻入岁月痕迹中的。

让我们从现在开始，将生活的点滴收集，转换不同的角色，让生活幸福起来。

身为妈妈的角色，一定要投入其中，爱要爱得深切。孩子出生之后，你与孩子的亲密接触会对你们未来的母子之情造成很大影响。

小彤的女儿彤彤出生后，小彤请了月嫂照顾自己和女儿。出了月子，婆婆请了保姆，白天保姆看着彤彤，晚上小彤觉得自己睡不好觉，便推给婆婆带，婆婆对此也很乐意，因为彤彤实在是太可爱了。

小彤出了月子，与闺蜜购物聊天，和朋友聚会喝酒唱歌，大家都笑着说："你这妈妈当的真幸福，只负责生，不负责养呀。"

听了这样的话小彤也觉得很得意，此时，小彤老公被派出国学习，小彤干脆就跟着一起去了，小彤说："女人呀，就得活得潇洒点。"

三年后，小彤与老公回国，婆婆也就回到了自己家，留下了保姆陪小彤一起照料女儿。但是，小彤发现，自己根本没有办法适应这种带娃的生活，而且更让她不解的是，女儿似乎跟保姆更亲，见到自己要么拘束不说话，要么就是顽皮胡闹。

周末，小彤打算带着女儿一起去游乐场培养培养感情，收拾好东西后，彤彤一直拽着保姆的衣角，说："阿婆要一起！"

小彤说："阿婆要留下收拾家务，也要做饭，不可以跟我们一起。"

彤彤突然大哭："那我也不去了！我不喜欢你！"

小彤看着倔强的女儿，手足无措，看着女儿抱着保姆的样子，她开始生气、嫉妒，她大声对保姆说："你！被开除了！走吧！"

保姆一脸茫然，小彤一把抢过女儿，又说："去收拾东西，走！"

保姆走了，彤彤吓得浑身发抖，她不说话，也不笑了，见到小彤就哭，闹得不可开交。这样焦灼了一周的时间，小彤始终哄不过彤彤来，只好又把保姆请了回来。看着彤彤与保姆亲亲热热的样子，小彤号啕大哭。

故事中，小彤做为母亲，在最该尽责的时刻选择了放弃，当她玩够了，想回到母亲的角色时，女儿早已经不肯接受她了。因为，婴儿出生后，出于本能会寻找令她最安全的人，她会把那个人认定为“妈妈”，如果你生了她，却没有在她最需要的时候尽到“妈妈”的职责，又怎么可能让她接受你呢？

很多年轻的妈妈，生完孩子后让婆婆带，当有一天发现孩子跟婆婆更亲时就会燃起嫉妒之心，恶化婆媳关系，其实反思一下，不是在宝贝最需要你的时候你嫌麻烦把他推出去的吗？好妈妈，会让孩子拥有安全感，常常给孩子爱抚，不吝啬地说：“来，妈妈抱抱。”

妈妈是人生的“第一位老师”。孩子小时候，是没有是非判断能力的，母亲言传身教的过程便是孩子性格、人格形成的最初阶段。

从一个人教育孩子的方式，最能看出这个人自己的人生态度。那种逼迫孩子参加各种竞争的家长，自己在生活中往往也急功近利。一个淡泊于名利的人，必定也愿意孩子顺应天性愉快地成长。

一位与孩子能成为朋友的家长会营造一个温馨和谐民主的家庭氛围，在这样的家庭氛围中长大的孩子，会拥有更强烈的自信，也会更加勇于站到人前，成为将帅之才。

几年前，小小由于工作原因，常常出差，那时宝宝还很小，小小就把他交给了老人来带，小小出差三个月回来后，宝宝表情很委屈的样子忍着哭，但是就是不理小小。小小与宝宝玩了两天后，宝宝像懂了什么似的，总抱着妈妈的脖子，哪怕妈妈去厕所，他也会在门口等着。

但是，公司的任务又来了，小小又要出国一个月，宝宝还是那么黏着小小。没有办法，小小只好给宝宝说：“宝宝，妈妈要上班，要给宝宝买好多好吃的，妈妈要离开宝宝一个月，但是，一个月之后妈妈回来第一时间来看宝宝，好不好？”

小小妈妈说：“他刚一周，你给他说他能听懂啥？”

能听懂啥，宝宝的下一个动作暖心了，他松开小小的脖子，跌跌撞撞地走到门口拿起小小的鞋子，虽然可以看到他的眼睛中闪着泪，但他并没有再黏小小。

每个孩子都是一个天使，不要以为他们小，就忽略他们的存在，其实，很多时候，哪怕他们还不会说话，或者说不清话，但他们的心里是懂的。

孩子在成长的过程中，会经历多个时期，而每一个时期对妈妈也会有着不同的需求。所以，在不同时期，妈妈需要扮演不同的角色。只有扮演的角色符合了孩子的需求，孩子才能健康快乐的成长。

譬如幼年期的孩子，他们的内心极其渴望妈妈的爱，那么妈妈就要扮演好“妈妈”这一角色；童年期的孩子，他们渴望妈妈的爱和陪伴的同时，也在疯狂吸取外界信息，那么妈妈在扮演好“妈妈”角色的同时，也要扮演好“老师”这一角色；青春期的孩子渴望妈妈的理解和支持，那么妈妈就要扮演好孩子的“好朋友”这一角色。

作为一位母亲，你想要教育出一个优秀的孩子，就不能局限于自己的身份，必须要懂得随着孩子的成长来切换角色。

辣妈重返了职场，事业带娃两不误

职场，我们从毕业便开始打拼的战场，结婚生子是人生必须要经历的阶段，而结婚生子之后你是选择全职留在家中照顾一家老小的起居，还是乐意返回这片你曾经打下的“江山”呢？

有些妈妈结婚生子后便选择了放弃工作，专职在家带娃，这部分辣妈将自己的全部都寄托到了老公的身上。举个例子，还记得《我的前半生》中罗子君的哭诉吗？——“是你说让我在家带孩子的呀！是你说要养我的呀！……”

罗子君很迷惑，没有谁能告诉她答案，因为答案就是“时间”。随着时间的消磨，一切都会淡化，爱也是如此。全职妈妈在家带娃的日子中，全身心都在这个娃上，忽略了枕边人，忘记了自己，与社会脱轨。

全职妈妈们，不要用邋遢去考验身边那个男人有多爱你，因为他们可能不是不爱你，而是无法接受现在的你。

所以，对于全职妈妈们而言，如果孩子可以让你放手了，那就再次回归到职场中，因为只有在那里，你才能遇到以前的自己。

恩恩的宝贝儿子是她一手带大的，可以说，她是一个好妈妈。随着孩子一天天长大，看着他学会新的技能，恩恩以为自己会很幸福，很开心，结果一次同学聚会改变了她的想法。

大学毕业十年后，曾经的同学又回到大学聚会，恩恩的同学几乎都来了，恩恩因为要安排儿子的事情晚到了半个小时，她紧赶慢赶地跑到学校，坐到了礼堂的最后一排。

班主任老师已经在台上发言了，恩恩笑着拿手指戳了戳前排的一个同学，说："姗姗，你早来了呀？"

前排的女同学回头看了她一眼，礼貌地笑笑，又扭回了头。恩恩觉得很奇怪，以为姗姗在认真听班主任发言，便不再说话了。

班主任、班长、文艺委员等终于发言完毕了，接下来就是全班合影，然后一起参观校园了。恩恩整理了一下衣服，高高兴兴地跟着大家一起上台合影，她刚刚站好，班长突然说："那位大姐，您是哪位？"

"大姐？"恩恩左右看了一下，确定班长是在给自己说话后，脸上觉得火辣辣的，她小声说："班长，我是刘恩恩。"

"刘恩恩？"同学们几乎一起回头看向她，班长赶紧打了个圆场，说："哦，我最近有些近视，抱歉啊恩恩。"

之后，大家一起参观了校园，吃了团聚饭……

一周后，刘恩恩拿到了纪念册，她兴奋地捧着合影给儿子看，突然愣住了——她明白为什么班长要叫她"大姐"了，照片中的自己像一位中年妇女一样傻站着，乱蓬蓬的短发，土灰色的休闲装，卫衣左下角一片污渍。

刘恩恩走向镜子，静静地看着自己，儿子周岁以来，闺蜜几次劝她要重回职场，但刘恩恩都以没人带娃为借口拒绝了，事实上，根本不是没人带娃，而是她自己根本不想工作，结果三年后的今天，她变成了彻底与社会脱节的中年妇女。怪不得同学认不出自己，怪不得班长管自己叫"大姐"，也怪不得老公对她没有以往上心了。

"我才三十五岁呀，怎么就成这样了呢？我该怎么办？"刘恩恩对着镜子流下了眼泪。

不知道自己的路在何方，是一种最无助的痛苦。无论什么样的原因，哪怕家庭再富裕，不需要你来挣钱养家，但你也不要彻底的待在家中，任由琐事消磨时光。女人有了职业便会有寄托，一个拥有自我价值的女人才是最有魅力的。

挑战职场，对于一位母亲而言会很辛苦，你可能不会像以前那样轻松，你可能要等到宝宝睡觉之后再加班做文案，你也可能会因为娃娃生病请假而被扣薪水，更可能因为公司年轻人的优秀给你带来的压力越来越大。但是，请相信自己，因为你做了妈妈，你将比别人更有责任心；因为你做了妈妈，你也比年轻人的稳定性更强。将自己的优势展示出来，职场仍旧是那个职场，舞台终究还是你的舞台。

小娟在北京工作五年，认识了小张，一见钟情最终走入了婚姻的殿堂。

一年后，正是事业发展上升期时，小娟突然怀孕了，虽然在他们的规划之外，但对他们二人来说也是一份惊喜。两人商量后，小娟回河北老家养胎生子，小张仍留在北京发展。

小娟在家里整整待了两年多，在孩子满周岁时，小娟觉得还是要重返职场，但回北京的话，孩子交给奶奶带不利于孩子成长，况且她也舍不得孩子。于是，两人商量后决定小娟留在老家找一份工作，也能天天陪着孩子。

但是，小娟再次返回职场才发现，虽然这里不是北京，但工作压力还是很大，而且她之前在职场中打拼奋斗的劲不知为什么消失了，她现在每天一上班就盼着做完事早点下班，到了周五就兴奋，周日就打蔫。

小张回到家看着小娟的状态，对她说："你如果现在选择上班，那就好好地工作；如果你不喜欢上班，那就回到家带娃，做全职妈妈。"

小娟说："我要上班，但现在上班真的很累，而且你不知道，我们部门的经理岁数比我还小，牛气冲天的。"

小张叹了口气说："老婆，你离开职场两年，这里面的变化得有多大呀，我觉得你选择回归职场是对的，但是，如果你身回心不回就没有什么意义了。"

"我也不是心不回，就是觉得不甘心。"小娟说。

"不甘心就做出点成绩来呀，你现在有可爱的儿子，也回归了你想要的职场，简直就是一位超级辣妈，加油老婆。”小张握紧拳头。

在小张的鼓励下，小娟重新整理了自己，终于真正地回归了职场。

既然选择了回归职场，就要将自己调整为一个真正的“社会人”“职业人”，不要总是三心二意，或者心不在焉，毕竟你选择回归的目的是想回到那个最好的状态，而不是陷入纠结当中。小娟选择留在了孩子身边进入职场，是很明智的，因为孩子的成长最需要的就是陪伴。当然，也有些人为了生计而不得不把孩子变为“留守儿童”，这是一种无奈，假如可能的话，一定不要错过孩子的成长，哪怕再艰难，相依相伴才是人生真正的幸福。

生活总会有这样那样的不如意，看看身边可爱的宝贝，一切艰难都不是问题。人人都说母亲伟大，是因为“为母则刚”，对于一位宝妈而言，双手除了做美味的营养餐，也可以撑起头上的一片天。

有位情感专家说：“女人，一定要学会独立，最重要的是有自己独立的经济来源。”宝妈回归职场是很艰难的，不用细数种种痛苦，也能体会其中酸楚。但是，宝妈回归职场一定是正确的，再次回到电视剧《我的前半生》，罗子君回归职场之后，虽然带着儿子很艰苦，但是她却拥有了真正的自信。

亲爱的宝妈，进入职场后也许你艰难，也许你辛苦，但一切都是暂时的；在家带娃也许你快乐，也许你悠闲，但一切也都是暂时的。未雨绸缪是智者所为，在未丧失价值之前，在自身魅力还未消失之时，快快回到之前那个你“打江山”的战场吧！

辑八

三十岁女人，既要懂情事，也要有本事

活到老，学到老，这是一种宝贵的人生经验。即便人生达到一个平稳的时期，即便不用为了生活而苦恼，自我提高也是非常重要的。只有不断地自我提高，不断增长自己的见识，才能让人生变得更加丰富多彩，变得更加幸福。

一个没有本事的女人，要怎么教育孩子呢？一个没有本事的女人，又要怎么保证自己的婚姻一直有新鲜感呢？绝大多数女人三十岁时的不幸源自没有进行自我提高，源自没有本事。女人三十，既要懂情事，也要有本事。

幸福不是谁给的，是自己拥有幸福的能力

有人把女人嫁人比作是“第二次投胎”，认为女人嫁得好不好，很大程度上决定了她们的后半生会过怎样的日子。尽管现在，很多女人已经摒弃了旧有的观念，认为无论如何，女人也都应该拥有一份属于自己的事业。但依旧还有很多女人，总是把幸福寄托于别人身上，指望着能通过“嫁”来寻找幸福。

不可否认，嫁人确实是女人改变命运的一个捷径。就像很多人调侃的“做得好不如嫁得好”，你拼死拼活地在职场上堆业绩，求升职，别的女人呢，一转眼嫁给你的老板，立马就“升职”做了你的老板娘，怎么比？也难怪世界上总会有那么多的女人喜欢“灰姑娘”的故事了，毕竟谁不想眨眨眼就飞上枝头变凤凰呢！

可是，在现实生活中，又哪里会有那么多的灰姑娘呢？再说了，即便确实有这样好运的灰姑娘，谁又能保证在嫁给王子之后，她就能永远幸福呢？

要知道，人心是最易变的东西，今天他能对你千依百顺，难保明天他的臂弯就不再有你的位置。如果女人总把幸福寄托在男人身上，总想着靠“嫁”来为自己谋幸福，那么一旦男人厌倦了、离开了，女人又该如何是好呢？幸福不是别人能给的，真正牢靠的幸福，从来都只掌握在自己手里。

况且，在恋爱和婚姻的问题上，会挑剔的可不仅仅只有女人，男人同样也会对女人进行挑剔。要知道，就连在童话故事中，灰姑娘之所以能战胜无数女人，被王子一眼看中，也是因为她拥有过人的美貌，以及仙女为她准备的华丽衣裙和让无数人梦寐以求的水晶鞋。如果没有这些东西，如果她依然是灰头土脸的样子，王子又怎么可能有机会“看见”她呢？

所以，即便你想要给自己找一个优质男，你也得先把自己变成一个优质女才行。倘若你真的身无长物，恐怕也很难和那些优秀的“潜力股”搭上关

系。退一万步说，即便你真的“傍”上了一个有能力、有本事的男人，你又如何能确定他会永远都不变心，甘愿负责你的一生呢？

靠“嫁”来走向幸福，说到底其实就是一种赌博！再说了，哪怕就是赌博，也是需要赌资的。倘若你连赌资都没有，那么又凭什么去争取幸福呢？

再好运的人，也不可能永远都能保持好运气。与其靠赌博去拼一个不确定的未来，为什么不努力让自己拥有创造幸福的能力，活成自己最大的靠山呢？

春晓出身于一个偏远的小山村，从小就父母双亡，和奶奶相依为命。17岁那年，奶奶去世后，春晓便只身一人离开了小山村，单枪匹马到城市闯荡。她没有高学历，相貌也非常普通，除了满腔的热忱和吃苦耐劳的毅力，可以说是一无所有，只能从最底层的工作做起。

刚进城那会儿，春晓在一家小餐馆当服务员，后来听说附近有一个电子厂在招工，她便穿起白衣戴起白帽，成了工厂流水线上的一员。

工厂的工作非常繁忙，春晓一直兢兢业业、勤勤恳恳，没有半句抱怨。在工作之余，她还利用一切机会向身边的人请教和学习。到后来，通过自学，春晓已经能熟练地使用计算机了。

春晓的工作表现非常出色，很快就得到了领导的赏识，被调职做了领导的副手。在此期间，因为工厂的主要合作对象是一家日本企业，春晓还抽空报读夜校，修习了日语和几门企业管理的相关课程。后来在一次商业洽谈中，因为翻译迟到，春晓便临时顶上去，“秀”了一把自己的日语技能。因为这次立功，春晓很快就被提拔做了工厂的副主管。

后来，工厂越做越大，春晓的职位和薪水也越来越高，在行业内成了小有名气的人物，还有了一众优秀的追求者。几年后，春晓从众多追求者中选择了一位条件优秀的男人成为自己的终身伴侣，获得了事业爱情的双丰收。

如今的春晓俨然已经成了一位优雅成熟、精明干练的都市女金领，全身都散发着幸福的味道。

春晓所拥有的一切，都是凭借自己的努力得来的。在这个过程中，她不断提升自己，打破自己，把自己变成了一个真正优秀的人，并追寻到了属于自己的幸福。更重要的是，春晓得到的这些幸福，都是靠自己的努力得来的，并没有仰仗其他任何人，这种实实在在抓住自己手里的幸福，才是真正牢靠的东西。

在很多电视剧中，都有平凡无奇的女主角同时被几个优秀男人爱上的桥段，这种事情在现实生活中发生的概率几乎为零。优秀的男人不是“瞎子”，也不是“傻子”，他们只会爱上同样优秀的女人。

著名主持人杨澜想必大家都很熟悉，很多女人都将她当成自己的偶像和典范来学习。有人说，杨澜之所以能有今天的光彩，关键还是因为她嫁得好。即便真是如此，那你有没有想过，世界上这么多人，为什么偏偏是她“嫁得好”，而不是你“嫁得好”呢？答案其实很简单，她之所以能“嫁得好”，只是因为她自己比大多数人都要更好、更优秀罢了。

女人的幸福从来不是靠谁来给予的，当你成为足够优秀的人，拥有足够多的资本时，你自然就拥有了让自己幸福的能力。也只有靠自己撑起的幸福，才是真正牢靠的东西。

就算再爱他，也绝不做攀援的凌霄花

世间最理想的婚姻与爱情，莫过于舒婷在《致橡树》中所吟诵的样子：“我如果爱你，绝不像攀援的凌霄花，借你的高枝炫耀自己……我必须是你近旁的一株木棉，作为树的形象和你站在一起。根，紧握在地下；叶，相触在云里……我们分担寒潮、风雷、霹雳；我们共享雾霭、流岚、虹霓。仿佛永远分离，却又终身相依，这才是伟大的爱情……”

无论是爱情还是婚姻，想要长久存续，最基本的一个前提就是平等。只有我们都站在平等的位置，以平等的姿态相交，爱情与婚姻才可能长久。若是失去了这种平等，那么无论多么深厚的关系，都难逃失衡的一天。

小蓓是个温柔内向的女人，结婚前在一家超市上班，虽然薪水不多，但勉强也够养活自己。结婚之后，考虑到丈夫的收入较高，足以养家糊口，加上丈夫和婆婆也都希望自己能花多一些时间照顾家庭，小蓓也就没再出去找工作，在家做起了全职太太。

女儿出生之后，小蓓就更是全身心地在家照顾孩子，打理一家大小的事情了，并将全部的希望都寄托在了丈夫身上。

经济的不独立让小蓓渐渐失去了家中的话语权，家庭地位也变得越来越低。毕竟钱都掌控在丈夫手里，不管有什么意见上的分歧，最后还是得听出钱人的意见。可对于这一状况，小蓓却似乎浑然未觉，她总觉得，夫妻本就该是一体同心的，自己只要跟在老公身后，一直支持她就行了。

后来，老公下班回家的时间越来越晚，饭菜总是凉了重热，热了又凉。小蓓也曾质问过几次，但老公的解释却越来越敷衍和不耐烦。到了后来，老公一连几天不回家成了一种常态，小蓓只能在一个又一个的不眠之夜，将自己麻痹在各种肥皂剧中，独自一人回忆从前和老公的点点滴滴。

小蓓的要求变得越来越低，她甚至觉得，只要老公能留出一部分心思给这个家，给自己，她就已经心满意足了。于是，她更加温顺努力地照顾老公和女儿，打理家务，对老公在外面的所有事情都不闻不问，假装自己什么也不知道。

可是，小蓓的一再退让并未能挽回破碎的家庭，老公最终还是为了外面的女人，向小蓓提出了离婚。老公说，小蓓只知道洗衣做饭看电视，和自己根本连话都说不到一块，不像外面的那个女人，不仅是自己事业上的好帮手，同时也是自己的“灵魂伴侣”……

这些年来，小蓓将一切都奉献给了家庭，她没有工作经验，也舍不得把女儿留给丈夫，她根本不知道如果失去丈夫之后，她该如何来应付未来的日子。因此，小蓓坚决不同意离婚。

就这样，这个摇摇欲坠的家庭更加破碎不堪了，老公直接从家里搬了出去，小蓓则惶惶不安地紧攥着“名分”不肯放手，年幼的女儿早已失去快活的笑容，变得沉默而孤僻……

小蓓的悲剧说到底还是在于夫妻双方的不平等造成的。结婚之后，小蓓放弃了自己的工作，同时也放弃了经济独立的机会。经济无法独立，久而久之，小蓓与丈夫之间的地位自然也就发生了改变，成了依附者与被依附者的关系。

当然了，这不是在否定全职太太的付出。事实上，每一位全职太太在家庭中所承担的职能和创造的价值，并不会比在外工作的先生少。但不得不说的是，至少目前在社会上，大多数人的观念都还没有扭转过来，很多人其实都还不能正确看待全职太太对家庭的付出，尤其是很多的男性。

小蓓的丈夫显然就是这类男性中的一员，他们总觉得自己赚钱养家是对家庭的大贡献，而不用工作的妻子在家不过就是做些不值一提的家务活罢了，完全是靠自己“养”着的。这样的认知正是造成夫妻地位不平等的重要原因之一。

可见，要想保证自己在婚姻家庭中的地位，女人就一定不能失去独立的资本。你可以深爱他，但却不可以离不开他。

在现实生活中，像小蓓这样的女人其实很多，她们在婚姻关系中总是一再退让，把自己放在了弱者，或者说低人一等的位置。这里面有很大一部分原因其实都是因为经济问题。因为有些女人就是这样，总会习惯性地把爱情当成生活的全部，把男人当成自己的整个世界，一旦陷入恋爱或步入婚姻，就整个都攀附于男人的身上，无条件地依赖男人。

她们可以毫不犹豫地放弃工作，甚至放弃正常的社交，没有自己的生活，没有自己的事业，甚至就连自己的思想都没有。她们把自己活成了攀援的凌霄花，紧紧缠缚在男人这棵“大树”上。一旦某天，没有了这棵大树的支撑，等待她们的唯一结局就是毫无尊严地匍匐在地上，连站立起来都做不到。

任何一个有着正常婚恋观的男人和女人，都是因为相互欣赏、相互支持才站在一起的，也只有这样的爱情才能持久，也只有这样的婚姻才能稳固。如果爱上一棵树，那么自己就应当也活成一棵树，这样才能与爱人并肩而立，风雨同舟。

所以，请记住，要想在爱情上获得主动权，要想打造出美丽的人生，女人就得永远都保持自己的独立性，让自己能够有资格和男人站在同一条水平线上。当你能够拥有一片属于自己的天空时，就不会害怕有一天会失去容身之地；当你拥有随时都能离开他的底气时，就无须再因为任何缘由来让自己受委屈。这样的爱情与婚姻，才是最理想的样子。

爱情与友情，从来都不是选择题

无论亲情、友情还是爱情，都是人生中不可缺少的重要组成部分。但奇怪的是，在现实生活中，很多女人，尤其是三十几岁的女人，常常将爱情与友情变成一道选择题，仿佛选择爱情就必然要丢掉友情，选择友情就一定会失去爱情一般。可实际上，爱情与友情从来都不该是一道选择题，更不应该放在天平的两端去衡量，于我们的人生而言，它们都是同样重要的颜色，同样值得珍惜的宝物。

人这一生本就应该活得多彩，有亲人，有朋友，有爱情，有事业，有社交，这样才能称得上完整。无论缺失了哪一种体验，对于我们来说，都会成为无法弥补的遗憾。如果一个女人因为步入婚姻就连正常社交都没有，把自己所有的时间和精力都拿去围着男人和孩子转，将自己活成别人生活的陪衬品，那么等有一天，他们不再需要陪衬的时候，女人又当何去何从呢？即使没有这一天，这样的生活又该是多么地乏善可陈啊！

丁馨是个温柔漂亮的女孩，在某电台做主播期间认识了英俊多金的谭先生，两人很快确立了恋爱关系。交往一年后，丁馨答应了谭先生的求婚，从此嫁入豪门，让无数人都羡慕不已。

说起谭先生，那绝对是公认的“理想丈夫”，不仅一表人才，还绅士多金，最难得的是，谭先生的父母常年居住在国外，不和谭先生一起生活，这也就意味着，嫁给谭先生之后，就连最麻烦、最难处理的豪门婆媳问题，那都是根本不存在的。因此，在众人看来，丁馨能嫁给谭先生，那绝对是上辈子烧高香了！

结婚一年后，谭先生和丁馨进行了一番恳谈，透露了自己想要孩子的念头。丁馨原本是打算在事业上再努力一把，至于孩子的问题则等三四年之后再考虑，但看着丈夫渴求的目光，拒绝的话丁馨却怎么也说不出口，最终还是点头答应了。

怀孕之后，在谭先生的劝说下，丁馨辞去了电台的工作，回家当起了幸福的主妇，一边养胎一边研究如何给老公准备各种各样色香味俱全的美味佳肴。

一开始，丁馨还会偶尔出去和朋友逛逛街、聊聊天，但每次出门，谭先生都会非常担心，生怕她在外头发生什么意外，久而久之，为了让老公放心，丁馨也就越来越少出门了。而且，由于怀孕的关系，谭先生也不让丁馨多玩手机和电脑，渐渐的，丁馨为数不多的几个朋友也就慢慢疏远，断了联系。

孩子出生之后，由于谭先生工作忙碌，照顾孩子的事情自然就落到了丁馨头上，这样一来，她就更没有什么空闲时间和朋友联系了，孩子和丈夫成了她的生活重心。

渐渐地，丁馨发现谭先生的工作越来越忙，夫妻俩虽然住在同一屋檐下，每天说的话却连十句都不到。丁馨也曾试图想要和谭先生谈一谈，但每次都被谭先生不耐烦地回绝了，只让她好好待在家里照顾孩子。

有一次，谭先生告诉丁馨，自己要出国一星期去谈一笔生意。结果，丁馨却在一本八卦杂志上看到了谭先生和某个小嫩模同游日本的消息，照片上的谭先生和小嫩模亲密地靠在一起，怎么看怎么不清白。

丈夫的出轨和欺骗让丁馨犹如五雷轰顶，她又愤怒又伤心。她想找人倾诉，却猛然发现，不知从什么时候开始，自己身边除了丈夫和孩子之外，似乎就再也没有别人了。昔日的朋友也都许久不曾联系，丁馨翻看着手机通讯录里的名字，一个个熟悉又陌生，最后却连一个能够拨出的号码都找不到。

丁馨崩溃地坐在地上大哭起来。许久之后，她默默将杂志收拾好，放到了杂物间，然后和平时一样，开始给孩子准备辅食，并思索着明天应该做些什么菜。

那些天里，丁馨想了很多东西，比如要不要和谭先生离婚，等谭先生回家之后要怎么质问他，要不要干脆直接带着孩子回娘家……但最后，丁馨什么都没有做，甚至直到谭先生“出差”回来，丁馨也没有到他面前质问一句，就好像自己什么都没发现一般。

丁馨觉得，自己就好像一只被谭先生豢养的金丝雀，哪怕打开笼子，也不知道该飞向何方……

有一些女人，总是把爱情看得很重，一旦谈了恋爱，就恨不得二十四小时都跟男朋友黏在一起，即便和朋友出去，也是无时无刻不在秀恩爱的。还有一些女人，一旦有了家庭之后，就会把精力都投放在家庭上，慢慢疏远旧日的朋友，甚至舍弃正常的社交生活。即使偶尔出门参加聚会，嘴里说的也永远都是自己老公和孩子的事情。

于是，就这样，女人照顾男人，教育孩子，两耳不闻窗外事，直到有一天男人看着老婆觉得腻味，孩子看着老妈觉得啰唆；男人出轨，孩子叛逆。等到了这个时候，女人才终于想到了朋友，可这个时候，身边哪里还有朋友的踪影呢？

无论爱情还是友情，都是需要花时间用心思去经营才能长久的。如果你总是轻易就把友情弃之不顾，那么你的朋友自然也不会将你好好放在心上。其实，不管是谈恋爱还是结婚，都只是进入一个新的状态而已，为什么非得和“过去”斩断联系呢？

更何况，成天只围着家里转，难道你就不会精神空虚吗？想一想，当别的女人在逛街买衣服的时候，你却在家里擦地板；当别的女人在旅游品美食的时候，你却在家里洗衣服；当别的女人在宴会上与人翩翩起舞的时候，你却在饭厅里守着一桌子饭菜等老公回家……为什么一定要过一种单向的、单色的生活呢？你的日子明明可以过得更精彩啊！

最重要的是，有朋友的人永远不会孤立无助。当你需要倾诉的时候，当你需要支持的时候，当你试图寻求帮助的时候，你的朋友都会站在你身边，哪怕他们无法提供给你任何实质性的帮助，至少也能给予你精神上的支撑，安慰你孤寂的灵魂。而且，常常和不同的人在一起，你的眼界才会越来越开阔，你也才不会轻易与社会脱节。

爱情与友情从来都不是一个选择题，如果非要选，那么——我都要！

左脚围城，右脚职场，将幸福牢牢捆绑

三十岁，对女人来说，是人生的新阶段，会从未婚迈入了已婚，会从没有孩子到有了孩子。在很多女人的潜意识里，会认为三十岁是一个需要牺牲的年龄，因为这个年龄段，生活重心有所改变，会牺牲事业，将重心转移到家庭上。当然，有些事业心重的女性，则会选择事业，牺牲家庭。

但不管是如何选择，都会有所牺牲。而有牺牲，就会有遗憾。选择牺牲事业照顾家庭的话，遗憾的是多年的拼搏毁于一旦，并且随着与职场脱离的时间越久，也会与丈夫间缺少共同语言，影响婚姻的幸福指数；选择牺牲家庭发展事业的话，遗憾的是会缺席孩子的成长，会令家成不了幸福温暖的港湾。

然而，谁规定了鱼与熊掌不可兼得呢？三十岁的你，为何不能左脚围城，右脚职场呢？要知道，唯有家庭事业都兼顾，幸福才能被牢牢捆绑住。而两者择其一，幸福终究和自己有一段距离。

芊芊和丈夫是相亲认识的，两人对彼此一见钟情，恋爱谈了几年后，携手踏入了婚姻的殿堂。

当时，来参加芊芊婚礼的亲朋好友们，都特别的羡慕她。因为芊芊年轻漂亮，又多才多艺，而她的丈夫也很优秀，年纪轻轻就是一家大企业的部门经理。但是，令大家意外的，在芊芊三十岁这年，她的丈夫提出了离婚。

当大家询问芊芊她的丈夫为何要离婚时，芊芊悲痛欲绝，眼泪不止：“当初他费尽心机地追求我，我看他为人踏实，又很有才能，就答应嫁给他了。结婚后，为了支持他干好事业，我放弃了自己的工作，一

心一意地照顾他的衣食住行，万万没有想到，他现在有本事了，竟然开始和年轻的女性交往，居然要跟我离婚……”

芊芊的遭遇实在令人同情，但她的丈夫似乎也满腹委屈：“当初她不仅长得漂亮，而且爱好广泛，勤奋好学，这正是吸引我的地方。可结婚以后她没有自己的追求了，变成一个俗不可耐的女人了，我们之间的共同点越来越少。我最不愿意听她说什么‘为了你的事业牺牲我自己’，作为她的丈夫，我不需要她的这种牺牲！”

之前，芊芊把全部的希望都寄托在丈夫身上，因此一点钱都没有存下来，站在镜子面前，望着眼角的皱纹、沧桑的自己，她真希望这只是一场梦，而不是现实。

可能很多人会不解，为什么女人在有了家庭后，会选择退居二线，远离职场，其实主要是受到了“男主外，女主内”思想观念的影响。

“男主外，女主内”，在一个家庭里，男人在外工作，女人照顾家庭，这种思想观念早在数千年前就已经存在了，并且一直延续至今，以至于这样的观念已经深入了很多女性的骨髓当中。所以，很多女性会在婚后甘愿放弃事业，在家里赡养公婆、相夫教子，把操持家务作为“专门”职业，整天与“柴米油盐”打交道，努力成为一名贤内助。

然而，当你选择为了家庭放弃事业时，有没有想过，这样做真的值得吗？不可否认，选择放弃事业，用心照顾家庭时，丈夫是心存感激的，是能感受到家的温暖的。可是时间一长，他就会发现你与他之间逐渐没有了共同语言，当他的精神得不到满足时，距离就产生了，婚姻也将变得脆弱、不堪一击。尤其当你青春不再时，谁又能保证他不会另觅新欢?到了那个时候，没有工作能力，没有经济收入的你，又将何去何从？

这样的忧虑，对于事业心强的女人来说，肯定会想到，也因此选择了事业，忽略了家庭。

肖肖是一名女主播，工作能力非常出色。她在三十岁这年，先是结了婚，后又生下了孩子。肖肖深知，职场上的女性是最有魅力的，再加上她的职业是吃青春饭的，故而在哺乳期结束后，她就立马投入了职场，而孩子则送去给婆婆照顾。

女人想要在事业上有所作为，除了有出色的工作能力外，社交能力也不能差。所以，她会时常参加一些饭局，经常到夜里才回家。再加上她出差较多，以至于她和丈夫的交流非常的少。

在最初的时候，肖肖的丈夫是支持她的事业的，但随着他与肖肖相处的时间越少，以及越来越感受不到家的温暖时，他对肖肖的感情，对家庭的责任感渐渐发生了变化。原本顾家的他，也经常和友人在外聚会、娱乐，甚至比肖肖回家还晚。以前不爱网聊的他，现在会和陌生的女性网友聊到深夜。

在经历过几次大的争吵后，两人的夫妻缘分走到了尽头，而肖肖的孩子，因为从小不在她的身边长大，也和她不亲。肖肖是迷茫的，她的事业虽然更进了一步，但她却失去了家庭，这让她的心灵总感到空虚。

有事业的女人，总会令人感到出色，有事业的女人，腰板也从来是挺得笔直的。但有时候，太过将生活的重心放在事业上，而忽视了家庭，那么结果也是得不偿失的。

幸福的女人是聪明的，在家庭和事业上，她们从来都不会傻傻的二者择一，而是会将两者都抓在手里。当懂得平衡家庭和事业关系后，家庭会是温暖和睦的，事业也会是红红火火的。

三十岁的女人，既要有一个顾家的心，也要有一颗为事业而拼搏的心。当你不偏不倚，左脚进围城，右脚进职场，积极承担起事业和家庭的双重责任，保持经济上的独立，你有才有资格谈人生、讲尊严，更有权力去定义属于自己的幸福人生。

"瞎忙"要喊停，忙到点子上

细细盘点一个女人的一生，会发现三十岁这个年纪，是最忙碌的年纪。

因为，这个年纪的女人想要获得幸福，除了要照顾家庭外，还要拼搏自己的事业。然而，在这个忙碌的年纪，有些女人会感到轻松，有些女人却感到疲惫。其中原因，是因为前者忙虽忙，但却忙到了点子上；而后者也忙，但却没有忙到点子上。

每个女人的人生虽然不同，但一天24小时却是相同的。忙到点子上的女人，会将家庭塑造的很温馨，工作也会是井然有序的，而忙不到点子上的女人，家庭是乌烟瘴气的，工作也会一塌糊涂。所以，当你意识到同样是忙，但自己却忙不出幸福感，那么这个时候，你要为自己的瞎忙喊停了，要去学会怎么忙到点子上。

通常来说，女人会瞎忙，归根究底是没有分配好家庭与事业上的时间，没有找到家庭的重心，没有找到工作的目标和重点。当你将工作带入家庭，将家庭琐事掺杂到工作中去，那注定会忙得像个陀螺。如果忙一些无关紧要的小事，而重要的事一拖再拖，也会让自己忙得闯不过气。

无论是对工作还是家庭，“瞎忙”都是一种极大的浪费。因为你将自己沉浸于没完没了的工作中，自然会耗费精力和时间，却又取不得应有的价值，长此以往只会给自己的感情以及身心健康带来巨大的伤害。

吴欣在不久前刚过完三十岁生日，是某保健品公司的业务员。她很眷顾自己的家庭，对工作兢兢业业。但是，这样努力的她，生活和工作却是一团糟的，尤其是婚姻生活，时常充满硝烟味。其中原因，就是她每天都在瞎忙。

作为一名业务员，最关键的是要有业务。所以，吴欣每天都忙个不停，一会儿给客户打电话，一会儿搜集客户资料，而且还经常主动留下来加班，工作到很晚才回家。回到家后，她也忙得不停，譬如打扫家庭卫生、洗衣做饭等等。但这样的忙碌，并没有让她做出业绩，也没能令丈夫和孩子疼惜她。

和吴欣一起进公司的姚琦，虽然做的是同样的工作，每天看起来却是有条不紊、轻松自如的样子，下班后还经常陪丈夫去健身房，夫妻感情令人艳羡不已。

对此，吴欣的心理很不平衡，她每天忙忙碌碌，付出了很多精力和时间，累的跟拉磨的驴一样，既享受不到家庭的乐趣，在工作上也得不到同等的回报，可为什么姚琦却能将事业、家庭经营得一样好呢？

百思不得其解的吴欣只好求教姚琦。姚琦倒也大方、痛快，直截了当地指出了吴欣的问题："其实，我早就注意到你的问题了，只不过不好意思说。我们的产品属于奢侈品，应该把高收入、高消费者作为潜在客户，而你却总是找一些大众客户，忙不到点子上，结果只会是销量下滑、业绩无增。另外，家庭中的琐事很多，虽然都要忙，但要排个紧急先后。当你的家人的第一需求得到了满足，这个家庭才会是温馨的。"

为了事业的稳定，婚姻的幸福，三十岁的你一定要及时摆脱"瞎忙"的陷阱。这就涉及管理学上的"二八定律"，即意大利经济学家帕列托所提出的：80%的成绩归功于20%的努力。也就是说我们要把自己的主要精力集中到那20%的时间里，全力做出80%的工作成效，这样就能起到事半功倍的效果。

也许你已经注意到，你所认识的有些女人尽管要做很多事情，可是，她们看起来总是比别人拥有更多的时间。她们都是些既能做好自己的工作，又能好好享受假期。这些女人之所以能够做完如此多的事情，正是因为她们深谙"二八定律"的奥秘，学会了合理安排自己的时间和精力，忙到了点子上，高效率地处理事务。

那么，我们应该如何正确运用"二八定律"呢？

在这里，提供给你一种时间管理ABC法。所谓时间管理ABC法，即以事情的重要程度为依据，将待办的事情按照轻重缓急划分为A、B、C三个等级，然后决定事情开展的先后顺序的一种统筹办事的重要方法。

一般来说，A级事项是最重要最刻不容缓的，要立即去执行；B级事项也很重要，但在时间上没有要求，可以稍后去执行；C级事项是必须要做的事，但并不重要，时间上也没有要求，这可以放在最后去执行。当你将家庭中的琐事和工作上的事划分出ABC三个等级后，会发现生活工作会被安排的有条不紊，会感觉到自己忙了，但并没有那么疲惫。

李菲是某公司的部门经理，按说一个女人能坐到经理位置上一定会有处理不完的工作，对家庭事务有力无心。但李菲不是工作狂，她不仅业绩斐然，而且将家里打理得井井有条，还经常陪着丈夫和孩子聊天、看电影。

可以说，李菲的手上从未同时有三件以上的急事，通常一次只有一件，其他的则暂时摆在一旁，而且她会把大部分时间拿来思索那些最具价值的工作，比如公司的总体发展规划、年度工作任务，行业发展前景等。李菲只参加重要客户的会议，走访一些重要的顾客，然后，把大量精力拿来思考如何实现与重要客户的交易，以及公司如何能够获得最大利益……

李菲把产品的知识传授给下属，时常会观察公司谁是某项工作最合适的执行者，对象确定后，她会将该下属们叫到办公室，明确她对每一个人的要求，让他们放手去做，自己做的只是时常盯一盯工作的进度。

李菲在工作上如此，在家庭上也是如此。在她下班会家后，她会找到当前最需要去做的事，譬如她下班回家的早，她会先辅导自己的孩子写作业，然后再去做饭；如果下班回家的晚了，则会先做饭，然后再辅导孩子的作业……

聪明的女人忙，绝不会瞎忙，她们会将家庭或工作中的无关紧要的小问题先暂时放在一边，先集中精力去做重要的刻不容缓的事情。当你懂得将生活和工作中的事分一个紧急先后，你会发现，你的生活节奏变得更从容，工作也变得更轻松。

女人的战场不只在职场，也在私人银行

随着时代的发展，越来越多的女性认识到工作的重要性。所以，在结婚、生子之后，会快速的回归职场，并将职场当作战场，期望自己打一场胜仗。但事实上，女人的战场不只在职场，也在私人银行上。所以，三十岁的

你，不妨查看一下自己的存折，看一下自己工作了这么多年究竟有多少的积蓄。

对女人来说，三十岁是一个大消费的年龄段。那么，三十岁的女人有哪些消费呢？

首先是穿着打扮上。三十岁的女人握住了青春的尾巴，依然年轻靓丽。而这个年纪，可以说是最爱美的年纪。所以，很多女人为了让自己更美丽，会大笔大笔地去消费，即购买漂亮的衣裳，购买昂贵的化妆品，去美容院做美容，等等。这些细细算起来，是一笔巨大的开支。

其次是精神满足上。女人在三十岁的时候，精神需求很大，会非常崇尚小资生活。所以，她们格外看重生活品质，会购买名牌或奢侈品，会不吝啬于娱乐消费。也因此，每个月工资发下来，会快速地陷入财务危机。

诚然，工作的女人很有魅力，但沾染上不懂得存钱的习惯后，再多的魅力也会烟消云散。所以，一个没有存款的女人，她的工作、生活将会是乌烟瘴气的。

萍萍今年三十岁，年轻漂亮，在一家广告公司做公关工作，月工资7000元。这样的收入在二线城市算很不错的收入了，但是她每个月都一毛不剩。

原因是，萍萍追求时尚和美丽，爱玩、爱逛街，一发工资她就会去逛商场，各式各样的高档化妆品、不同款式的衣服一买就是一大堆，所以每次到了月底就捉襟见肘。特别是办了信用卡之后，或许是那种不用亲手付出现金的心理作用，萍萍花钱就更肆无忌惮大手大脚，每个月的消费都严重超支，财务状况变得一塌糊涂。每到月底，萍萍不得不午餐吃泡面、晚餐饿肚子，有时还要找同事、朋友借点钱度日。

再后来，因为债务缠身、银行贷款，萍萍经常会变得唉声叹气，愁眉不展，结果被上司指责工作热情低，被客户投诉服务态度差。

后来，萍萍通过相亲，认识了一个尚算优秀的男人，两人没谈多久恋爱就结婚了。在最初的时候，男人很爱萍萍，但在婚后的相处中，见识到萍萍是个花钱大手大脚，没有积蓄的女人后，他选择了离婚。因为他非常清楚，和这样的妻子在一起将很难有一个安全美好的未来。

女人不管到了哪个年纪，都需要对美有所追求。因为美丽令自己开心的同时，也能令他人愉悦。但是，女人需要明白男人更深层次的心理，男人希望心爱的女人花钱把自己打扮得漂漂亮亮，但是决不希望自己的女人是一个“花钱的漏斗”。

女人要过属于自己的品质生活，必须有自己的积蓄。可以想象，一个没有任何积蓄的女孩子，谈何洒脱？聪明的女人，会明确自己的承受能力，如果她只有一千块钱，她绝对不会去买超过一千元的东西。因为拥有自己的积蓄，她们在需要什么东西的时候，可以轻松地为自己付账，这才是真正的独立。

所以，三十岁的你，除了拥有美貌、学识、能力等外，你还要在银行办一张存折，学会储蓄，而且这就像保养一样越早越好。看着存款一天天增加，这不仅是一件愉快的事情，还能使你的生活有条不紊，更有保障。

事实上，有许多女人月薪并不高，但却生活得十分滋润。别以为她们是被富养的娇娇女，也别以为她们嫁得好，她们只是较早地学会了理财，先人一步地过上了无忧无虑的小康生活。

刚参加工作时，刘晓的月薪只有3000元。由于从小家境不是很好，她很早就意识到女人必须要有自己的储蓄，而不能花掉自己所有的收入。第一个月，她准备了一个小本，随时把日常的花费详细地记下来，即使一杯豆浆，一个鸡蛋。一个月下来，她知道了自己在哪些地方花销大，哪些地方花销小。等到发工资时，她的第一件事就是留足生活费，把30%的工资存成死期，剩下的钱存在另外一个账户，以备不时之需。就这样，一晃四五年过去了，这期间随着工资的增长，刘晓月存入的金额也随之增多。后来刘晓一查询，那笔死期存款竟然突破了10万大关。

认识到存储的好处后，刘晓在咨询银行工作人员后，又选择了几个定期储蓄，每次固定存入5000元，一年共存4次。按她的话说，自己现在就是一个隐形的“收租婆”，她利用赚来的那些利息，给自己买衣服、化妆品等，把自己打扮得美美的，还经常出门旅游。

当然，不要以为刘晓只是财富场上的幸运儿，她的优秀吸引了一位同样优秀的男人，两个人喜结良缘，并准备一起开公司，自己当老板……

刘晓只是一个普通的女人而已，她只是用自己储蓄的方式打理自己的金钱，从而享受着品质生活，遇见了真心爱人。你为什么不能呢？也许你会说，自己工资不高，生活哪里不需要消费，哪有多余的钱进行储蓄。然而事实上，你不要小看储蓄理财，哪怕你每个月只存500块，5年的时间就可以存到30000元。刘晓的“巨款”不也正是这样一分分积攒起来的吗。

作为女人，你可以不会赚大钱，但至少要会存钱。不管你现在多少岁，不管你手里有多少钱，你不仅要在职场上和男人并驾齐驱，也要在存款上努力积累自己的财富。这样的话，你才会获得幸福。

全家一起理财，有钱有闲有精彩

三十岁的女人，绝大多数已经有了家庭。那么在这儿，有一个问题不得不问，那就是在你的小家庭里，是谁掌握了财政大权？

有些家庭是夫妻俩财政各执，也就是说，夫妻俩各自管自己挣的钱；有些家庭，财政大权是由丈夫来掌控；中国绝大多数的家庭都是由妻子掌管财政的。

但是，三十岁的你如果没能掌握家庭的财政大权，则需要自我反省一下，你的丈夫为什么不将财政大权交到你的手上？其实，很多时候，是因为你不懂得理财造成的。如果家庭的财政大权在你的手上，你也不能独裁专政，要懂得分一些权力给丈夫。因为，只有全家一起理财，才会有钱有闲有精彩。

结婚前，两个人的钱各自所有，各有所用；结婚后，夫妻双方的钱合成一份钱，这就形成了一份共同财产。这一份钱，该怎么花，该怎么省，如何才能钱生钱，是由夫妻俩共同来决定的。如果夫妻俩的理财观念相同或者相似，那么婚后生活自然也顺遂；可如果夫妻俩的理财观念不一致，那么就会造成矛盾，影响夫妻情感，这样的例子在生活中并不少见。

海茵今年三十出头，和先生结婚好几年了。他们的这个小家庭是夫妻俩一同管钱，但两人经常因为理财问题发生不愉快，到最后以离婚收场。

海茵有记账的习惯，每天晚上临睡前，会把今天的开销和收入都记下来，这样每个月花销多少、收入多少就一目了然，到了月底一总结，哪些钱该花，哪些钱该省，以后就可以引以为鉴。可是先生很不以为然，也不配合海茵的工作，觉得这样做没有意义，要想发达，注意力应该集中在做大事上面。

海茵的先生是个性子爽快、敢想敢干的男人，他打算辞去国有单位的工作，买个商铺自己做生意，但性格保守的海茵却不同意，怕赔钱，一直紧紧控制着手中的钱财。先生不顾海茵的反对，借钱买了商铺，自己做起了老板。见生意不错，海茵后期又给予了先生一定的资金，但夫妻隔阂自此产生。

家中有足够的余钱后，先生开始热衷于进行股票、国债等投资，海茵却坚持其保守的观念，认为投资股票风险难料，还是稳重的理财观念更合适自己家的实际情况，死活不同意，结果错过了几次重大的投资机遇。

因为理财观念不同，夫妻两人没少拌嘴，只要一提到钱，保准不开心。而先生则用“前怕狼后怕虎”来形容海茵的性格，不仅不支持自己的事业，而且还总“拖后腿”，最终导致离婚。

当夫妻双方理财态度不一致时，如果你坚持反对对方的决定，那么他一般是很难实施计划的，当他心有不甘自然会导致感情出现隔阂。如果两人各自坚持自己的看法，为此争吵不休，既伤害了婚姻，又失去了理财的本意。

要想经营好自己的婚姻，在理财的同时，一定要保证夫妻双方在金钱和财富上做到态度一致，有效地将夫妻力量团结起来。

陈雅是一个温柔贤惠的女人，她将工作做得出色的同时，也将家庭打理的井井有条。对此，她的丈夫非常敬佩她，更是将家里的财政大权交到了她的手上。在她三十岁这年，两人的小家庭终于有了一些积蓄。

陈雅想着，这些钱躺在银行里，利息并不高，不如进行一些投资或理财。陈雅是聪明人，家里的钱虽然由她掌管，但她不会独裁，一些大的开销或是理财想法，她都会和丈夫商量，也会听取丈夫的意见，所以两人在钱财上，从来没有红过脸。

有一回，陈雅认识了一个朋友，这个朋友向她推荐了一款手机理财APP。从这位朋友的口中，陈雅了解到，这款手机理财APP给出的利息特别高，是银行的四倍之多，并且这款APP还有随存随取的优点。在这位朋友向陈雅展示她获取的利息，以及真的能随存随取后，陈雅心动了。

不过，陈雅并没有立即将钱存进去，而是回家和丈夫商量，听一听丈夫想法。在陈雅向丈夫讲述这款理财APP的优点时，她的丈夫逐渐皱紧了眉头，他快狠准地说出了这款APP的漏洞之处——给出的利息如此之高，APP背后的公司如何给予客户如此之高的利息？

带着疑惑，陈雅夫妻俩询问了理财APP上的客服，客服的回答是，他们会做一些投资，当陈雅的丈夫再次询问公司投资了哪些项目时，对方并没有给出明确的回答，只是一个劲儿地搪塞。

见此，夫妻俩便觉得不靠谱，便没有将钱存入其中的想法了。一段时间后，那个向陈雅推荐这款理财APP的朋友给陈雅打来了电话，她告诉陈雅，她的钱无法从APP上取出来了，因为这款APP背后公司的老总卷着钱逃走了，而这款手机理财软件，其实是个诈骗软件。

陈雅听后，不禁吓得出了一身冷汗，也庆幸自己与丈夫商量了，没有让他们多年的积蓄打了水漂。

一个女人没有结婚前，你可以随意支配自己的钱财，但一旦结婚，就需要明白“夫妻共同财产”这个概念。所谓的夫妻共同财产，除了财产属于夫妻两人外，支配权也属于两人。所以，哪怕你掌管着钱财，也要和丈夫商量。因为，只有夫妻俩共同理财，才会将风险降到最低。

在一个家庭里，理财最终的目的都是为了让生活质量和水平不断地提高。因此，女人要把“情”摆在第一位，把“钱”摆在第二位，一切都从一个善意情感的起点出发，如此夫妻俩才能将劲往一处使，共同奔向富裕幸福的生活。

辑九

别睡太晚，身体是守护美丽的第一道防线

一个女人想要美丽，首先得有一个健康的身体。因为对女人来说，健康的身体就像是一盆营养土，当你在营养土上种上各种各样的花卉时，你就会看到五颜六色的鲜花。如果这盆土失去了养分，那么花儿永远都不会绽放。

睡眠，对女人来说，它比任何保养品都重要。因为有了充足的睡眠，你才会有美丽的肌肤，健康的身体，才会保持年轻美丽。所以，每一个女人都不要睡太晚，因为身体是守护美丽的第一道防线。凡是影响身体健康的东西，我们都需要远离。

女人别熬夜，熬夜是在熬心血

或许是这个社会的节奏太快，又或许是我们想要有所作为，所以很多人都会努力地抓住时光的尾巴，熬过一个又一个的夜晚。

对年轻人来说，熬夜是家常便饭，他们可能是熬夜工作，也可能是熬夜娱乐，并打心眼里认为熬夜没什么大不了。事实上，一次两次的熬夜或许不会给人带来显著的弊端，但当我们熬夜的次数越来越多时，就会发现自己的健康在一点点被透支，尤其是对四十岁的女人来说，熬夜简直是在熬心血。

想要知道熬夜是否会给自己带来不好的影响其实很简单，可以对比一下经常熬夜的女性和从不熬夜的女性之间的差别。我们会发现，从气色和精神状况来看，熬夜的女人气色差，精神状况萎靡，而从不熬夜的女人气色红润，精神状况极佳。一番对比，好似一个是摆放了很久表皮发皱、黯淡无光的苹果，一个是刚从树上摘下来，表皮鲜红、令人垂涎欲滴的苹果。然而，除了是外表上的差距，熬夜给女人带来的内在危害更多。

秦芳今年四十整，是名公务员。她所在的部门比较清闲，从来没有加过一天班，所以教导女儿学习的重任，落在了她的身上。

从女儿读小学起，每天晚上吃过晚饭后，秦芳都会陪女儿一起学习。后来，哪怕女儿不用她辅导了，她也会在客厅看电视，在九点半喊女儿准时睡觉同时，她也会上床睡觉。就这样，这个习惯一直持续到女儿初中毕业。

秦芳的女儿成绩很好，中考发挥稳定，考入了一所重点高中。不过，这是所寄宿式的高中，她的女儿两个星期才能回家一次。因为女儿从小到大没有离开自己身边一天，这让秦芳很是想念，总感觉身边少了点什么。以至于，她在晚上睡觉时，总辗转反侧睡不着。秦芳想着，既然睡不着就找点事情做，她玩上了手机斗地主的游戏。

秦芳本以为，自己玩着玩着就会困，哪想到越玩越精神，一直到天蒙蒙亮，她还精神亢奋。想到还要工作，她才关闭了游戏。就这样，她隔三岔五的熬夜，而熬夜的不良后果也一点点暴露出来。

有一天，领导在开完早会后给了秦芳一个U盘，让她打印一份很重要的材料，说中午的时候就要用。秦芳点头说好，她想着时间还早，就干其他的事。然而，直到领导来她这儿拿材料，她才发现自己忘了，更重要的是，她还不记得自己将领导给她的U盘放在了哪儿。这一天，秦芳被狠狠训斥了一番。

在接下来的一段时间里，秦芳总是三五不时忘记这个，忘记那个，记忆力变差了。严重的是，她时常感觉自己的胃隐隐发痛。

秦芳去医院检查后，才发现自己患上了胃炎。然而，令她难以理解的是，她明明一日三餐准时准点，怎么会患上胃炎了呢？在医生的提点下，她才意识到，原来这是熬夜带来的恶果。

秦芳是个善于反省的人，她发现自己记忆力减退，身体出现各种各样的毛病，是因熬夜而起。此后，她不再熬夜，戒掉了熬夜玩游戏的陋习。为了令自己有一个好的睡眠，她每天还会坚持锻炼一小时。

随着女人的年纪越大，熬夜带来的伤害就越多。就四十岁的女人来说，熬夜等于熬心血，这样的话并不是空穴来风的，它是由无数的案例总结而来。那么，熬夜具体会给四十岁的女人带来哪些危害呢？

皮肤变差。这是熬夜给四十岁女人带来的最直接的影响。哪怕不到四十，女人经常熬夜也会使得皮肤干燥、粗糙、暗黄、长黑斑等等。

容易变胖。人到中年，本来就容易发胖，这是因为年纪越大，新陈代谢功能就越弱。而熬夜会造成人体的新陈代谢功能紊乱，身体朝着胖的方向越走越远。另外，熬夜免不了肚子饿，而饿了就需要吃东西，殊不知夜里吃东西最容易长胖。

情绪失控。每个女人都会有这样一种直观感受，当睡眠充足时，会感觉心情特别好，逢人都会露笑脸，而睡眠不充足时，脾气就会很差。所以熬夜会令女人变得敏感、多疑、焦虑、易怒等，这极其影响人际关系的发展。

记忆力减弱。当一个人睡眠充足时，神经系统会处在兴奋的状态，能轻松的调出脑海中的记忆，一旦熬夜，就会使得神经系统萎靡不振，在调出脑海记忆时，会出现怠工的现象，也就是记忆力变差。

对身体健康造成危害。譬如，熬夜会使人视力减弱，会损害心脑血管，会使人患上胃病，会使人有头晕目眩、心慌气短的感觉，等等。

可见，当一个女人经常熬夜，会受到外在和内在的双重伤害，面容快速衰老的同时，身体也在衰败。尤其是四十岁的女人，熬夜带来的危害需要成倍来计算。所以，女人千万别熬夜，一定要早点睡。

熬夜是在熬心血，那么不熬夜就是在养心血。当一个女人养成了早睡早起的好习惯后，她是容光焕发的，身材是纤细美丽的，精神状态是饱满的，情绪是开心快乐的，身体也是健健康康的。

所以，每个女人都别熬夜，尤其是四十岁的女人，更加不能熬夜！

人到四十，科学运动是很必要的事

很多人到四十的女人，她们对未来没有憧憬，对过去却极为怀念。这么说可能会有点奇怪，但其实并不奇怪。

四十岁的女人怀念年轻时的自己，因为年轻时的自己青春靓丽、活力满满，有着紧致的皮肤，有着纤细的身材，有着饱满的精神。当时光流逝，一晃眼步入四十时，再看自己，紧致光滑的皮肤勾勒出了皱纹，纤细的身材已经缀满几道“游泳圈”，而精神也渐渐萎靡不振。然而，并不是所有四十岁的女人都在缅怀过去，也有一部分四十岁的女人在期待着未来。

有些四十岁的女人，她们依旧有一副好身材，依旧精神饱满，而岁月在她们脸上留下的细纹更像是美丽的见证，那是成熟魅力的印记。同样是四十岁，为什么会有两种截然不同的状态呢？这其实和运动有很大关系。

不可否认，随着女性的社会地位越来越高，女性在职场上的重要性也越来越大。能力越大，责任就越大，而将责任担好的秘诀，其实就是花费更多的时间努力工作。工作一忙，便没有时间去运动。然而，生命在于运动，缺乏运动的结果，就是比同龄人衰老，比同龄人缺乏健康。

李瑶年轻时，是个特别优秀的女人。她不仅长得漂亮、身材好，工作能力也很强。这样优秀的她，嫁给了同样优秀的丈夫。

李瑶是一个事业心很强的女人，在婚后，她没有消减工作，反而对工作更加积极，哪怕是生孩子那会儿，她也坚持到快生的时候才请假，等哺乳期一过，又重新回了职场。因为努力和能力强，李瑶在职场上混得风生水起，是个不折不扣的女强人。

身为一名女强人，自然少不了应酬。所以，李瑶每天忙完工作后，会和合作伙伴或顾客出去吃饭。因为长时间合作、经常喝酒等原因，令李瑶四十来岁就模样大变。她的漂亮模样，纤细身材都一去不复返，现在的她脸上的皮肤松弛，身材如水桶一般。当李瑶将年轻时的照片拿出来给别人看时，别人完全不相信年轻时候的她是那么美丽迷人。

因为身材走形，再加上衰老过快，人到四十的她，居然遭遇了婚姻危机。

那段时间，她的丈夫回家都很晚，每次回来，身上都有一股浓烈的香水味。当李瑶问丈夫晚上怎么回来的那么晚时，对方只说和朋友聚餐。凭着女人的第六感，她知道丈夫可能有外遇。

李瑶在某天丈夫出门时，特地悄悄跟在他身后。她发现，一个与她年纪相仿的女性上了丈夫的车，两人有说有笑的在一家高级餐厅用过餐后，又一起去看了场电影，丈夫将对方送回家后，才回的家。

李瑶没有跟丈夫大吵大闹，她思考丈夫为什么会出轨。她发现，与丈夫走得近的女人虽然不见得多好看，但是身材很好，气质也很不错。反观自己，因为这些年从来不运动，身材早已经走形。一番对比，谁上谁下，立竿见影。

为了挽回丈夫的心，李瑶决定运动塑形。在坚持了小半年的科学运动后，李瑶的身形逐渐恢复的窈窕有致，浑身上下的皮肤也紧致起来，连腰酸肩酸这些小毛病也不见了。更重要的是，她重新找回了美丽。而李瑶的丈夫在察觉到李瑶的变化后，那颗游走在出轨边缘的心，立马回归了家庭。

女人，随着年龄越来越大，新陈代谢就会越来越慢，而新陈代谢又直接影响着人的衰老速度、身形、精神面貌、身体健康等等。所以，我们时常会看到，一些年过四十且从来不运动的女性，她们衰老过快，身材横向发展，精神面貌低迷，身上有着各种各样的小毛病，而想要让新陈代谢恢复平衡，秘诀就在于运动。

运动会带给女人很多好的变化，譬如会使人的皮肤变得紧致有光泽，会使人的身材纤细苗条，会使人精神抖擞、面色红润，会使人身体年轻化，会增强人的体质、提高免疫力，等等，更重要的一点，运动能使女人更自信，变得更加有魅力，这对婚姻关系，人际关系都存在这积极向上的影响。

在意识到运动的重要性后，很多女性一定会迫不及待运动起来。然而，你的运动是否科学呢？要知道，盲目运动不仅不能塑造一个健康完美的身体，还会令身体承受更重的负担。所以，女人要运动，但更要科学地去运动。

如何科学运动呢？

首先，准备好运动装备。很多女人对待运动会很随意，即穿着随意地去运动。如果穿着紧致的衣服去运动，会造成血液不循环，导致呼吸不畅，等等；如果穿着不舒适、不合脚的鞋去运动，又会对下肢关节造成负荷。所以，想要运动为自己带来一个好的效果，就免不了要准备好运动装备。在穿着上，要以运动装或宽松的衣服为主，鞋子则以运动鞋为主。

其次，要控制好运动的时间。绝大多数女性运动的初衷是为了减肥，故而会认为运动的时间越长就越好，事实上，运动时间也是有讲究的，一旦超过身体所承受的运动时间，就会对身体造成伤害。一般来说，女性的运动时间要控制在30分钟以上，一个小时以下为最佳。当然，具体情况要根据每个人的身体情况来决定。

最后，选择适合自己的运动项目。运动的项目有很多，不妨询问健身教练或医生的建议，以求将运动发挥最大的效果。

运动会让身体健康，运动是女人保持美丽的秘诀。

美丽用膳，把年龄远远甩在身后面

对女人来说，四十岁是个分水岭。四十岁之前，气色、精神、身体健康状态尚算不错，而一旦过了四十岁，如果不做一些保养，身体状况就会呈直线下降。所以，我们看到有些四十岁的女人面色红润，优雅依旧，有些四十岁的女人却已经长出许多白发，容颜逝去，身体更是大小毛病不断。

尽管衰老是大自然的规律，我们无法打破、无法阻止，无法做到让四十岁的自己看起来像十几岁，但也不能放纵让四十岁的自己看起来像五十岁。那么，如何让自己挽留住美丽呢？

一个四十岁的女人，想让自己看上去比实际年龄小很多，除了要有健身的习惯、良好的生活作息外，更重要的是，要有一个健康合理的饮食习惯。因为，健康合理的饮食习惯能够带给女人一个健康美丽的身体，而健康美丽的身体则是守护美丽的最后一道防线。

赵湘和赵颖是一对姐妹花。这对姐妹在年轻时，是出了名的漂亮，也因漂亮，两人收获了美满的爱情。一晃眼，十几年过去了，当初青春靓丽的姑娘，也已经人到中年，步入了四十大关。但让人跌破眼镜的是，年长几岁的姐姐赵湘，依然面色红润，身材纤细，又因为很会穿着打扮，看上去仿佛是二十多岁的大姑娘，反倒是妹妹赵颖，她的面色蜡黄，身材极其消瘦，看上去比实际年龄要大许多。

为什么年长的姐姐会比妹妹还要美丽呢？这其实和两人的饮食习惯息息相关。

这对姐妹都是极有事业心的人，不同的是，姐姐赵湘就算再忙，也会兼顾好自己的饮食。

正是因这十多年如一日的健康合理的饮食，才让赵湘依然美丽。反观赵颖，她对饮食就没有那么上心了，她鲜少会吃早餐，午餐也是点些饱腹的外卖，从不讲究健康与否，甚至太忙的话，她会忘了吃午餐，等到下班回家，她早已经饿的饥肠辘辘，所以晚上又会暴饮暴食。因为不健康、不合理的饮食，导致她在年轻的时候，就患上了胃病。因为胃病的折磨，让她的身体一点点失去健康，一点点失去美丽。

或许，一年两年看不出健康合理的饮食对女人的身体健康的影响，但五年、十年，就可以看出端倪。这一点，从赵家两姐妹的身上就能看到。

人是铁，饭是钢，一顿不吃饿得慌。我们不仅要准时准点的饮食，还需要让饮食变得健康、合理。当有一个健康的身体，才会让美丽为你驻留下脚步。所以，四十岁的女人们，不要将精力花在穿衣打扮上，不要将精力全都花在工作和照顾家庭上，也要分一些精力给自己的身体，为自己准备好健康合理的日常饮食。

那么能令人美丽的饮食是什么样呢？它需要达到这样一些要求：

早吃好，午吃饱，晚吃少。这句有关饮食的九字秘诀，已经流传了千年。它能够流传这么久，必然是有道理。因为早上的时候，人的胃是最脆弱的，需要好的食物来精养，所以早上都要吃好；中国人吃晚饭的时间普遍要迟，为了有更好的体力坚持一下午的工作，中午一定要吃饱；晚上是睡觉时间，身体代谢会变缓慢，如果晚上吃太多，不利于消化，还会让人容易发胖，所以晚上要吃少。

口味要清淡，食盐要少量。女人到了四十，代谢远不如年轻的时候，如果吃的口味太重，盐含量较高的话，就会很难代谢掉，这会对身体健康带来不利的影响。所以，年纪越大，就越要饮食清淡，少油少盐。

荤素搭配，饮食均衡。虽说人到中年，饮食要清淡，但清淡的含义并不是说只吃素不吃荤，要知道，每一种食物都有其独特的营养，只有每一种食物都吃一点，才能满足身体对每种营养的需求。所以，在饮食上，一定要注意荤素搭配，做到饮食均衡。

饮食不要过于精细，要多吃粗粮。女人在四十岁之后，胃的蠕动能力会逐渐减弱，所以容易造成发胖，便秘、心血管疾病等症状。因此，四十岁的女人要调整饮食习惯，多吃易于肠胃蠕动的粗粮。

戒掉对身体有害的食物或饮品。饮食是决定人的身体是否健康的关键原因之一，当一个人长期食用不健康的食物，饮用不健康的饮品，身体终有一天会显露出异样。所以，不管你的工作、生活有多忙，都不能让不健康的食物、饮品长期的占据你的饮食榜单之首。在吃的食物上，要做到慎重选择。

要多喝水，多吃水果。俗话说，女人都是水做的，多喝水能够加快新陈代谢，而多吃水果能够补充各种维生素，这些都是保持年轻美丽的小秘密。

学会释怀，跟眼角鱼尾纹说拜拜

每个人的一生都是一条名为“时光”的长河，这条长河中的一切，都会在我们生命结束的那一刻消失不见。

换句话说，在人的一生中，会遇到无数的人，经历无数的事。有些人会令我们感到厌恶，有些事会令我们感到不顺心如意。但是这一切不美妙的经历，都会随着时光而淡去，都会随着生命的结束而化为尘土。倘若一直将这些不好的人、不好的事放在心上，刻在脑海里，折磨的也仅有自己。

对女人而言，不美好的记忆就像是一瓶白色的染发剂，每回忆一次，鬓角的发丝就会染白一根。与此同时，皱纹也会悄悄爬到脸上，令看上去比同龄的人老上几分。所以，“烦恼催人老”，这句话并非空穴来风，多少人被烦恼一夜愁白头。

因此，一个女人想要保持美丽，就要学会释怀，将那些不美妙的记忆统统丢到粉碎机内。当记忆中只剩下那些美好的人和事后，连呼吸到的空气都格外的新鲜，仿佛有一股儿甘甜。

石冰是一名全职太太，前不久刚过完四十岁生日。她的丈夫经营着一家规模不小的公司，孩子也学习优秀，在别人眼中，她无疑是人生赢家。但事实上，她活得一点也不潇洒，脸上总带着烦恼和忧愁。也正因此，令她看上去比同龄人苍老许多。

因为石冰的丈夫太忙，性格也粗枝大叶，长久以来都没有发现她的异常。直到有一天，她的丈夫发现她有吃安眠药入睡的习惯后，才察觉到了她的抑郁。丈夫问她心里有什么烦恼？在他的耐心询问下，石冰才敞开心扉娓娓道来。

原来，石冰的烦恼来源于5年前。那时候，她的丈夫的公司正在上升期，每一个运作都关乎公司的发展前景。就在这关键时刻，她的弟弟来到了她的家中，并向她表明想要进公司工作。对此，她委婉地拒绝了。

石冰会拒绝，基于两个考虑：首先，公司从创立之初，就明确不任用亲戚，因为一旦和亲戚因为工作上的事儿而起争执，那么很有可能亲人变仇人。其次，她的弟弟是一个能力很平庸的人，根本就干不好公司里的事儿。

尽管石冰的拒绝很委婉，但她的弟弟却记在了心上，并用实际行动向她表明要和她断绝姐弟关系。所以，从她弟弟离开她家那一天起，就没有再联系过她。这件事，她没有告诉自己的丈夫，一直压在了心里。时间越久，她的心里就越难受，她难受自己的亲人对她的不理解和绝情。这个烦恼，令她难以释怀，失眠也越来越严重。

在搞清楚缘由后，石冰的丈夫开导了她，并告诉她，她的决定是正确的，他非常支持她的决定。

石冰憋了几年的心事在向丈夫吐露完的那一刻，她的心就感到前所未有的轻松畅快，再听到丈夫对她的开导和支持后，她也意识到，这件事根本就不是她的错。所以，她很快就释怀了，不愿再做烦恼的俘虏。也因为释怀，她的气色渐渐变好，睡眠质量也好了起来。

烦恼是不分对象的，不管是穷人还是富人，是男人还是女人，都会遇到烦恼。如果不懂得释怀，所面临的结果是一致的，那就是承受烦恼对身体的伤害。那么，烦恼会对人的身体带来哪些危害呢？

首先会影响人的心理健康。我们需要知道，烦恼是一种消极的能量，当一个人长期受到不好的人或事困扰后，情绪就会变得很低落、沮丧，而消极的情绪又会影响到我们的脾气、做事的态度，甚至是心理健康，譬如焦虑、抑郁。

其次会影响人的睡眠质量。烦恼就像是一个包袱，它压在了人的胸口。随着想的次数越多，它的重量就越重，最后使人喘不过气，难以入眠。当一个人长期得不到好的休息，脑袋得不到放空，又会影响身体其他方面的健康。

可见，一个女人如果学不会释怀，美丽的身体就会被一点点吞噬。那么，如何才能学会释怀呢？

我们需要知道，一个装满水的杯子，如果发现里面有沙子，只有把水倒掉，才能装入新的清水。人的记忆就像杯水，只有将不好的记忆倒掉了，才能纳入新的愉快的记忆。所以，对于那些令我们感到不愉快的人和事，要主动地去忘记，然后去寻找那些令人感到轻松愉快的事儿，而这一过程其实就是释怀。

李楠在大学时谈了一个男朋友，两人爱情长跑了十几年。因为两人都信奉“晚婚晚育”，所以这么多年来，都默契地没有提结婚。李楠以为，她会和男朋友就这么过下去，但现实却狠狠给了她一巴掌。在她三十岁这年，她与他因为某些原因分了手。

面对这样的结果，李楠难受极了。一来，她真的很爱自己的男朋友；二来，她的年纪不小了，她很惶恐自己未来还能不能找到对的另一半。这股消极的情绪将她的生活、工作弄得一团乱，令她整个人憔悴不已。

不过，李楠并没有沉浸在难过中很久，她意识到，自己要尽快地去释怀这些不开心的事。李楠不断对自己说：自己工作稳定、有房有车，人也很漂亮，根本就不用担心没人追求。同时，她还背起行囊，开始了说走就走的旅行。渐渐的，她走出了情伤，也对上一段感情释怀。

时间不会停留，它只会一个劲地往前走，我们也不能沉浸在烦恼、忧伤之中，应该要懂得往前看，学会去释怀。所以，现在的你，如果遭遇了情感上的伤害，要学会忘记，重新去寻找新的爱情；如果遭遇了失业，要学会面对现实，重新整理好简历，继续起航；如果遭遇到了朋友的背叛，要学会“吃一堑，长一智”，去交真正的好朋友。

对于已经发生的事，谁都不能去改变，只有先去接受它，才能去释怀。一个美丽的女人，她的记忆是不断更新的，只有忘掉该忘掉的，才能又美又飒地前行。

酒精是魔鬼，它在吞噬你的美

中国的酒文化传承了数千年。所以，很多人根深蒂固地认为，尊敬一个人、想要与人一个交好、求人办事等等，在餐桌上少不了敬酒喝酒。但你需要知道，小酒可以怡情，大酒却只会伤身。

近年来，酒席上也出现了越来越多的“女中豪杰”，她们喝起酒来并不比男人差，甚至比男人还多一份干净利落。而这些女性的年龄，多数是在四十岁往上跑。为什么这个年纪的女性容易沾染上酒精呢？

四十岁，这是女性拼搏的黄金期。这个年纪没有生孩子的烦恼，没有照顾年弱孩子的烦琐，所以，她们会为了拓展人脉而参加各种各样的酒席。

不可否认，参加了那么多酒席，喝下了那么多酒，确实对交际有帮助。但令我们不可忽视的是，四十岁的你，身体正一点点被酒精腐蚀，美丽也被酒精吞噬。当失去了健康的身体，美丽的面容，你的婚姻、情感可能会遭遇危机。

年逾四十的李潇人如其名，她是一个特别潇洒的女人，为人处世干净利落。在年轻的时候，李潇将精力放在了照顾家庭和孩子上，等到孩子外出求学后，她又重新燃起了对事业的热情，发誓要在事业上有所作为。

李潇在一家私企工作，担任业务员，她少不了要请人吃饭，而吃饭就缺不了喝酒。随着她签下的业务单越来越多，她也成功升职加薪。

李潇职场得意，但家庭关系却越来越失意。

每次饭局一结束，她就已经伶仃大醉，最后由同事送回家。回到家后，她倒在床上就睡，有时候喝得太多，还会吐得到处都是。这样浑身散发着酒气，对家庭不闻不问的李潇，让她的丈夫越来越反感。

酒精在侵蚀李潇身体健康的同时，也在侵蚀她的美丽。随着李潇喝得酒越来越多，她的胃越来越不好，常常会有呕吐感，因为吃不下饭，她的身体暴瘦，也令她脱了形。另外，长期饮酒的她肌肤状况也很差，看上去十分苍老。

当丈夫向她提出离婚后，李潇才意识到，酒精毁了她的健康，毁了她的美丽，也毁了她曾经幸福美满的家庭。

一个酗酒的男人，他呈现给人的感觉没有责任感、邋遢、精神面貌差、身体健康状况欠佳；同样的，当一个女人酗酒时，她也会给人这些糟糕的感觉。

酒精对女人来说，绝对是个张牙舞爪的恶魔。那么，酒精对女性的身体具体会造成哪些伤害呢？

会造成肝脏损伤。饮酒后，酒精在被血液吸收的同时，也会带走细胞中的水分致人易醉。此外，为了让酒精从身体内代谢出去，起排毒代谢作用的肝脏会加倍去工作，这就加重了肝脏的负担。长久下去，就会造成肝脏损伤。

会对皮肤造成巨大的伤害。每个长期饮酒的女性，皮肤状态都很糟糕。这是因为，长期喝酒会令肌肤的血管扩张，从而增加了血管的通透性，出现痤疮或粉刺。

会患上胃病。酒精的刺激性极强，长期喝酒，会对胃黏膜造成伤害，出现胃溃疡。

会影响女性的生殖功能。长期酗酒的女人，十有八九不孕或难孕，这是因为喝酒会破坏女性生殖系统各种激素的平衡，会使女性内分泌紊乱，影响正常排卵，当女性的排卵功能受到抑制后，就会出现不孕不育。

会使人智力减退，记忆力下降。仔细观察会发现，当一个女人长期酗酒时，她的记忆力会很不好，在思考问题时，也会反应迟钝。

酒精对女性身体健康的危害远远不止这些，并且，这些伤害哪怕在戒酒后，也是无法恢复的。

身体是自己的，美丽也是自己的，当酒精这把魔鬼镰刀朝你劈来时，可以反抗，可以逃避，就是不能傻傻去承受。

美丽由内而发，请远离美丽“冻”人

美丽是什么？相信很多女性的回答是：美丽就是年轻。

所以，很多女人在年轻的时候，不会刻意地去打扮自己，去追寻美丽，因为年轻就是美丽的资本。反倒是随着年纪的增长，对美丽越发看中，对美丽越发怀念，尤其是迈入四十这个轻不轻老不老的年龄段时，会对保持美丽格外执着。

四十岁的女人对美丽的追求更多的时候注重的是外在美丽，所以，她们会涂上鲜艳的口红，将整张脸画得非常精致。除此之外，她们在穿着上，也很花费心思，尤其是在冬季时，为了凸显出自己的美丽，穿的衣服常常不能保温，令自己在严寒中瑟瑟发抖。

然而，这种美丽动人，真的能打动人吗？答案是当然不会打动人，反而会冻病自己。

四十岁的女人已经称不上年轻了，与年轻女性相比，对温度的变化非常敏感，也承受不了低温的侵袭。所以，中年女性普遍怕热怕寒。尤其是在秋冬季节，如果不注重保暖，对身体带来的伤害是不小的。当身体受到伤害后，还有什么美丽可言呢？

张芳和汪华是邻居，这两人特别有缘，因为她们今年都四十岁，且在不久前先后过了四十岁生日。

认识张芳和汪华的人，觉得这两人长相非常出挑，不相上下。然而，一个冬季一过，人们惊觉，汪华成了昨日的黄花，而张芳依旧美丽动人。这究竟是怎么一回事呢？

拥有过美丽的人，对美丽会格外在意，会拼命去抓住美丽的尾巴，汪华就是这样的女人。所以，四十岁的她依然爱俏。但她有着许多中年女性的通病，就是人到中年后，身材如气球一样，一下子膨胀起来。特别是在冬天的时候，当穿上棉衣后，整个人圆鼓鼓的。

每次出门时，汪华都会对着镜子照好久，她发现，将身上厚重的衣服脱几件下来时，身材就没那么臃肿，会好看许多。为了美丽，她毅然脱去了身上的棉服，在寒冬腊月里，穿着薄薄的秋季外套去上班。

汪华一出门，就感觉到寒冷一股脑儿地贴上了自己，整个人冻得直打哆嗦。可是为了美丽，她硬是咬牙支撑。这么穿，的确好看，而那些认识汪华的人看她穿得那么少，纷纷问她冷不冷，建议她多穿几件衣服，但都被她拒绝了。

在一个格外冷的冬日里，汪华尝到了美丽“冻”人的苦果。她被寒风吹成了面瘫，并且嘴角有些歪斜，后来经过治疗，也没能恢复过来。当然，不保暖的恶果远远不止这些，她的腿患上了静脉曲张，令她疼痛难忍。

这样的汪华，哪有一点美丽可言？也因为病痛的折磨，令她瞬间苍老、憔悴了许多。

我们再来看张芳。四十岁的她同样爱美丽，但她的美丽从来不建立在美丽“冻”人之上。在穿衣服上，也从来都是以保暖为主，哪怕她穿得像个球一样臃肿，她也不甚在意。

因为保暖工作做得很到位，十年如一日后，张芳的气色看上去依然健康红润，并且她的身子骨也如年轻人一样灵活。

一番对比，美丽“冻”人带给汪华的并不是美丽，不注重保暖的结果是她的健康受到损伤；反观张芳，重视保暖的她健康满满，使得她看上去比同龄人要美丽太多。

当然，不注重保暖对身体的伤害远远不止汪华遭遇的那些。那么，不注重保暖对女性身体还有哪些危害呢？

会对女性身体的各个关节造成伤害。相对于年轻女性，年满四十的女性血液循环要慢很多，对严寒的抵御能力差，一旦不注重保暖，身体的各个关节就会受到冷刺激，这会使得关节组织衰老，造成各种各样的病变，所以很多老年女性会患上关节炎，与中年时不注重保暖有很大关系。

会导致消化器官出现病痛。很多中年女性在冬季时，会有呕吐、胃痛等病症，这与消化器官受寒有很大的关系。另外，女性如果不注重保暖，消化功能还会变迟缓，继而引发消化不良、便秘等症状。

会使女性的免疫力下降。女人年纪越大，免疫力就越低，年轻时在寒风中走一圈，依然生龙活虎，但人到中年后，风寒带来的病痛会导致免疫力下降。另外，女性的免疫细胞只有在正常的体温下才能发挥作用，所以人到中年还不注重保暖，病毒、细菌就容易入侵。

身体是本钱，只有身体健康了，才能谈美丽。所以，人到四十的你，不要再认为自己是个年轻姑娘，不要再认为能和严寒作斗争，从此刻起，要做好保暖工作，用一个健康的身体来守护美丽。

四十岁的女性如何做好保暖工作呢？首先要注意脚部保暖。一般来说，距离心脏最近的部位就越抗寒越温暖，而距离心脏最远的脚部则最冷，因为血液流经的路程是最远的。所以，一旦脚部冰凉，整个人都会感到冷。女性保暖要从脚部开始，可以多穿一双袜子，在冬季时穿防寒效果好的棉鞋，等等。

其次，身体保暖也不能忽视。在什么样的季节，穿什么样的衣服，特别是到了冬季，就应该要穿棉服或羽绒服。尤其是对四十岁的中年女性来说，宁愿热一点，也不能冷一点。

当然，我们也可以借助外力来保暖，譬如运动等。较年轻女性来说，中年女性是缺乏运动的，且内心抗拒运动，但运动却能加快人体血液循环的速度，可以让手脚冰凉的人快速温暖起来。所以，人到中年的你也不能偷懒，冬天不能少了运动。

四十岁女人的美丽是由内而外的，那是一种岁月沉淀后的美丽，所以，四十岁的你一定要远离美丽“冻”人。

勇敢面对更年期，四十岁后的你依然美丽

年龄，对女人来说是一种忌讳，谁也不愿对年龄低头。所以，作为与高龄、上了年纪挂钩的“更年期”，是很多女人不愿意面对的存在。

更年期，是每个女人都将经历的一个时期，它就像季节一样，春夏秋过后，必然是冬季；也像黑天白夜一般，白天过后，夜晚就会到来。哪怕你厌恶更年期，抗拒更年期，它还是会如期而至。

人们常说，女人年纪越大，就越单纯，这一点在认知更年期上是适用的。因为，很多人已经意识到更年期快要来敲门了，却假装什么也没发生，假装身体的变化与更年期无关。然而，正是因为忽视更年期，才让它成了一柄利剑，对身体健康造成伤害。

张敏今年44岁，她依然穿着时尚的衣服，画着精致的妆容，再加上她性格外向活泼，令很多人觉得，她只有三十来岁。张敏每每听到别人将她的年龄猜的比实际年龄小许多，她都高兴而自豪。

但在最近，张敏的身上发生了一些变化，尤其是情绪方面，稍微一点小事，就能让她炸毛。譬如前些天，张敏与丈夫吃过晚饭后，按照惯例，由她丈夫洗碗。在往常的时候，她丈夫都会看一会儿电视，然后再去收拾。但那天，张敏不知道怎么回事，她就是控制不住自己的情绪，对着丈夫发怒，让他立马去收拾。当时，她的丈夫感觉莫名其妙，但也没有和她争执。然而，让丈夫难以忍受的是，在此后的日子里，张敏经常对他大吼大叫。

从前，张敏对孩子的教育是极有耐心的，几乎从来不向孩子发脾气，但这段时间，她仿佛也将孩子当作了撒气桶，孩子作业做错了，会将他大骂一顿，孩子某件事没有做好，也会狠狠批评，这让她与孩子的关系降到冰点。

除了对家人展露自己喜怒无常的脾气外，张敏在对待外人时，也会非常激动，与往日里那个优雅的她相差甚远。

张敏的丈夫在察觉到张敏的变化后，便怀疑她是进入了更年期。但张敏内心是极其抗拒更年期的，因为在她心里，进入更年期就意味着进入老年。就这样，因为对更年期的抗拒，导致她的情绪变得时而焦虑，时而忧郁，就好似神经病发作一般，她的记忆力也在快速衰退。当然，这些都是不严重的，最严重的是，因为对更年期的抗拒，使得更年期肆意发展，对其健康造成的伤害，譬如她会时常头痛、腹胀、肢体肿胀等等。

在这些病痛的折磨下，张敏的美丽一点点逝去，她以一个极快的速度衰老起来，这让许久未见她的人吃惊不已。

反观罗素，人到中年的她在发现自己进入了更年期时，坦然接受了更年期。而她看上去依然健康美丽。

罗素已经年逾四十，在过了四十岁生日时，她就特别留意起自己的更年期。当她发现自己的情绪有时候波动剧烈，发现自己会时不时地失眠，注意力也总是集中不起来。她明白，自己的更年期已经来敲门了。

罗素没有将更年期视为洪水猛兽，因为她明白，如果不坦然面对更年期，更年期就会使自己快速衰老，给自己健康造成危害。所以，她一方面对自己进行积极向上的心理辅导，一方面听从医生的建议。所以，哪怕罗素遭遇了更年期，她也依然健康美丽。

很多女人会恐惧更年期，无非是更年期到来后，人会快速衰老，身体会出现各种各样的毛病。但事实上，很多时候，衰老和病症是在你的臆想中加剧的。

有一个故事：有两个癌症病人，医生告知他们，他们只余下一年的生命。第一个病人听说后，每天郁郁寡欢，最后半年没到就去世了。第二个病人没有产生消极悲观的想法，他用有限的生命走遍大江南北，神奇的是，他活了十多年才去世。

两个癌症病人，为什么一个人没有活过医生诊断的生命期限，一个却能活的超过医生诊断的生命期限呢？无非是心态。前者的情绪是消极的，心态是悲观的，在这股负面情绪的影响下，加快、加重了身体疾病的发作；后者的情绪是积极的，心态是乐观的，而这也抑制了病症的发作。

所以，很多时候你所认为的恐怖的更年期，并没有你想象的可怕。只要坦然接受，勇敢面对，在心理和身体的双重治疗下，它并不能对人的身体健康造成不好的影响。那么，怎样才能知道自己是否遭遇了更年期呢?

一般来说，更年期的长短因人而异，它始于女性四十岁左右，周期长达十年之久。更年期早期的症状有月经紊乱、情绪起伏剧烈、失眠多梦、头痛、乳房胀痛等，当发现这些早期症状，并坦然乐观地去面对后，就能平稳度过更年期。当身体有明显的病症时，要及时寻医问药，如果没有病症，可以多参加一些户外运动，以此来强身健体。

生老病死是人之常情，人到中年的你要经历更年期，这也是无法改变的事实。我们要做的是，勇敢面对更年期，做更年期里最美的女人。

不给自己留压力，压力催人老

对女人来说，每个年龄段都会有不同程度的压力，但似乎四十岁时，女人遇到的压力格外重。这些压力，有的来自职场，有的来自生活。

先说职场，四十岁是女人职场生涯里最稳定的时期，所以，是升职加薪，还是按部就班，全凭自己选择。绝大多数的女性都会选择前者，因为四十岁的她们最不缺的就是激情，然而，选择了前者，意味着将面对职场上的各种压力。

再来说生活，一个女人到了四十岁，孩子已经长大，已经走入了校园，孩子的学习好坏会成为四十岁女性的烦恼之一，如果孩子学习不好，无疑如一把无形的压力之刀悬挂在头上；四十岁的女性已经度过了多年的婚姻生活，七年之痒、八年之痒的到来，会是一个个让人喘不过气的压力，此外生活中的零碎小事也都能制造出压力。

这些压力虽然是无形的，但却杀伤性极强，会不知不觉对我们的身体健康造成不同程度的伤害。那么，会对我们的身体造成哪些伤害呢？对比一下处在压力漩涡中的年逾四十的女人和一个从不给自己留压力的女人就会有一个初步的了解。

赵燕和刘美玲在同一家企业，两人职位相当，担任不同部门的组长。两人都已经过了四十岁，赵燕要比刘美玲年长一岁。但令企业员工吃惊的人，明明年纪要年轻一点的刘美玲，看上去要比赵燕年长许多。

刘美玲在四十岁之前，对职业生涯没有规划，她是在到了四十岁后，才起了拼搏的心。为了让自己的工作做得出色，为了能获得领导的肯定，她事事都要亲力亲为，譬如她交给下属的工作，她会亲自跟进，甚至是和下属一起去完成。身为领导层，事无巨细的管理无疑是给自己添加压力。

因此，刘美玲承受的压力是非常重的，她脸上的神情也越来越沉重而严肃。以至于几年下来，她的头上已经长了许多白发，明明四十岁人的皮肤，却比五十岁人的皮肤状况还差。而这些都不是最严重的，最严重的是，她的心脏出现了问题。

那一次，刘美玲接下了一个重要的工作，如果她将这个工作分工下去，她会十分轻松，但她却选择了独自去做。在连续多日的长时间工作下，她忽然感到心脏绞痛，最后被诊断出了心脏病，住院治疗。从医生那里了解到，她的疾病与她所承受的压力过重有关。

而赵燕呢？她是一个乐天派。她信任自己的下属，她从不盯着下属如何工作，只在最后把关，这让她几乎没有压力。当然，哪怕遇到了压力，她也不过分去想，以“兵来将挡、水来土掩”的方式去做。所以，年过四十的她头上找不到一根白发，精神面貌也极佳。每年体检的时候，她的健康状况都非常好。

可见，压力就像是一台时间加速器，它能够催人老。尤其是对身体机能正逐渐下降的四十岁女性来说，当承受过高的压力时，所承受的伤害就越多。

具体一点，压力会对四十岁女性的身体健康带来哪些伤害呢？

压力会使女性荷尔蒙失调，会令女性的月经失调或停经，而一旦女人月经停止，就会迅速衰老，当然，荷尔蒙失调还会令肌肤出现各种各样糟糕的状况；会令女性患上高血压、心脏病、中风等病症；会使女性出现头疼、情绪焦躁沮丧、失眠等症状；会导致女性的肠胃功能混乱，出现胃溃疡、小腹绞痛的疾病；压力还会使女性的免疫力变低，极易被病毒感染，等等。

在了解到压力对身体造成的伤害后？你还会给自己留压力吗？或许很多女性会烦恼，压力不是自己能够控制的。事实上，我们是可以控制压力的。怎么控制呢？譬如保持积极向上、乐观开朗的心态，学会转移对压力的注意力，用运动来释放压力，不要过于看重对自己释放出压力的事物，提升自我能力或自信心来抵抗压力，等等。由大量的事实证明，这些方法都能够有效地控制压力。

压力，每个女人都会有，但聪明的女人懂得掐灭压力。四十岁的你，要学会不给自己留压力，一直做一个健康美丽、优雅而富有魅力的女人。

辑十

拜托姐姐，别提年龄，爱美的女人一辈子都年轻

对女人来说，年龄是一个禁忌。因为年龄越大，意味着容颜的逝去，美丽的逝去。所以很多女人在他人提到自己的年龄时，内心都会感到不悦。当然，有一种情况除外，就是他人猜测的年龄要比自己实际的年龄小很多。

女人不管到了什么年纪，都渴望自己是年轻的，渴望自己美丽依旧。我们无法阻挡岁月的流逝，但能够延缓岁月在自己身上留下的痕迹。作为一名女人，爱美是一辈子的事情，只要你愿你，有无数个方法让你依然美丽，依然年轻。

美丽这件事情，是女人一辈子的修行

岁月是把杀猪刀，岁月能够催人老。很多女人在年纪越来越大时，在对待美丽上会呈现出两种截然不同的态度：一种是放弃对美丽的追逐，一种是对美丽格外执着。而这两种态度的产生与女人的心理走向息息相关。

一些女人会放弃对美丽的追逐，其实是向岁月低头，是向自然界由盛而衰的法则低头。当她意识到不管自己如何追求美丽，岁月还是会在脸上留下皱纹，身体还是会一点点衰老后，就会出现妥协心理，自暴自弃，不再追逐美丽。而对美丽格外追求的女人，都有一颗不服老的心，她们或许明白岁月不会为自己停留，但就是希望岁月能走慢点，再走慢点。

不可否认，我们无法让时光回溯，无法重返年轻时的美丽，但你需要明白，不同的年龄段能够展现不同的美丽，倘若当你在那个年龄，放弃对美丽的修行，那么就会失去这个年龄段的美。

观察身边年龄相当的女性，你会发现，有些女性依旧美丽的耀眼，依旧是人群里的焦点，而有些女性却黯淡无光，毫不起眼。造成如此大的悬殊，其实就是前者在努力修行美丽的秘籍，而后者则放弃了对美丽的修行。

孙怡在年轻时，是一个美丽的女人，哪怕素颜的她，也依然让人觉得靓丽。自从结婚生子后，她的美丽就大打折扣了，没有去锻炼，去保养，以至于人到中年后，她整个人模样大变，没有一点美丽可言。

越是美丽的女人，对追逐美丽就越上心，而越失去美丽的女人，追逐美丽时就越抗拒。这句话放在孙怡身上是非常适用的。因为，当她意识到自己不再年轻，不再美丽时，她不做任何挣扎，放任自己自然老去，并且在穿衣上，也选择宽松、颜色暗淡的衣服，这让她比同龄的女人看上去老态许多。

和许多不爱打扮自己的女性一样，孙怡觉得，她的孩子已经长大，家庭也很稳定，花那么多时间与精力去打扮自己没有意义。直到发生下面两件事后，她才意识到女人追逐美丽的脚步不能停。

那一天，丈夫的发小乔迁，邀请丈夫和她一起去吃乔迁宴。孙怡想等丈夫下班后，来她单位接她一块去。然而，她的丈夫却拒绝了，说自己下班会很晚，到时候自己一个人去。但令她没想到的是，丈夫去得却很早，她虽然心里不舒坦，但也没有说什么。

孙怡本就是个心思灵敏的人，她留意到，此后不管是丈夫参加朋友聚会，还是去喝亲朋好友的酒席，都会找各种借口不带上她，甚至连她的饭局，他也不想去参加。直到她和丈夫为这些事发生争吵后，她才明白原来是丈夫嫌弃她不好看，觉得和她出门很跌面子。

还有一件事是发生在孩子身上。那时，孙怡的孩子上高中了，她陪孩子去报名。令她尴尬的是，老师和孩子的同学接二连三的误认为她是孩子的奶奶。那一天，孩子放学回家后，很不开心地对她说，希望她以后没事不要去他的学校找他。当孩子说出这句话时，她就明白了，孩子是介意她不修边幅、不爱打扮的模样。

虽然丈夫和孩子的态度令孙怡很受伤，但她也意识到美丽对女人的重要性。为了让自己的丈夫和孩子有脸面，她开始了对美丽的追逐。她选择用运动加健康饮食的方式来塑形；她会每日做护肤和保养，出门会画上一个精致的妆容；她丢掉了以往土气、灰不溜秋的衣服，改穿时尚优雅的衣服。

虽然她的美丽不能重返巅峰期，当她在她这个年纪，重拾了这个年纪应有的美丽。

爱美是女人的天性，爱美也是女人的自由，不管你的年龄是四十、五十，还是六十、七十，都有追求美丽的权利。

美丽是一种修行，女人在对美丽的修行上，是一辈子不能停下脚步的。纵观那些修行美丽的女人，哪一个不给人美丽的感官呢？就像不老女神赵雅芝，她留不住时间，但却留住了美丽，哪怕她的美丽夹藏着岁月的印记，但也有她这个年纪独特的美。

对女人来说，美丽是一门大学问，它由内在美和外在美融合而成。所谓的内在美，其实就是岁月沉淀后的美，这股美是无形的，但却又能感知到。想要提升内在美，就是要不停地丰富自己的内涵。

对比内在美，外在美要烦琐的多。譬如，我们要注重身形的美，注重肌肤的美，注重穿衣打扮的美，等等。因为，随着女性的年龄越来越大，身形会逐渐走形，如果不去运动，只会让身形朝着横向发展一发不可收拾，所以，不管女人在哪个年龄段，都要守住自己窈窕的身形，这可以借助运动和合理饮食来到达目的；就女人的肌肤而言，保养与不保养是有很大区别的，而保养并不是说敷几片面膜就完事，它是一个漫长的过程，需要坚持；穿衣打扮也很有讲究，不是最贵的、最时尚的衣服就是最美的，而是穿适合自己气质的衣服才能给人美的感受。

有句俗语说“女为悦己者容”，女人除了自己看到美丽的自己会感到高兴外，周围的人看到美丽的你也会心情愉悦。所以，不管是为了愉悦自己，还是为了愉悦别人，都不能放弃对美丽的修行。

精致的妆容，看上去真年轻

人们评判一个女人美不美丽，最直接的方法就是看她的长相。当你的长相过于平庸时，你会自暴自弃而不追求美丽吗？

如果是，那么你就错了。因为，一个女人的美丽，长相只占据的三分，其余七分美丽是靠打扮而来的。我们无法改变自己的五官，但却能利用化妆术来修饰五官中的缺点，放大五官中的优点。

因此，一个年轻的女孩，化妆能够让她变得更为精致，一个年纪大的女人，化妆能够让她看上去更年轻。当今很多女性不显老，看着比实际年龄小，这其中的功劳就是她们画了一个精致美丽的妆容，就像许多老牌影星，她们看起来比同龄人小太多，其中注重保养是一个原因，但最大的原因是她们懂得为自己画一个精致的妆容。所以，当你也为自己画上一个精致的妆容时，你也将是最美丽的，你也会是最年轻的。

刘蓉从单位退休后，闲在家中一直无事做，她就想重新找一份工作。她的思维清晰，口才也很好，就想找一份销售工作。然而，她去了好几个商场，都没有人录用她，理由是销售是一份需要年轻和活力的工作，因为年轻、活力能有效地吸引顾客，而她的年纪不小了，看上去很没活力。

被拒之门外的刘蓉很沮丧。在某天，她收拾好失落的情绪回家时，某家商店的一个销售人员注意到了她，并喊住了她。刘蓉看向销售人员时，只觉得眼前的女人很有气质，看上去年轻而洋气。

女人走到刘蓉跟前，她笑着告诉刘蓉，她注意她好几天了，并说她一点也不老。刘蓉觉得对方是在安慰她，毕竟她这个年纪是能够当奶奶的了。女人似乎知道刘蓉对她话语的不信任，她没有急着为自己说话辩解，而是让刘蓉猜一猜她的年纪。

刘蓉觉得，眼前的女人肯定比自己年轻，她猜她四十多岁。然而，女人摇了摇头，她告诉刘蓉她已经快六十岁了。对此，刘蓉非常吃惊，因为她觉得眼前的女人看上去是那么年轻，怎么可能比她的年纪还大？但事实却是如此。

女人告诉刘蓉，她之所以看着年轻，是因为她给自己画了一个妆，再加上会穿衣打扮，心态年轻，看上去才显得年轻，她提议刘蓉可以给自己画一个精致的妆容，那么她看上去也会显得更加年轻。

将信将疑之下，刘蓉回到家让喜欢化妆和打扮的女儿给她画了一个妆，令她惊讶的是，她看上去真的年轻了好多岁。她顶着精致的妆容去应聘时，也成功被录取了。当她告诉应聘人员她的实际年龄时，对方瞪大双眼，张开嘴巴，直呼不可置信。

对女人来说，年龄无疑是死穴，因为年龄越大，与年轻和美丽背道而驰的距离就越远。然而，美丽是女人一辈子的修行课，我们不能因为年轻和美貌的逝去，而不去追求美丽，因为美丽可以愉悦自己，更可以愉悦他人。

一般来说，人们追求外貌美的方法主要有两种：一种是整容，一种是化妆。整容虽然一劳永逸，但却存在这巨大的风险，手术稍微出现偏差，整容就会变成毁容。要知道网络上整容失败的案例数不胜数。化妆虽然烦琐，但安全性极高，并且能有让一个女人拥有千面女郎的魔力。但是，化妆是一门技术，会化妆的女人能够收获美丽和年轻，而不会化妆的女人收获到的却是“大型灾难”。

李瑶虽然上了年纪了，但依然爱美丽。然而，岁月无情，留在她脸上的印记越来越多。李瑶胆很小，她不敢去整容，便想用化妆来让自己重拾年轻和美丽。

李瑶购买了一套化妆品后，自己捯饬起化妆。因为没有化妆经验，她每一次妆容都令人不忍直视。譬如这一天，她将自己的眉毛画得极粗，脸上的粉底雪白雪白，与脖子上偏黄的肤色形成鲜明的对比，再加上她的大红唇，真是让人一言难尽……

可见，懂得用化妆的人，演绎的是风情、美丽与年轻，而不懂得化妆的人，演绎的就是恐怖片的直播现场。那么，什么样的妆容才是最美丽的，才能让人看上去很年轻呢？其实很简单，那就是“自然”“和谐”。

这里的自然包括两个方面：

妆容色彩要自然。化妆就像是画画，如果一幅画上的颜色搭配的很不和谐，那么这幅画就会给人一种突兀感。同样的，如果妆容上的色彩搭配不和谐，也会让人觉得不好看。所以，一个好的妆容，在色彩上协调很重要。当你的眼影是冷色调时，口红也要选择冷色系。

妆容风格要自然。人与人之间的风格都是不同的，正因为风格的不同，才成为了那个独特的自己。所以，在化妆上，在别人脸上好看的妆容，到了你的脸上，不一定就会好看，这就是妆容风格与自身风格不搭的缘故。因此，在为自己化妆时，一定要注意自己五官的特点，琢磨出与自己相搭的风格。只有搭了，妆面才是自然的，才能带给自己年轻与美丽。

妆容上的和谐也有两个方面。

妆容要与自身的整体形象相和谐。经常化妆的女人会有这样一个心得：好看的妆容配上不搭的衣服、不搭的发型、不搭的佩饰等，会显得很不好看。其实，这就是妆容与自身的整体形象的不和谐。举一个很典型的例子，一些影视明星总令你觉得她的颜值忽高忽下，很大一部原因就是妆容与自身的整体形象造成的，就像是穿了一件鲜红的晚礼服，搭配了一个简单寡淡的妆容，这时就会给人一种突兀感。所以，在化妆时，一定要注意自己的穿搭，要让妆容与自身的整体形象相和谐。

妆容要与外界的环境相和谐。在什么样的场合，就需要画什么样的妆容，譬如在相亲场合，就要话一个端庄优雅的妆容，这样才能博得人的好感，倘若化了一个张扬的妆容，那么这场相亲可能就会没有后续了。所以，化妆前也一定要考虑与外界环境的融合。

每一个精致的女人，都会画上一个精致的妆容。妆容带来的不只是年轻与美丽，它还能使人极具精气神。

衣服怎么搭，让你更显美貌如花

衣服很神奇，它能够提升一个人的气质，能够装点一个人的美丽。所谓的“佛靠金装，人靠衣装”，就讲述了衣服对人的重要性。

对女人来说，不管年纪有多大，都有爱美的权利，都有追求美丽的权利。所以，每个女人每年都会买衣服，以至于每个女人的衣柜里都会堆得满满的。

衣服都没有好与不好只说，因为任何一件衣服都能为女人平添美丽。倘若你的衣服没有为你带来美丽，那绝对不是衣服的错，而是你的错，因为你没有穿搭对。

李双和石琳是同事，两人在同一个办公室。两人虽然都已经人到中年了，但是对追求美丽这件事依然很执着，这从她们购买衣服的频率和极爱穿衣打扮上就能看出来。

让大家非常困惑的是，李双购买的衣服总给人一种不好看的感官，反倒是石琳，她的衣服没有什么亮点，但就是让人看了舒服。直到大伙儿某一天看到两人穿着同一件衣服来单位时，才弄清楚了原因在哪儿。

那天，李双穿了一件大红色的连衣裙来单位。这件连衣裙的颜色红的十分鲜艳，款式也新潮。所以，当她一踏入单位，几个女同事的目光就被吸引了过去，纷纷上前围住了她。大家都夸她的这件连衣裙好看，询问她是在哪儿买的。然而，这些声音里，突然出现了一句不和谐的声音。

一个年轻的女同事围着李双转了一圈后，嘟哝说："这件裙子初看惊艳，再看就觉得一般般了。"经她这么一说，几个女同事重新品位起这件连衣裙，她们发现，这件带着性感风格的连衣裙与长着娃娃脸的李双一点也不配，细细一品，格外别扭，并且因为是无袖的设计，将李双胳膊粗的缺点暴露的淋漓尽致。也是因此，大家对觉得那位女同事说得有些道理。

不过，李双对那位女同事的话却很不满，因为在她心里，她觉得自己的穿搭非常好看。直到她的同事石琳穿着和她同一款的衣服来办公室后，她才颠覆了自己的认知。

石琳和李双穿的连衣裙一模一样，她一走进办公室，就让人觉得眼前一亮，既觉得连衣裙惊艳，又觉得石琳今天格外的好看。

因为石琳的脸是瓜子脸，五官突出，连衣裙的红色将她的容颜衬托的风情万种，又因为她个子高、四肢纤细，这件修身的连衣裙一加身，让她的好身材一览无遗。这件让大家觉得再看一般般的连衣裙，又突然变得令人惊艳了。

至此，大家算是明白了，原来以往不是李双买的衣服不好看，而是她穿的衣服与自身很不搭，这使得衣服令人觉得不好看的同时，也觉得她寡淡无奇。石琳的衣服单看不惊艳，但穿的却与自身气质极搭，在觉得她美丽的同时，也觉得衣服非常棒。

在生活中，我们可以看到许多如李双与石琳这样的事例，最常见就是两个女明星穿着同款的衣服去走红毯，参加晚宴。

女明星的身材都很好，五官也非常好看，但为何同一件衣服穿在两个不同的人身上，却有上下之分呢？这其实就是衣服与气质搭不搭的缘故。衣服虽然简单，但与自身气质很搭，那么就让人觉得好看；衣服奢华精致，但与自身气质不搭，那么就让人觉得不好看。所以，衣服没有好不好看之分，只有你会不会搭配的分别。

如何让自己的穿着与自己的气质极搭呢？在此之前，需要对自己有一个详细的认知。认知些什么呢？

首先要认知自己的身材。衣服可以遮掩一个女人身上的缺点，也可以暴露一个女人身上的缺点，只有先知道自己的身体特征，才能购买到能为自己的身材扬长避短的衣服。所以，你需要知道自己的身高，需要知道自己哪儿胖，哪儿瘦，当弄清楚自己身材的优点和缺点后，就能穿对的衣服来装点自己的美丽了。

其次要知道自己的气质。每个女人的气质都是不同的，就气质而言，有的女人气质高雅，有的女人气质恬静，有的女人气质豪放，有的女人气质温文尔雅，而不同的气质，就要穿不同风格的衣服。也就是说，当你的穿衣风格与气质很搭，那么你会给人舒适感，会令人觉得美丽；当你的穿衣风格与气质不搭时，那么你会给人别扭感，会令人觉得不好看。所以，在穿搭衣服时，一定要弄清楚自己是何种气质。

在对自己有一个清楚的认知后，在穿搭上才不会出现不伦不类的情况。此外，在穿衣打扮上，也要遵循以下几个原则：

穿搭要整洁。衣服可以不是新款式，但却一定要干净整洁。

穿搭要和谐。一件衣服是否能为一个女人带来美丽，很大程度取决于与你是否和谐一致。这里的和谐，其实就是穿与自己身材相搭、气质相搭的衣服。

穿搭看场合。讲究在不同的场合穿不同风格的衣服。倘若穿搭与所处的场合不符，那么穿得再好看，也会令人生厌。

穿搭要个性。一个女人，如果穿搭得体，就会令人觉得美丽。而穿搭得体之中，应该要处处透露出个性。因为，有个性的女人才会令人觉得美丽。

作为女人，懂得穿搭，你才会貌美如花。

坚持护肤，做一个完美无瑕的女人

一块玉石的价值高不高，与玉上有多少瑕疵有关，倘若玉是完美无瑕的，自然是价值连城。同样的，一个女人美不美丽、年不年轻，与肌肤状态息息相关。如果肌肤雪白、紧致，毫无瑕疵，那么这个女人无疑是美丽而年轻的，如果肌肤暗沉、皱纹横生，那么这个女人无疑会显得很苍老。

大自然的法则是由盛而衰的，女人的肌肤也是如此，会从稚嫩无瑕，渐渐转变成苍老的肌肤。所以，当一个女人上了年纪后，她会有很深的眼袋，会有数不清的皱纹，肌肤上会出现许许多多的斑点，等等，正是因为肌肤上出现的种种问题，才让其与美丽、年轻渐行渐远。所以，很多时候，看一个女人的年纪有多大，看其肌肤的状态就能猜出来。

然而，也有一些女人，她们明明年逾四十、五十，但岁月对她们格外的温柔，让她们看上去年轻很多，再看她们的肌肤状态，光滑、精致，富有弹性，鲜有瑕疵，而这其中的秘诀就是坚持护肤。

赵芬今年四十多岁，是两个孩子的妈妈。前段时间，她去参加小儿子班级的家长会时，遭遇到了一件非常尴尬的事。

当时，赵芬进入孩子班级后，随意找了一个座位坐下。没过一会儿，她旁边空下的座位被一名年轻的女人坐了。出于礼貌，赵芬向对方打招呼，她告诉对方自己是谁的家长。对方也很礼貌，她笑着回应赵芬，说自己是谁的妈妈，不过，她却错认为赵芬口中的“家长”，指的是孩子的奶奶。而这个错误的认知令赵芬十分尴尬。

为了缓解尴尬，赵芬和对方闲聊起来，在听到对方和自己年龄相差不大时，她是非常震惊的，因为眼前的女人看起来非常年轻，皮肤状态非常好，说她是孩子的姐姐也会有人相信。反倒是她，随着年龄的增长，她的脸上出现了许多皱纹，并且还有许多斑点，再加上她又不爱打扮，使得她看上去更加显老，也难怪别人会将她错认为是孩子的奶奶了。

赵芬很疑惑，为什么她与对方年龄相当，可对方怎么会比她看上去年轻那么多呢？对方笑着告诉赵芬她是一个护肤达人。

这位女士说，她在年轻的时候，就注重对肌肤的保护，不管晚上忙到多晚，她都会给肌肤护肤。这才使得她看上去比同龄人年轻许多。

对于女人来说，当迈入了四十岁大关后，肌肤状态就会出现一道分水岭，即四十岁之前，肌肤状态很好，饱满而富有光泽，四十岁之后，肌肤会出现各种问题，会以很快的速度老去。这其中原因，与女人身体机能逐渐老化有关。

因为，随着女性年龄的增长，女性荷尔蒙分泌的速度越来越迟缓，而荷尔蒙又与女性肌肤的好坏息息相关。所以，荷尔蒙减少会令肌肤变得干燥缺水，粗糙无光泽，皱纹横生，小腹和背部的肌肤还会出现肌肤松弛的现象，等等。

虽然，我们无法阻止肌肤会老这个自然定律，但是我们却能延缓肌肤的衰老。也就是为什么会出现相同年纪的女人，有的女人比实际年龄小，有的女人比实际年龄大的现象了。而延缓肌肤衰老的方法，其实就是护肤。

女人的护肤要从两个方面出发，一个是肌肤外部的护理，一个是饮食调理来达到养肤的目的，只有内外兼顾，才能成为一个完美无瑕的女人。然而，不管是肌肤的外部护理，还是内在的调理，都需要讲究方式方法。

秦沛是一名职场女性，因为工作压力大，令她的肌肤状况很不好，然而，她又没有护肤的习惯，以至于她不到四十，就长了许多的皱纹和雀斑。在听到好几个人说她的肌肤状况差后，她终于走上了护肤之路。

秦沛对护肤的知识并不了解，她按照自己的方式方法来护肤。她针对自己肌肤存在的问题，购买了许多护肤品，其中有美白祛斑的，有补水保湿的，有去皱抗衰老的，她一股脑儿地全都用在了脸上。最终的结果是，她的皮肤出现了红肿，去医院一看，才知道自己的肌肤过敏了。

相信，生活中如秦沛这样的女性不在少数，当发现自己的肌肤状态变差后，便渴望有一个神奇的护肤产品，能够将肌肤的问题治愈好。然而结果却是肌肤状况越来越差。当肌肤受到损伤后，修复将会是一个漫长的过程，而受到损伤的肌肤比之前没有受伤的肌肤的衰老速度要快上许多。

何为护肤，其实就是护理肌肤，这和呵护伤口的情况是一样的，不仅不能乱用药，还要有正确的呵护方法，这样才能让伤口治愈，恢复的更好。所以在护肤上，我们也要有方式方法。

想要有一个好的肌肤，需要注意下面几个问题。

要用适合自己肌肤的护肤品。市面上，护肤品的种类数不胜数，价格也高低不一。很多女性在选择护肤品时，不是选择贵的，就是选择大众的，然而，你需要知道，不是最贵的就是最好的，不是适合大众的就是适合你的。我们选择护肤品，一定要先了解自己的肤质，然后再挑选出适合自己的护肤品。此外，需要注意的是，选用的护肤品要以温和为主。

要弄清楚护肤流程。一般来说，基础护肤步骤是这样的：先用洗面奶，之后再用水、精华、面霜。此外，在外出或化妆，一定要涂上隔离霜，因为它能够隔离紫外线和化妆品对肌肤的伤害。

要明白护肤是场马拉松。护肤是一个长久的过程，只有坚持下去才能够看到效果，作为一名女人，不管有多疲惫，有忙碌，护肤工作不能停。

要多喝水。肌肤除了外部保养外，也要内在调理，其中最重要的就是多喝水。俗话说，女人是水做的，所以水是生命之泉，当一个女人每天都补充足够的水分，其肌肤的衰老速度将会比同龄人缓慢许多。通常来说，人每天饮用的水要维持在一千毫升左右，这样才能保持人体的新陈代谢正常运转。

要保持膳食营养均衡。每一种蔬菜、每一种水果，都有对肌肤起养护作用的元素，譬如吃西红柿能够抗衰老，吃柠檬能够美白，等等。所以，女人不能挑食，一定要多吃水果和蔬菜，这样才能有一个好的肌肤。

性感，是无视年龄的致命吸引

什么样的女人最具吸引力？答案是性感的女人。

一个男人在街上看到一个美丽的女人，他会投去一个惊艳的眼神，然后会缓缓收回，而看到一个性感的女人后，他的眼神会便会直接黏在对方的身上。

性感是什么？它是一种气质，一种能够唤醒他人感性意识认知的魅力美。对含蓄的中国女人来说，往往羞涩于展现自己性感的一面。或者说，年轻时会展露出自己的性感，但上了年纪后就会收敛起性感，这是因为在很多女性的认知里，常常认为性感是和年龄挂钩的。

性感的女人是年轻的，倘若上了年纪后依然敢于表现自己性感的一面，那么是否能变相的理解为依然年轻呢？这是完全可以的，因为性感就是无关年龄的致命吸引。譬如一些老牌女星，当她们展露出自己性感的一面时，你会忘记她们的年龄，会觉得她们依然年轻。我们会有这样的感觉，与她们展露出的窈窕身形、富有弹性的肌肤等息息相关。倘若她们不展露自己的好身材，不露出饱满活力的肌肤，你还会认为她们年轻嘛？

女人，她可以不漂亮，但绝不能不性感。因为，性感的女人就像是一块吸铁石，能够吸引他人的注目。而每一个性感的女人，都是那万花丛中的一点红。

陈雅怎么也想不明白，李鹿和她同为企业的经理，为什么她的人脉狭窄的可怜，而李鹿的人脉却很广。为了找到答案，陈雅开启了探索之路。

陈雅虽然和李鹿不是同一个公司的，但有时候公司间会有业务往来，所以她时常会和李鹿出现在同一个饭局上。就譬如这一天，陈雅参加的这个饭局，除了有李鹿外，还有不少的客户和合作商，明明李鹿没有自己能说会道，也没有自己能喝酒，甚至在外貌上，她都略逊她一筹，为什么这些客户和合作商们纷纷都围着她说话？

陈雅不禁将目光落在了李鹿的身上。李鹿虽然也有四十多岁了，但身材保持的非常好，她的上身穿着白色的衬衫，衬衫肩颈部分的衣料是蕾丝，而她的下身穿了一件包臀的鱼尾裙。这么穿，令她看上去年轻了许多。她又观察起李鹿的神情和行为举止，她发现李鹿每每说话，脸上都挂着一抹微笑，会时不时地做出托腮、把垂在鬓角的头发拂到耳后等动作，这些妩媚醉人的小动作，让大家的目光都落在她身上。

还有一次，多家企业联合举办了一场商业宴会，陈雅和李鹿都在邀请之列。

既然是宴会，肯定要穿礼服。陈雅选择了一件保守、色彩不张扬的礼服，头发全都盘到了头顶，她的打扮虽然简单，但也极其优雅，然而这股优雅只吸引了少部分人短暂的目光。再观李鹿，她穿了一件深紫色的修身礼服，礼服是深V款，礼服腰间是镂空的，再加上她长长的卷发，使得她看上去很性感，让人不知不觉忘了她已经是年过四十的女人。哪怕是身为女性的陈雅，也忍不住多看了李鹿两眼。这不，很多男性围绕着李鹿有说有笑，相谈甚欢。

这一刻，陈雅算是弄明白了，李鹿能在职场上混得如鱼得水，能有那么宽的人脉，这与她的性感魅力有关。因为性感，她看上去年轻美丽；因为性感，她能够成为人群中的焦点；也因为性感，让人们不自觉地想要靠近她。

对女人而言，性感是一个修正贴，它能够遮盖住女人的真实年龄，然后在这个修正贴上写下你希望的那个年龄。所以，不管是哪个年纪的女人，都需要性感。那么，一个女人如何能做到性感呢？可能很多人会认为，性感就是穿着暴露，性感就是搔首弄姿。但如果暴露过头，搔首弄姿过头，就会引起他人的反感。

李玉三十多岁了，一直没有对象，是朋友圈里名副其实的大龄剩女。作为李玉的朋友们，大家也都替她着急，便张罗着要给她相亲。李玉很挑剔，对相亲对象有着诸多的要求，挑挑拣拣，最后还真碰到了一个令自己满意的。

那天，为了让对方对自己生出好感，她特地打扮了一番自己。她穿了一件十分透的上衣，能让人一眼看到她的内衣，而她下身搭配的裙子，两边开叉开到了大腿根部。当她出现在约会地点的那一刻起，几乎每个人的视线都落在了她的身上，当然，这些人的眼神大多是轻佻的。而李玉的相亲对象见她如此穿着，也露出了不满的神色。

李玉在与对方相处的过程中，也总是有意无意的展露自己“妩媚”的一面。譬如，她会把手伸进衣服里整理内衣，会跷起二郎腿，露出自己大腿，会向对方抛媚眼，等等。然而，她认为的妩媚，在对方的眼里却满是风尘味。无疑，这场相亲没有后续。

女人可以性感，但绝不可以透露出风尘味。就像故事中的李玉，对方需要一个性感的女朋友，但却不需要一个满是风尘味的女朋友。

一个女人是否性感，可以看多个方面，譬如身材、穿着、外貌、发型、谈吐、行为举止等多个方面，而每一个方面的表现，都需要刚刚好，一旦尺度过了，那就不是性感了。所以，女人如何做，才能让人觉得性感呢？

在穿着上，性感的女人穿的衣服通常会是修身的，能够完美地展现出一个女人的曲线美。

在外貌上，性感的女人会有多情的眼眸、挺翘的鼻子、稍厚的红唇，然而，并不是每一个女人的五官都有这些性感的“配件”，所以，五官上的不足可以借助妆容来修饰。当你为自己涂上鲜红的口红，画上淡紫色的眼影，那么站在人群中就是最性感的。

在发型上，卷发能够给人一种多情妩媚的感觉。直发能够给人一种清爽端庄的感觉 。所以，女人想要性感，就要打理出一个性感的发型。

在言行和举止上，性感的女人呵气如兰，很会撒娇，撩发托腮间尽是魅力，但有一个前提，就是要给人足够的自然感，倘若太过做作，那就弄巧成拙了。

当然，还有很多方面都能够展现一个女人的性感之处。学会展露自己的性感，才会向他人透露出年轻和魅力的既视感。

曲线迷人，你是不老的女神

判断一个女人是否年轻，可以看她的肌肤状态，也可以看她的身材曲线。特别是身材曲线，它有一种迷惑人的魔力，即只要身材窈窕，哪怕脸上有些许皱纹，也会令人觉得年轻，觉得比实际年龄要小。

然而，女人到了中年，就会遇到一个魔咒，就是身材不可控的走形。先不说外观感会给人带来不年轻的视觉冲击，每个人心中根深蒂固的观念“女人年纪越大身材越发福”也会给人一种不年轻的感受。

为什么女人年纪越大身材就越走形呢？很多人会认为是吃得多造成的。但那些吃的并不多的女性，身材也会走形。所以，一个女人身材会走形，吃得多只占据小部分原因，真正的原因是这样的。

首先，基础代谢水平的下降。女人越年轻，身体的基础代谢水平就越高，代谢高了，身体的热量就会减少，不会形成脂肪堆积。到了中年后，身体的基础代谢水平会直线下降，当代谢低了，体内的热量就会一点点的极多，最后变成脂肪附着在人体的各个部位，譬如肚子、大腿、胳膊等，当这些地方过胖了，身材就没有曲线可言了。

其次，雌激素分泌减少。女人体内分泌的雌激素，对脂肪能起到代谢的作用，雌激素分泌的越多，代谢的脂肪就越多，雌激素分泌的越少，代谢的脂肪就越少。雌激素也是随着年龄的增长而减少，即年轻时分泌多，人到中年时分泌会减少，这也就是为什么人到中年后，身材会发福，会走形的原因。

此外，女性身材走形也与承受的压力、家族遗传史、情绪等多种原因息息相关。但不管是何种原因，女人一旦身材走形，没了曲线美，不但会暴露自己的年龄，还会令人觉得比实际年龄还要老。只有拥有了迷人的曲线，才会成为他人眼中的不老女神。

过了今年生日，李阿姨恰好就五十岁了。因为工作不忙，儿女又不在身边，闲来无事的她在每天吃过晚饭后，都会跑去广场跳一会儿广场舞。渐渐的，她就喜欢上了广场舞，几乎不缺席。

李阿姨所在的广场舞舞蹈队，会时常去参加比赛，并且获得过很多次奖。因为对广场舞太喜爱，她也想去参加比赛。所以，在得知舞蹈队最近在挑选人员参加比赛时，她主动报名了。

李阿姨一点也不担心自己会选不上，她对自己很有信心，因为她跳舞的水平在队里是靠前的。然而，现实却打破了她的自信，她并没有被选上，对此，她有很大的意见。入选名单中，对那些舞跳得比她好的人，她无话可说，可事实却是名单上有好几个人舞蹈跳得没有她好。

李阿姨气愤之余，就去询问领队。领队对李阿姨解释说，她们是要去参加比赛的，所以选择舞蹈队成员时有两个要求，一个是舞蹈跳得好，一个是身材要好，要有曲线美。言外之意，李阿姨正是因为身材发福，没有曲线美，才被拒之门外。

对此，李阿姨是不服气的，她认为只要跳的好就行，与身材没有关系。领队给了李阿姨一件舞蹈服，也让舞蹈队里的其他成员穿上舞蹈服。

这件舞蹈服非常修身，腰部还有镂空的设计。李阿姨费了好大的劲才穿上，结果，她胳膊和腰部的赘肉将衣服绷得紧紧的，好似随时都会开线，可以说，这么好看的舞蹈服穿在她身上没有一点美感。反观那些拥有曲线身材的舞蹈队员们，在穿好修身的舞蹈服后，她们的身材变得更加凹凸有致。

李阿姨不得不承认，她在这些拥有迷人曲线的同龄人身上，她看到的是年轻，是美丽，是活力。对于她没有被选上的事，她也心服口服了。

一个女人，如果能拥有迷人的曲线，它会散发出青春活力感，而青春活力其实就是“年轻”的代名词。当一个女人与年轻与性感挂钩，那么她无疑会成为人群中的焦点。

曲线美的身材并不是生来就有的，它需要经过后天的修炼。如何修炼呢？就是运动加控制饮食。当然，这里的运动并不是单纯的跑步，而是需要针对身材做一些专项训练才能有效地塑出身体的曲线。

李冉年轻的时候，是一位身材纤细的姑娘，人到中年后，却没有逃过发福的魔咒。在不久前，她参加了同学聚会，看着身材依旧苗条的同学们，她不禁有些自卑。回到家后，就下定决心要重新找回自己的好身材。

李冉在最初的时候，每天的运动就是跑步，随着坚持和有意的控制饮食，她快速地瘦了下去。她看着镜子中的自己，瘦归瘦，但身材没有曲线美。于是，她又咨询了健身教练，针对曲线进行专项的训练。一段时间后，她的身材渐现出了曲线。

女人想要曲线身材，运动当然不可少，但我们需要明白，我们运动的目的是为了练出曲线身材，而不是为了瘦身，所以我们一定要针对性地去运动。因为，不同的运动可以瘦不同的地方。譬如瘦腹部的游泳圈，那么可以做仰卧起坐，又譬如瘦胳膊，可以做一些甩臂的动作。所以，在你想用运动来塑造曲线身材前，一定要先清楚自己要瘦哪些地方，然后针对性的去运动，只有这样才能达到一个好的效果。

此外，在饮食上，也要做到适量和健康。因为，迷人的曲线身材不是一朝一夕就能塑造出来的，它是一个漫长的过程。在这个过程中，饮食不健康，都会影响曲线身材的塑成，只有合理健康的饮食才能打造出一个迷人的曲线身材，也能令身材一直保持下去。

我们无法阻止岁月的流逝，但却能控制身材。如果你想要成为一名不老女神，那就努力先成为一名拥有迷人曲线身材的女人。

年轻就是你身上的香水味

都说芳香的女人是最有魅力的，但女人自身并不能散发出香味，只有借助香水才行。所以，当今很多女性都会有喷香水的习惯。

香水，它有一种神奇的魔力，能够模糊人的年龄。所以，很多时候与喷了香水的女人相处时，总会忘记她们的年龄。这是因为，不同的香水味能够传达给人们不同的年龄信息。

现在，请闭上眼睛回味一下你记忆中的香水味，你会发现，不同的香水味，会让你有一种不同的年龄定位。譬如清新的香水味，你会觉得它的年龄定位是在二十岁，因为在年轻人的身上能够看到青春与清新；极具个性气味的香水味，你会觉得它的年龄定为是在三十岁，因为这个年纪的女人非常喜欢展现自己独特的个性；气味浓郁且魅惑的香水味，你会觉得它的年龄定为是在四十岁，因为这个年纪的女人喜欢展露自己性感的一面……

每一个女人，都希望自己是年轻的。所以在喷香水时，都会喷能显得自己年轻的香水。但需要注意的是，一旦你选择的香水味太显年轻，与你的实际年龄或外貌显示出的年龄太过不符合的话，就会给人一种突兀感。这个时候，人们不仅不会感觉到你年轻，还会觉得你非常的做作。

赵莉是一名职场女性，如今有四十多岁。或许是因为职场压力和经常熬夜的缘故，导致她看上去非常显老。没有哪个女人是不爱美的，赵莉也一样，她在听到许多人说她看上去比实际年龄要大时，那一刻她是难过的。

赵莉是一个执行力很强的人，在她发现自己比同龄人要显老时，她做了一系列的补救措施。譬如，以前都不保养的她，现在不管忙多晚，她都会坚持保养自己的肌肤；不化妆的她，开始试着给自己画一个淡淡的妆容；从来都不运动的她，在每天下班后，都会去健身房在健身教练的指导下运动一个小时；穿衣服从来都是以简单朴素为主的她，现在会给自己搭配，会穿一些靓丽带有年轻元素的衣服，等等。这些改变，都让赵莉一点点的年轻起来，在听到大家纷纷夸她年轻时，她感到非常的高兴。

当一个女人对年轻对美丽有所追求时，那么她追求的脚步将永远不会停歇了，赵莉也是一样。在某一天，她看到一本时尚杂志说，香水味能够掩藏女人的年龄、会给人一种年轻感后，她对香水突然上了心。

当天她就去了商场，柜姐推荐她一款年龄定位在三十几岁的香水，虽然香水味很好闻，但赵莉却不太喜欢，因为她觉得这个香水味给人的感觉并不年轻，她要喷就喷给人感觉最年轻的香水。所以，最终她不顾柜姐的劝说，购买了一瓶气味清新香甜的香水。

隔天上班的时候，赵莉就喷上了香水。然而她去公司后，同事们只说香水味很好闻，没有一个人说这个香水味和她很配。有一个和她关系极好的同事，忍不住告诉她，她喷的这款香水，气味太过清新，给人一种稚嫩感，而这股稚嫩感搭配在四十多岁的赵莉身上，令人有种说不出来的别扭。

对此，赵莉尴尬不已，有些后悔没有听柜姐的话。

虽然说，香水是美丽女人的标配，香水能够令女人年轻，但是，我们在选择香水时，一定要结合实际，如果香水传达出的年龄与我们的年龄相差一大截，那么就背离了我们使用香水的初衷。只有选对了香水，才能散发出香水的魔力。

那么，我们在选择香水时，要注意哪些方面呢？

选择的香水传达给他人的年龄信息不要与自己的实际年龄差距太大。不可否认，每个女人都希望自己是年轻的，但追求年轻是有界限的。譬如一名五十岁的女人，她可以购买三十至四十这个年龄段的衣服来穿，以此来彰显自己的年轻，倘若她选择十多岁至二十多岁这个年龄段的衣服来穿，就显得有些不搭了。同样的，我们在选择香水时，它所传达的年龄可以比我们的实际年龄年轻一些，但不能年轻太多，否则也会不搭。

选择的香水时，要考虑到他人的嗅觉感官。市面上的香水有许多种，各式各样的气味都有，其中不乏一些浓郁的、刺激性气味的香水。然而，气味太重太刺鼻的，大部分人的嗅觉都接受不了，更不要认为这种气味会与美丽、年轻挂钩了。所以，选择香水一定要考虑他人的嗅觉感官，要选择气味温和的。

不要选择令自己敏感的香水。很多女人都会存在对某些事物敏感的现象，这是敏感性体质造成的。如果选择的香水对自己而言很敏感，那么就会出现皮肤过敏、打喷嚏的现象，这样一来，就有些得不偿失了。所以，在选择香水时，可以试着闻一闻气味，如果不过敏就可以购买。

在使用香水时，也有一些需要注意的地方。

首先，香水喷的要适度。一个芳香的女人，她身上散发出来的香味是若隐若现的，这样才能给人一种魅惑感，如果气味太过浓重，反而会令人心生抗拒。所以，喷香水时，不要一股脑儿地对着身体到处喷，可以选择几处来喷。需要注意的是，香水要喷在衣服上，不要喷在肌肤上，以免出现过敏。

其次，不同的场合喷不同的香水。在不同的场合，要穿不同的衣服，画不同的妆容。在不同的场合，也要喷不同气味的香水，如果在严肃的场合喷魅惑感十足的香水，就会令人觉得轻佻。

一个女人只有喷对了香水，才会让人觉得年轻，倘若喷错了，那么就会适得其反。

辑十一

逝水流年，雅致如你，依然美得令人窒息

春夏过去，必然是秋冬，太阳落下，月亮必然会升起。这个世界，我们人类无法操控的有很多，其中就有时光。时光的脚步从来不会为谁驻留，而它走过的痕迹却会印刻在女人的身上。然而，同样年纪的女人，为何你容颜已逝，她却依然美丽？原因在于你缺少了气质。

女人的气质是无形的，但却能给人留下美好的感官。气质就像是一块橡皮擦，能够擦掉女人的实际年龄。所以，对有气质的女人来说，不管年岁几何，依然美得令人窒息。

优雅，是抵御岁月的盔甲

一个优雅的女人给你的感官是什么？是舒适、是美好、是岁月在她的身上按下了暂停键。

因为，优雅的女人脸上总带着亲和力满满的笑容，她们甘愿做配角，会认真地聆听他人心中的喜怒哀乐，与其相处怎么能令人不感到舒适呢？优雅的女人在穿着上都是素净雅致的，她们的一言一行都毫无攻击性，这样的女人又如何不美好？优雅的女人心态是平和的，仿佛正应了那句古语“宠辱不惊，看庭前花开花落；去留无意，望天上云卷云舒”，在她们的脸上找不到一丁点负面的情绪，都说愤怒催人老，而风轻云淡的她们又怎么能不显年轻？

优雅是一种感觉，是一种气质，它虽然看不见摸不着，但却能令人感觉到它的美丽。对女人来说，拥有了优雅，那么就拥有了抵御岁月的盔甲。

优雅为什么能抵御岁月？因为它是女人年龄的代名词。二十来岁的女孩展现不出优雅，她们展现的是清纯、是青春，只有三十多岁、四十多岁、五十多岁，甚至年龄再往上跑的女人，才能展现出优雅感。所以，女人年纪越大，因为优雅，也会令他人觉得很年轻。就像著名影星林青霞，岁月虽然在她的脸上留下了痕迹，但她身上散发出来的优雅却让人过目不忘，你总会忘记她的真实年龄，羡慕她是不老女神。

优雅除了令女人年轻美丽外，它还会令女人变成一块强劲的磁石，周遭的铁屑会一股脑儿地朝着这块磁石贴上去。所以，一个优雅的女人，她的身边总会围满人。

吴晓是一名职场女性，在四十多岁的年纪，终于坐上了部门总监的位置。这个总监很有分量，是总公司的部门总监，所以在分公司工作了十几年的她，一朝被调去了总公司。

吴晓管理的这个部门有十多名员工，她想当一名极具亲和力的领导，想和下属像朋友一样相处。然而，事与愿违。可能是她的年纪摆在那儿，让年轻的下属们认为她和他们玩不到一块去，也可能是她身上散发出来的气场太强，让下属们望而却步。所以，在当领导的这段时间里，下属对她的态度不是打完招呼立马离开，就是躲她躲得远远的。

对此，吴晓也是无可奈何。在她放弃要和下属像朋友一样相处的念头时，她看到公司另外一个部门的总监却和年轻的下属们相处的相当愉快。

那一天，吴晓下班回家，在路过隔壁办公厅时，她看到十多个年轻人围着他们的领导。其中一个年轻人笑着说，他们周末的时候要组织一个真人CS，想邀请领导一块去参加，在领导犹豫不决的时候，其他年轻人纷纷加入了劝说的行列。最后，领导答应了。

吴晓回想起自己，在她成为领导的这段时间里，她的下属别说是邀请她参加户外活动了，就是喊她一起吃饭都没有过。所以，她想看看这个部门的领导到底有何魔力，不然怎么会令下属对她这么亲近且友好。

吴晓目光落在了那位领导的身上，只一眼，她就对对方心生好感。这位领导的年纪与吴晓差不多，嘴角边挂着温柔的笑意，身上散发出浓浓的优雅，在这股优雅的影响下，竟让人忘却了她的年龄，让人觉得她与她的下属们站在一起仿佛是同龄人。

这一刻，吴晓知道对方很受欢迎的原因了，因为对方身上的优雅感，这股优雅让她的下属们常常忘记她的年龄，觉得他们年岁相差不大，也因为优雅感给人舒适美好的感觉，令她的下属们不自觉地想要靠近她。

对女人来说，优雅是一柄利器，它能够轻而易举地将他人降服，而优雅的女人，岁月也格外轻柔地对待它们，总是一而再、再而三的延缓脚步。当一个女人拥有了优雅，不管她的年纪有多大，都会给人一种“她还未老”“她还年轻”的错觉认知。

在《西西里的美丽传说》这部电影中，女主人翁玛丽莲就是一个优雅的女人，她在出门前，总会精心地打扮自己，她穿着白色的连衣裙，走路时低眉垂眼，一头长长的卷发披散在肩头。当她在炙热的阳光下，不慌不忙地走在海边上的小路时，坐在海边围栏上的一群少年们，毫不掩饰的倾慕目光落在了她的身上，一直紧紧跟随着她的脚步。他们显然忘了，玛丽莲的年纪比他们大太多。

后来，玛丽莲遭遇了一连串的变故，她被赶出西西里这个小镇。然而，在很多年后，她跟随丈夫又回到了小镇上。小镇上那些与她年龄相当的妇人们，此刻已经尽显老态，只有玛丽莲，她依然优雅，依然美丽而年轻。

一个女人外貌上的美丽，可以说是上天的恩赐，而女人的优雅，却是后天的产物。这是说，优雅并不是与生俱来的，它是后天修炼而来的。那么，一个女人怎样才能变得优雅呢？答案是内外兼修。

从外在来说，在穿着打扮上，优雅的女人从来不会穿夸张的服饰，她们向来以朴素、简洁、雅致的衣服为主，衣服的颜色可以鲜艳，但绝不能五颜六色。优雅的女人会给自己化妆，就像一位女演员说的“优雅就是到了八十岁也要涂口红”，所以，每一个优雅的女人都会给自己画上一个精致的妆容，这个妆容以淡雅为主。在配饰上，优雅的女人从来不戴一眼看上去很贵的佩饰，她们会戴珍珠、翡翠这些典雅的佩饰。在言行举止上，优雅的女人从来不会大声说话或说一些攻击性极强的话，她们说话时向来轻声轻语，说出的话也令人内心舒适；优雅女人的嘴角边始终挂着笑意，她们站有站姿，坐有坐姿，每一个动作都透露出礼节。

从内在来说，在性格上，优雅的女人性格温柔大方，她们与人相处时，会以和为贵，从来不会挑起矛盾，哪怕起了矛盾，也会平静地就事论事。也正是这种淡然的性格，让人觉得非常优雅；在学识上，优雅的女人是见多识广的，她们的心里许多的锦绣文章，所以与优雅的女子交谈，有一种被打开了新世界的错觉。

所以，想要成为一名优雅的女人，想要抵御岁月的摧残，就要对自己进行内外兼修。只有这样，才会令人觉得你的优雅是浑然天成，是无懈可击的。

四十伊始，知性会让你魅力更久远

女人的美呈现在多个方面，具体分为有形的和无形的。有形的美有外貌上的靓丽，身材上的性感；而无形的美就是由内而发的气质，知性就是其一。知性就像是一朵永不凋谢的花儿，修炼出了知性，可以令女人美上一辈子。

知性与优雅一样，它是褒义的，是无形的，但人们又能感知到它的存在。当一个女人拥有了知性，她的身上将会散发出无穷的魅力。所以，哪怕你已经四十伊始，只要拥有了知性，也一样能成为人群焦点。

通常来说，知性的女人身上会有这样一些特点。

知性的女人是成熟的。知性是一种智慧，是宠辱不惊的人生态度。一个女人想要拥有智慧和宠辱不惊的人生态度，必然要经历各种各样的事物，而这些经历，其实就是岁月的积淀。只有当女人经历的多了，对生活才会少一些茫然与焦虑，多一些珍惜与感恩。在为人处世上，也会考虑周全，令人安心。

知性的女人是富有内涵的，知性能赋予她美。所以，每一个知性的女人都极具才情，极具内涵。她们有时会化身知心大姐姐，洞悉每一个的内心，说出一些做出一些令人暖心的话和事；有时会化身博学广闻的学者，天文地理，只要你说，她们都能接的上。

知性的女人都很有修养。知性的女人非常懂得换位思考，她们会常常站在对方的角度思考和看待问题，所以说出来的话、做出来的事总令人如沐春风。可见，知性的女人极有修养，她们大度而包容。

知性的女人是热爱这个世界的。知性女人传达给人们的都是正能量，而拥有正能量的前提是，要热爱这个世界。所以，知性的女人爱自己，爱自己的家人，爱生活。这种积极向上的生活态度是每个人都渴望的，所以知性的女人才极具吸引力。

与知性的女人相处，是一件令人感到身心愉悦的事，所以知性女人的手上就像是有一张巨网，能够俘获人心。

丽雅和齐芳是一对好友，两人刚刚过了四十岁的生日，在同一家企业工作。令丽雅不解的是，她的长相明明胜齐芳一筹，为什么在人缘上她却差齐芳一大截。

譬如前两天，公司有一个外派学习的名额。按照规章制度，丽雅和齐芳都在外派学习的名单之上。究竟给谁去？这个问题令领导纠结不已，最后他决定以匿名的形式投票决定，而投票的人则是公司里的同事。尽管丽雅平时和同事们相处的很不错，但最终的结果是绝大多数的同事将票投给了齐芳。由此可见，齐芳在公司里的人缘有多好。

有一回，公司一个同事邀请大家喝奶茶。这位同事经常会请同事喝奶茶，但他不会问大家的口味，因为他会全买原味。而这一次他邀请大家喝奶茶时，他特地询问了齐芳要喝什么口味的。原因是，齐芳上次说过，原味奶茶没有抹茶味的奶茶好喝。对此，丽雅相当郁闷，因为她也曾在这位同事的面前说过自己也不喜欢和原味奶茶，不同的是，对方没有记住她说的，但却记住齐芳说的。

丽雅发现，不止在公司里齐芳比她受欢迎，在公司之外，她也人缘非常好。就像不久前，她和齐芳一起报名参加了一个双人舞舞蹈兴趣班。当老师让学员自行组舞伴时，好几个走向了齐芳，想要和她成为舞蹈搭档，而她呢？没有一个人主动来邀请她成为舞伴，还是她硬着头皮主动和别人组伴的。

丽雅仔细想一想，她和齐芳一起去的舞蹈兴趣班，在老师来之前，只和那些学员们聊了几十分钟的天，但结果是，大家全都对齐芳心生好感。

这么一观察，还真让丽雅发现了真相。在外貌上，齐芳并不出色，但在气质上，她却极其出众的。这种气质很随和，毫无攻击性，会令人莫名想要靠近。在说话上，齐芳总会当聆听的一方，她聆听时的神情是那么认真而专注，而不管他人说哪些话题，她都能接上来，发表她独特的见解。在行为上，她也从来不做出令人厌烦的动作，她做出的每一个动作都令人心生好感。

这些优点加在一起，丽雅总结出了一个词，那就是知性。因为知性，齐芳的变得美丽，因为知性，让齐芳散发出无穷的魅力。

我们常常会有这样一个感触：一个初看惊艳的女人，在经过相处之后，内心对她的惊艳感会逐渐消失，取而代之的感受是“她就长得好看了点”。就像故事中的丽雅一样，她外貌好看，但却没有受到优待。但知性塑造出来的美就不同了，它不仅不会令他人产生疲劳，反而会随着相处，令人越发觉得美丽，觉得魅力无穷。

赵安是一档生活类节目的外景主持人，她的工作就是走进人们的生活，采访不同年龄段的人，而她的身上就有一种知性美。

有一回，赵安需要采访一位学识渊博的老先生，这位老先生的腿脚不便，坐在了轮椅之上，说话时也不太利索。赵安在采访时，她非常有礼貌的半蹲在老先生的跟前，微笑地提出自己的问题。老先生讲话时，她聆听的很认真，视线也没有离开老先生。期间，她还会适时地说一说自己的想法与看法。

这段采访，将赵安的知性美展现的淋漓尽致，她的知性美来自于她的博学，来自于她对人的谦逊，来自于她对他人的尊重。人们也忽然发现，这个外貌不怎么出色的主持人，看久了之后，也美的惊人。而这种美，是由内而发的美。

知性是一种涵养，是一种学识，它是由内而发的。另外，知性不是一朝一夕就能获得的，它必须要经历岁月的沉淀。所以，你想要在四十岁还依然美丽，就要立马展开对知性的修炼。那么，女人该如何让自己变得知性呢？答案是要丰富自己的内涵，懂得热爱这个世界。

有句俗语说：“腹有诗书气自华”，当你饱读诗书后，气质才华会自然横溢。所以，女人不管在哪个年纪，都要多读点书。当然，提升内涵的方法还有许多，譬如去参观画展，去听音乐会，去各地旅行，等等。

热爱世界，用积极向上的态度来面对这个世界。所以，要学会对这个世界投注一份关注，多给予一份耐心。正如先前所的，爱自己、爱家人、爱生活的女人才是真正的知性。

那一笑，很倾人，很倾城

微笑很神奇，一抹恰到好处的微笑，能够令人如沐春风，能够令人心生好感。所以，当一个女人学会了微笑，她就掌握了折服人的魔力。

对女人来说，人生中最爱微笑的阶段是幼时，因为幼时是最无忧无虑的，随着年纪的增长，所经历的琐事和所遇到的烦恼越来越多，微笑挂在嘴角的频率越来越少。然而，女人年纪越大，就越要懂得去微笑。

因为微笑是一种年轻，当岁月在上了年纪的你的脸上留下印记后，微微一笑，仿佛就能擦去你的实际年龄；因为微笑是一种美丽，再精致的妆容都抵不过你的微微一笑，就像古语常说的“一笑倾人城，再笑倾人国”；因为微笑是一种魅力，当一个女人懂得了微笑，就已经做到了“回眸一笑百媚生”。

微笑就是这么有魔力，尤其是女人的微笑，世界上没有人能够拒绝。因为微笑除了是美丽、年轻、魅力的代名词外，它还能展露出一个人豁达、乐观、坚强等心态。所以，女人不管到了哪个年纪，都不能忘却微笑。当你将微笑挂在嘴角后，你就会发现你将是人群里最受瞩目的。

付虹这些年很不顺，因为丈夫病重，导致她在四十岁时辞去了干了多年的秘书工作，专门在家照顾丈夫。因为她对丈夫的鼓励，令丈夫在感动之余，积极地接受治疗，再加上她的照顾很无微不至，让她的丈夫的病一点点好转，如今几年过去了，已经基本痊愈，重新投入了工作之中。

付虹是个歇不下来的人，见丈夫不用自己照顾后，她也想出去工作。所以，她像许多年轻人一样，去了人才市场。她想继续做她原先的职业，也就是秘书。

都说不想当将军的士兵不是好士兵，付虹虽然人到中年了，但也有一颗当将军的心。所以，她没有应聘小中企业的秘书一职，而是应聘大企业的秘书一职。

当付虹选择好自己要去的企业后，她发现参加应聘的有十多个人，然而这家企业只招聘两名秘书。按照付虹以往当秘书的经验，这两个秘书职位，一定是一男一女。因为男秘书要跟随老板外出应酬，女秘书则负责日常工作，以及安排老板的行程。

付虹数了一下，这些应聘的人中，有八名女性。这些女性，有些是应届毕业生，有些是有多年工作经验的。在与这些女性交流时，她发现这些女性无一例外都是名校毕业的。虽然付虹知道自己的胜算不大，但她向来是个乐天派，全身心地面对企业的笔试和面试。

笔试很顺利，付虹凭着多年的工作经验顺利通过了，另外还有四名女性也过了笔试。在面试的时候，付虹一直面带微笑，给人一种舒适感。哪怕是回答不上面试官的问题，她也会礼貌地笑着说不会。从始至终，她嘴角的微笑都没消失。反观其他应聘者，应届大学生因为缺乏勇气，回答问题时总是磕磕碰碰。而有着多年工作经验的应聘者，虽然回答很好，但脸上却很严肃。

在最后公布聘用名单时，付虹是不抱希望的，因为她表现的并不出色。但现实却给她上了一课——不到最后永远不要对自己失去信心。没错，最终应聘上的那个人是她。当其他应聘者觉得不公时，面试官笑着说："她虽然不是最优秀的，但是她的微笑是最无懈可击的。我很喜欢她的微笑，相信企业的客户们也会折服在她充满魅力的微笑之中。"

对女人来说，一抹恰到好处的微笑，可以弥补容貌上的不足，可以遮掩年纪的真相，可以提升自我气质。所以，想要获得他人的好感，为何不想他人展露你的微笑呢？不可否认，女人年纪越大，所承受的压力就越大，但那不是我们忘却微笑的理由。并且，忘却微笑不会对他人造成损失，却会对你自己造成损失。就像事例中的付虹，她在学历和工作经验上都不占优势，如果她忘却了微笑，那么这个职位将会与她失之交臂。

一个女人，不管年纪有多大，她都不能停下对美追求的脚步，同样的，微笑也不能消失在嘴角。当你懂得微笑待人，微笑地面对这个世界时，你会发现逝水流年，你依旧美的令人窒息。

一个令人心生好感、魅力十足的微笑是需要把握尺度的，一旦不分场合、不把握尺度地去微笑，那么它所展现出来的效果可能会适得其反。所以，女人该如何去微笑呢？

首先，微笑需要自然。每个人都会微笑，但有些人的微笑给人的感觉很自然，而有些人的微笑却令人觉得很别扭。这其实是一个人微笑时的幅度、弧度有关。一旦笑容幅度过大，弧度过小，那么就达不到倾人倾城的效果。何为幅度大？就是微笑的时候会露出许多的牙齿，弧度则是指嘴角扬起的角度。

这里没有标准可言，因为每个女人的气质、容貌都不相同，所以他人脸上的微笑放在另外一个女人脸上，并不适用。那么，怎样才能做到微笑自然呢？对此，我们可以对着镜子去微笑，找到那个令自己最满意、最自然的笑容即可。

需要注意的是，自然的微笑都是建立在真实、真诚的基础之上的。所以，想要令人觉得你的微笑有魔力、有魅力，一定要源于内心去微笑。

其次，微笑需要看场合。虽然说微笑是女人的一柄利器，但是，当微笑用在了不对的场合，它不止不会展现出魔力，还会令人心生反感。譬如，在严肃的会议上，我们绝不可以去微笑。

都说爱笑的女人运气不会差，这句话放在人到中年的女人身上，依然适用。女人的微笑就是一张通行证，它会令你在往后的人生道路上畅通无阻。

做韵味女人，岁月也会向你低头

一朵美丽的花儿，如果它散发不出芳香，那么就会令人觉得美中不足。对女人来说，如果有一张美丽的容颜，但身上散发不出韵味，那只会令人觉得可惜。

一个女人，美丽的容颜是次要的，因为再美丽的脸，它终究有逝去的那一天，但韵味不同，它会随着岁月的逝去沉淀的越发令人心醉。因此，做一名有韵味的女人，岁月也会向你低头。

说起韵味，它是气质和个性的结合。所以，一个女人光有气质，没有个性，那么谈不上有韵味，同样的，一个女人光有个性，没有气质，那也与韵味差上一截。

通常来说，并不是每个女人都有韵味。对年轻女人来说，她可能会有个性，但却缺乏岁月沉淀的气质，而对上了年纪的女人来说，或许有岁月沉淀的气质，但却也被岁月磨灭了个性。所以，既拥有气质，又拥有个性的女人，可以说十分难能可贵。

当一个女人拥有韵味，就像是拥有了一台时光缓速器，会让时光流逝的非常慢。所以，你会发现，一个有韵味的女人，岁月总会格外的温柔地对待她。当她与同龄人站在一起时，她也会是最有魅力，最为出彩的。

方灵和方燕是一对孪生姐妹，两人刚刚迈入四十大关。按理说，同卵双胞胎的她们，长相上应该没有多大差别，但事实上，两姐妹随着年龄的增长，差异逐渐显示出来。姐姐方灵要比妹妹方燕要年轻许多，且每每两姐妹一块外出，人们的注意力都会落在姐姐方灵的身上，而妹妹方燕则时常被忽视。

譬如有一次，两姐妹一起去泰国游玩，当地有许多卖披肩的商铺。当姐妹俩进入商铺选购披肩时，店员的注意力全都落在了姐姐方灵的身上，并用英语一个劲地推荐披肩，说这些披肩非常适合她。反观妹妹方燕，店员们将她忽视地彻底，直到她呼喊店员，才有店员跑来向她介绍。

在泰国那几天，姐妹俩去了很多的旅游景点。当两人去海滩观光时，当地的摄影师看到了姐姐方灵后，眼前一亮，他主动表示要免费为她拍照。而妹妹方燕想让摄影师也为她免费拍摄几张照片，然而对方毫不犹豫地拒绝了，并表示拍照可以，但是要给予报酬。

这次旅行，让方燕非常郁闷，明明她和姐姐长相差不多，可为什么人们总关注到她的姐姐而忽视她呢？当然，这样的现象上演过许多次。

有一次，妹妹方燕去应聘一家玉石珠宝店的柜姐，因为有些紧张，便喊姐姐方灵陪同她一起去。但让方燕没想到的是，一番面试后，她被委婉地拒绝了。但令方燕难堪的是，玉石珠宝店的老板居然当着她的面询问她的姐姐有没有入职的意向。气愤的方燕询问老板为什么拒绝她，明明两姐妹长得很像。老板回答说，姐姐方灵十分优雅，带上店里的玉石珠宝简直就是活招牌。

方燕回到家后，她细细想起这些年大家对她姐姐的评价，有知性、有优雅、有端庄、有温柔，将这些形容词融合在一起，可以用一个词概括，那就是“韵味”。因为姐姐独特的韵味，才令她在哪儿都是耀眼的珍珠；也因为韵味，她看上去年轻了太多。

美丽的女人是一道风景线，初看会惊艳，看久了就会腻味，而有韵味的女人则是一幅画、一首诗，细细品味后，令人越发着迷，越发沉溺其中。所以，当一个女人拥有了韵味，她就会像散发着香甜气味的美酒一样吸引人，年纪越大，就越发醇香。

对女人来说，你可以没有美丽的容颜，但绝不能没有韵味。

李艾是一名小有名气的服装设计师，有一次受某品牌邀请，看该品牌的服装秀。这个品牌除了邀请知名的服装设计师外，也邀请了很多女星。而李艾的座位恰好被安排在某女星旁边。

相较于女明星的青春靓丽，已经有四十岁的李艾微笑时眼角已经有些许皱纹。但是，令人们感到不可思议的是，李艾静静的坐在那儿，她微笑看秀的模样一点也不输女明星，甚至略胜一筹。

仔细品味，李艾的美并不是来自容颜，而是来自她有内而发的韵味。

韵味并不是与生俱来的，它是通过后天的漫长的修炼获得的。那么，一个女人怎样才能散发出韵味呢？这要从气质与个性下手。

就气质而言，它多种多样，有优雅，有端庄，有知性，等等，不管是何种气质，都需要丰富自己的内涵，用岁月来沉淀。怎么丰富内涵呢？譬如去阅读、去旅行、去学习书法、去学习舞蹈等等。这些方法里，可能很多年纪大的女性觉得学习舞蹈、书法之类的不适合自己，然而，学习是无止境的，所谓活到老学到老，这何尝不是在丰富自己的内涵呢？

在个性上，有韵味的女人都是个性分明的，在一番交谈后，能够让人牢记于脑海，让人觉得魅力无穷。倘若没有了个性，那么就像是一具很有气质但却没有灵魂的玩偶。所以，要做一个有韵味的女人，必须要修炼出自己独特的个性。这里的个性可以是谦和稳重，可以是活泼开朗，可以是温柔善良。当气质与个性相结合，那就成就了韵味。

女人的韵味虽然是看不见摸不着的，但却令人能感受的到。所以，它是由内而发的，是需要长时间来沉淀的。如果你想要成为一名有韵味的女人，不妨从此刻起修炼韵味秘籍，让岁月为你俯首称臣，让美丽相伴你永恒。

她们都说你好美，女孩也为你的从容沉醉

当你与一个从容的人相处时，你会有什么样的感受？细细回味一下，当时的心境一定是平和的，是波澜不惊的，是风轻云淡的。那种感觉，仿佛置身于一片宁静祥和的世外桃源一般，令人沉醉其中。

当从容出现在一个女人身上时，她就会像一块冰，能够让燥热的人瞬间凉爽；她也会像一盏茶，让人感觉像是躺在了凉亭的摇椅上细细品味。更重要的是，一个从容的女人，她还会传达给他人美丽的讯息。

为什么说从容的女人是美丽的呢？这是因为从容的女人在遇到挫折时，会坦然面对，这种不为磨难而打到的女人，又怎么不美丽呢？因为从容的女人情绪是平静的，岁月会为之延缓脚步，所以美丽是必然的。

一般来说，从容都出现在年纪在四十岁左右的女人身上。因为从容是满怀自信的，需要岁月的沉淀。因为，一个女人只有经历的多了，才会处变不惊，她会用经验去解决各种各样的难题。可见，从容淡定是岁月回馈给四十岁女人的宝贵礼物。相反，我们鲜少会在女孩的身上发现从容，因为年轻的她们缺乏阅历，缺乏应对挫折的勇气。

所以，四十岁的女人可以没有美丽的容颜，但一定要学会从容淡定。因为学会了从容，才会令人觉得美丽，当拥有了从容，就连女孩也会为之沉醉。

薛培是一个被岁月温柔以待的女人，尽管已经四十多岁了，但看上去依然很年轻、美丽。了解薛培的人都明白，她的美丽并不是来自容颜，因为严格来说，她的容颜只是普通。所以，她身上的那份美丽确切地说是来自她身上的从容。

李雪是薛培的邻居，之前，她并没有觉得薛培很美，直到在电梯里

看到薛培从容的一面时，她才觉得她美，并化身为她的忠实小迷妹。

那一天，李雪出门乘坐电梯时，恰好薛培也在。两人虽然是邻居，但平时的交流并不多，所以李雪简单打过招呼后，便不再说话。然而，就在那一刻，变故横生，电梯突然出现故障，先是卡顿了一下，然后以飞快的速度向下坠。

当时，李雪的脑袋里一片空白，她们从二十几楼坠下去，最后即使侥幸不死也会重伤。巨大的惊恐让她失去了思考，一个劲地大哭尖叫。相对于她的惊慌失措，薛培要从容冷静的多。她迫使自己冷静下来，将电梯的每一个楼层的按键全都按了一遍。这之后，电梯虽然还在往下降，但速度变慢了许多，并且电梯会在每个楼层停顿一下。只不过，电梯停在每一层时，门都没有打开。

薛培为自己争取到了足够的时间，接着又立刻按响了电梯的警铃，并按下了电梯内的电话键。很快，电话接通后，她讲明了当前遇到的危险。电话那头，接电话的人有条不紊地指挥薛培怎么做。

在对方的指导之下，薛培摆出了对自己安全的姿势，瞧见李雪还在傻愣愣地站着，立马提醒对方照着她做。也许是运气好，两人有惊无险的到达了底层，等待维修电梯的工作人员过来打开电梯。

逐渐安静下来的李雪，不禁将视线落在了薛培的身上，薛培从容应对危机的态度，令她钦佩不已。

除了李雪这个年轻的姑娘外，跟着薛培学习的实习生也被她的从容所折服。

有一回，实习生跟着薛培去约见客户，约见地点在客户的公司。为了与客户达成合作，薛培整理了很多数据和资料，最后让实习生打印出来，并嘱咐在约见客户的那天带上。

然而，在约见那天，到了客户的公司，实习生才发现自己的资料没有带，她想回去拿，但快要到约见的时间点了。实习生嘴里不停地说“怎么办”，因为焦急，她额头上直冒汗。

对此，薛培非常镇静，她在来之前就打听到，今天约见的这名客户是一个非常守时的人，如果因为回去拿资料而迟到的话，别说合作，恐怕连人都见不到。所以，薛培选择先和对方约谈，然后再见机行事。

就这样，薛培带着实习生进入了客户的办公室，薛培从容淡定地介绍合作计划，在对方犹豫之时，薛培礼貌地询问对方，能不能借用一下对方公司的文印室，并表示她整理了一份详细的数据。在对方同意后，她拿出U盘，让实习生用客户公司里的打印机打印了资料。

本来，这名客户和薛培交谈后，就想合作了，在看过薛培的数据资料后，立马拍板同意。在薛培从容的与客户签约时，实习生的心里对薛培生出了浓浓的敬佩之情。

一个女人到了四十岁后，意味着她的人生经历了很多阶段，这些阶段里有各种各样的辛酸苦辣。因为经历的多了，就忽然懂得了有许多事情是我们无法预料、无法强求的这个道理。要知道，月亮尚且都有阴晴圆缺，人又怎么会没有悲欢离合呢？只要拥有了从容，才能坦然去面对。就像故事里的薛培，她的从容并不是一开始就有的，也是历经风霜后锻炼出来的。

那么，一个女人怎样才能变得从容淡定呢？

首先要懂得控制自己的情绪。人的情绪有许多，但情绪激动的人，绝对与从容不沾边的。一个从容的女人，她的情绪从来都是平静的，仿佛任何事都掀不起她内心的负面情绪。所以，想要成为一个从容的女人，首先要懂得控制自己的情绪。因此，我们要对自己的情绪多一点的关注，尤其是发现自己的情绪起伏剧烈时，要转移自己的注意力，或是对自己做一下平复情绪的心理暗示。当你的脾气能被自己控制，且发脾气的次数越来越少后，会发现你已经成了从容不迫的女人。

其次要懂得陶冶情操。一个喜欢阅读，喜欢练习书法，喜欢音乐的女人，身上必会散发出从容的气息，这是因为这些活动都能陶冶人的情操。所以，当自己的心境变得平和时，就会表现出自我从容的一面了。

从容就像是一台美颜相机，令相貌平平的女人在美颜的加持下，也能变美丽。从容就像是一道耀眼的光环，能够将人们轻松地圈入光环之中。作为女人，绝不能少了从容。

艺术，能够让你在人群中脱颖而出

历史中，凭着美丽的容颜令人家喻户晓的女人似乎只有四大美人之流，但凭着才情闻名于世的女人，那就多的有点令人数不胜数，譬如李清照、上官婉儿、蔡文姬等等。这其中缘由，就是因为人们对有艺术气息的才女更为推崇，对有艺术气息的女人的认同感更高。

因此，当你走在街头，你会发现这样一个神奇的现象：一些女人明明没有耀眼的容颜，但却能从茫茫人海中脱颖而出，仿佛自带闪光灯一般。在这些女人身上，你会发现她们有一个共通点，那就是充满艺术气息。

俗话说“好看的皮囊千篇一律，有趣的灵魂万里挑一”，这句话是说，漂亮美丽并不能作为女人的特色，唯有一个充满趣味的灵魂才能让其极有特点，令人一眼就记住。这句话放在有艺术气息的女人身上同样适用，即“漂亮的女人到处是，有艺术气息的女人万里挑一”，一个有艺术气息的女人，就是有让人一眼就牢记于心的魅力。

美丽的女人就像是一朵玫瑰，她盛开的时候很美，一旦过了花期后，就会零落成泥。但充满艺术气息的女人不同，她们就像是一坛坛埋在树下的陈年老酒，年数越久，就越发香醇醉人。所以，对女人来说，容颜的美仅仅是外在的美，这种美丽会令人审美疲劳，唯有散发出艺术气息的美才是真正的美，并且这种美会随着年纪的增长，变得越发令人迷醉。

李阿姨今年五十多岁了，她是一位古筝老师，弹了有四十多年的古筝。两年前，李阿姨出了一场小车祸，导致她的手腕和手指不再灵活，便不再教授学生。然而，李阿姨是一位热爱生活的女士，她在家一刻也歇不住，同时她对演员这个职业既好奇又向往，而她家恰好就住在影视城附近，她便抱着一试的心态，去应聘一下有没有适合自己的角色。

李阿姨去的影视城，有好几个剧组常年在拍戏。每个剧组缺少什么样的角色，需要什么样的演员，都会有公告。李阿姨站在影视城的公告大厅里，将公告信息看了一遍后，看中了一个古装剧中的角色。这个角色戏份极少，饰演的是男主角的母亲，一个不争不抢多才多艺的宫妃。

当李阿姨走进这个剧组的招聘现场时，她发现有许多与她年纪相仿或年纪比她小的人也在应聘这个角色。这些女士们，保养的都非常好，并且绝大多数女士的外貌都在她之上。当她们看到李阿姨后，本能的感到了一股危机感，为了让李阿姨知难而退，刻意提高声音议论了起来，譬如她们说这部剧的男主角是一个非常帅气的小伙子，作为男主角的母亲，一定得有美貌；有人说自己看过原著，书里对男主角母亲外貌的描写用到了“倾国倾城”“惊为天人”这样的词汇。

这些话虽然不至于让李阿姨退缩，但心里也挺失落的，她很清楚，自己既没有美貌也没有演技，能被选上的概率微乎其微，但她向来很乐观，不太计较得失。

排队等候面试期间，李阿姨看到那些年轻美丽的女士和很有演技的女士在面试后纷纷被拒绝了。而轮到她进行面试时，面试官甚至没有要求她表现什么，当下就拍板那个角色由她来演。

事实上，李阿姨能被选上是意料之中的，尽管她不再年轻，且外貌也不出色，但她浑身充满了艺术气息，这就使得她在密密麻麻的应聘者里特别出众，再加上剧中角色对艺术气息颇有要求，所以李阿姨能被选中，完全多亏了她受艺术熏陶了几十年，令她的艺术气息由内而发。

在一个充满艺术气息的女人身上，你会发现她的身上有许多的闪光点，譬如她的气质高雅从容，她非常热爱生活，她在面对挫折时永远是乐观开朗的。这样的女人，又谈何不美丽呢？哪怕她历经了岁月的洗礼，脸上留有许多岁月留下的痕迹，也会觉得她依然美不胜收。

不过，并不是每个女人的身上都充满艺术气息的。并且，生活中充满艺术气息的女人可以说非常之少，这是因为艺术气息是沉淀而来的。所以，一个有艺术气息的女人，必然会与事例中的李阿姨一样，受艺术熏陶多年。

可能很多女人都渴望自己拥有艺术气息，但真正接受过艺术熏陶的女人却很少。这是因为，绝大多数女人都认为自己的年龄大了，不再适合接触艺术。事实上，艺术与女人的年龄有什么关系呢？要知道，很多人都是在退休之后接触艺术的，并且还做出了一番成绩。人到中年或已逾中年的我们，不需要在艺术方面有多少成就，只要能受到艺术熏陶即可。

怎样才能令自己浑身充满艺术气息呢？对此，有这样几个建议：

选择自己喜欢的艺术。虽然说艺术气息是长年累月而来的，但选择自己喜欢的艺术去学习，却能事半功倍。所以，当你选择要学习艺术时，不要受潮流影响，要认真的想一想自己对哪门艺术感兴趣，如果没有擅长的艺术爱好，可以选择自己感兴趣的艺术去学。

从生活中寻找艺术。生活是一门艺术，只要留心，会发现有许多需要艺术的地方。譬如，摄影中有艺术、插花中有艺术、美景中有艺术、书法书画展览中有艺术等等。当发现这些艺术时，尝试亲近和了解这些艺术。

懂得将艺术融入生活。一个人身上的艺术气息是否浓郁，要看它在平时对艺术的热爱程度，当她不断受到艺术的滋养，就能不断地提升艺术气息。

作为一名女人，不管到了哪个年纪，都不能放弃自己。任何年龄的你都可以去学习艺术，做一名有艺术气息的女人。

懂得阅读的女人，是最美的

对女人来说，美丽的容颜确实能博得他人的好感，但如果空有美貌，没有学识，那么就是一个花瓶美人，给人的印象也会大打折扣。如此看来，女人的美貌是冷兵器，但与学识这个热兵器比，就显得有些杀伤力不足了。

一个女人是否有学识，与她是否有阅读的习惯有关，因为阅读可以增长人的学识。一个懂得阅读的女人，她就像是一缕春风，让接触她的人感到舒爽；一个懂得阅读的女人就像是一朵素净的花儿，在万紫千红中是那么显眼，那么与众不同；一个懂得阅读的女人，她的思维之广，眼界之远，与之交谈的人都会感到受益匪浅。

对女人来说，美貌是次要的，有学识才是重要的。因为有学识的女人身上散发出来的美，是一种由内而发的美，这种美是知性、是优雅、是从容、是淡然。

林徽因俘虏了三个才子的心。一个是家喻户晓的大才子徐志摩，他对她倾心不已；一个是建筑学家梁思成，和她结为连理后，对她敬重有加，为之着迷；还有一个是学界泰斗金岳霖，他对她的喜爱让他愿意为她终身不娶，并将对她的这份爱持续到生命的尽头。

一个女人的美貌确实能吸引男人的心，但真正能让男人俯首称臣的，还是女人的学识与才情。林徽因靠的也不是美貌，而是她的才情。

林徽因是一个喜欢阅读的女人，她看的书非常多，这使得她的学识非常广，能够写好诗，譬如她的代表作《你是人间四月天》。小说《九十九度中》，当你阅读后，都会认为她是一名不折不扣的才女。林徽因的才情让她身上有一股美的气息，一颦一笑都令人觉得韵味万千。

可见，女人的容貌美是张扬的，但学识之美确实深沉的，它更为长久而迷人，并会随着岁月的变迁更加令人神往。

俗话说“腹有诗书气自华”，当一个女人喜欢上阅读后，就会变得很有书生气，这股气息折射在行为上，就会是优雅的谈吐，令人舒适的举止，当他人觉得你的美是由内而发的后，那么你的美将会像冻结了一般，那最美的一面将永远留在他人的心里。

所以，一个女人，不管是人到四十，还是五十，都不能放弃阅读。因为，当你将阅读这个习惯沁入骨髓后，逝水流年，雅致依然。就阅读而言，想要拥有学识之美，一定要挑选有深度的书来看，倘若看的书没有深度，那么你与学识之美的距离依然还是那么远。

刘敏今年已经有五十多岁了，前不久刚退休。因为年轻的时候一直忙事业，以至于没有时间出去旅游。现在有时间了，她便报了一个中老年旅游团，去领略祖国的大好山河。

刘敏虽然年纪不小了，但是却紧跟时代的潮流，她开通了微博，每去一个地方，都会拍摄这个地方的照片或短片，并时不时地发布到微博上。这些照片和短片偶尔会有人转发，有时候也会有个别粉丝给她留言。忽然有一天，刘敏那默默无闻的微博大火，而她也上了热搜，伴随的话题是“最美导游”。这究竟是怎么回事呢？

刘敏已经步入中老年行列，尽管保养的很不错，但绝不可能和“最美”挂钩。而人们认为她最美，是因为她身上散发出来的书香气。

刘敏发布的景点照片和短片很特别，每一张照片，她都会留下一两句押韵的自己创作的诗句。这些诗句细细读来，令人意犹未尽。而发布的短片中，她还充当了导游的角色，介绍起短片中的景点。她的介绍很风趣，一点儿也不古板，她所说的每一句话，都令人感到景点的意境之美，令人心生向往。这样的短片，相比景点的官方宣传都不差。也因此，五十多岁的刘敏被网友们称为“最美导游”。

刘敏是一个喜欢阅读的人，她喜欢阅读文学著作，喜欢研究历史，长年累月的阅读习惯，让她有了书香气，有了学识之美。

一个女人想要拥有学识之美，就要懂得阅读。在阅读上，有这样一些需要注意的地方。

阅读的书籍要有内涵。市面上，各种各样的书籍有很多，其中有不少是快餐书。什么是快餐书，它就跟快餐饭一样，不仅没有营养，而且吃完就丢。同样的，快餐书也毫无营养，阅读过后学不到任何知识，又谈何塑造出气质？“腹有诗书气自华”，从这句话来看，只有阅读的书籍如诗书一样有内涵，才能塑造出学识之美。所以，想要提升自己的学识美，就要读有内涵的书。

边阅读边思考。很多时候，我们想要弄清楚一个问题，就要去思索这个问题。对阅读来说，也同样如此。你想要弄明白这本书讲了什么，自己能学到什么，都需要去思索，去记忆，倘若将书上的文字过一遍脑子就丢，那么还不如不阅读，因为这样的阅读无疑是浪费时间和精力。所以，想要从阅读中获得学识和气质，一定要多加思索，主动攻克。

阅读后，要懂得学以致用。很多女人虽然有阅读的习惯，但在与人接触时，并不能展现自己的学识美，这是因为在阅读后，她们将阅读到的知识埋藏在了脑海深处。然而，知识和技能一样，越不用就越生疏。所以，我们在阅读过后，千万不能让学到的知识蒙尘，要学以致用，灵活的用到日常生活中。如此，学识之美的光环将越发耀眼。

罗曼·罗兰曾经说过："和书籍生活在一起，永远不会叹息！"阅读可以令女人变得有智慧，可以令女人做到在心境上波澜不惊，可以令年过四十、五十的女人依旧美丽优雅。

沉浸在音乐中的女人，岁月会温柔以待

音乐很神奇，它就像只无形的手，能够操控人类无形的情绪。所以，当你情绪激动时，听一首轻柔温和的音乐，情绪会逐渐变得平和；当你情绪低落时，听一首动感十足的音乐，情绪又会逐渐变得激烈。当然，音乐的神奇之处不止如此，它最大的魔力是能够模糊一个女人的年纪，让女人散发出由内而外的美。

音乐是人的精神食粮，能够让人的精神得到满足。对女人来言，音乐是不可缺少的，如果女人是鱼，那么音乐就是水；如果女人是花朵，那么音乐就是阳光。音乐是胜过一切护肤品的存在，它能延缓女人的衰老，也能令女人变得美丽耀眼。

常年沉浸在音乐中的女人，她的身上会散发出独特的气质，这股气质可以是优雅，可以是端庄，可以是温柔，每种气质都令人觉得身心愉悦。

此外，与音乐相伴的女人，给人视觉上的感官也是赏心悦目的。因为，懂得享受音乐的女人，她的心态是平和的，而平和的心态又能延缓岁月的脚

步，所以沉浸在音乐中的女人，岁月会对她们格外的温柔，在再加上气质之美，又如何不令人觉得赏心悦目、美丽无比呢？

对女人而言，只有沉浸在音乐的世界里，才能感受到音乐带来的美妙之处。

林容和李岑是朋友，两人都已经人到中年。林容发现，随着年纪的增长，李岑不止看上去要比她年轻美丽，为人处世，李岑也总是一副风轻云淡的模样，这让她和李岑在一起时，总会沦为李岑的陪衬。

有一回，两人一起去参加朋友的生日会。她们坐的这桌，几乎都不认识。然而，当李岑刚入座后，其他人便热情地找她聊起天来，并一个劲地夸她年轻美丽，特别有气质，最后还互相交换了联系方式。反观林容，没有一个人找她聊天，这让她既心酸又嫉妒。

这样的情况不止一次。还有一回，一个朋友邀请林容和李岑去她新开的美容院体验项目。美容师在看到李岑时，一个劲地夸她保养好，一点也不像她这个年纪的人……这一天，林容别提有多憋屈了。

每一个赞美李岑的人，都会问她为什么活得这么年轻？气质为什么那么好？是不是有什么保养秘诀？李岑的回答很简单：喜欢音乐！

在李岑年轻的时候，便喜欢上听音乐，她的脾气被音乐抹去了棱角，在遇到烦恼的事情时，也会坦然从容地去面对。都说脾气催人老，因为几十年来鲜少会发脾气，也因为不让烦恼的事情留在心间，才令她看上去比同龄人要年轻许多。此外，长年累月受音乐的熏陶，她优雅的气质也被逐渐修炼了出来。

音乐可以令一个女人雅致，如果你想要用音乐来提升自己的气质，需要注意这样一些方面。

将听音乐当作一种习惯。虽然说音乐可以提升一个人的气质，但这种气质并不是在听一天音乐或听一段时间的音乐就能塑造得出来的。只有长久与音乐接触，才能熏陶出气质，这就好比是学习一门技能，只有每天坚持不懈地学习，才能掌握。所以，你想要通过音乐来让自己成为一名气质好的女人，就要将听音乐当成一种习惯，每天坚持。

选择听有内涵的音乐。音乐就和图书一样，五花八门，种类繁多，良莠不齐。音乐过于激烈，就会使人情绪激烈；音乐过于悲伤，又会使人情绪低落。只有听轻柔的、具有诗情画意的、有内涵的音乐，才能提升女人的心境。

把音乐融入生活。学会将音乐融入自己的生活，你可以在散步的时候哼一首小曲，可以在为朋友庆祝生日时找准时机献唱一首，等等。等你懂得将音乐融入生活后，你会发现自己变得越来越爱这个世界。

音乐是一门艺术，它可以陶冶人的情操，提升人的气质。从这一刻起，让自己沉浸在音乐的海洋里，做一名被岁月温柔以待的女人。

辑十二

女人不管年龄有多大，对待爱情，都要有取舍

对待爱情，每个女人都不缺想象力。在没遇到爱情时，都会有一个公主梦，希望遇到一个很爱自己的人，并与这个人相守相知一辈子。然而，想象终究是想象，没有人能笃定地说你遇到的人就是对的人，你的爱情一定会到天老天荒。因为爱情就像旅途，途中总会有坎坷。

爱情，它仅仅是女人人生的一部分。女人在对待爱情时，不管年岁有多大，都需要保持理智，懂得取舍。

在一起，就是最好的幸福

《诗经·邶风·击鼓》有言："死生契阔，与子成说。执子之手，与子偕老。"女人的年纪不管有多大，对爱情始终抱有一颗少女心，渴望能遇上一个对的人，渴望能"执子之手，与子偕老。"

在对的时间遇上一个对的人是多么的难能可贵。因为，这个世界的人数是以亿为单位的，在这几十亿人里，在对的时间遇上对的人的概率极低。所以，当你遇到为自己心动，令自己有幸福感的人时，那是千百年修来的缘分。正如佛家所说的"百年修得同船渡，千年修得共枕眠。"

对女人来说，不同的年龄，对爱情有着不同的释义。

在青春懵懂的年纪，爱情是令人脸红心跳的，想一想就会令人感到幸福；在充满活力的青年时期，爱情是甜中带涩的，即他爱我就是甜，他不爱我就是涩；步入婚姻生活后，爱情已经悄悄转变成了亲情，彼此一刻都不想分离；到了生命最后一个阶段时，爱情是平淡的，相守就好，在一起就是幸福。

所谓幸福，就是能和相爱的人相守。

林芳和丈夫是自由恋爱，在交往了几年后，步入了婚姻的殿堂。如今一转眼，他们结婚已经有二十年，而她也已经四十多岁了。这些年，林芳没有工作，是一名全职太太。

在结婚的头几年，林芳是幸福的，她也很爱她的丈夫。虽然那时候丈夫的工作一般，经济收入不高，但两人因为没有生育孩子，便觉得没多大的压力。生下孩子后，她渐渐感受到了来自经济上的压力。即便如此，她也没有多少怨言，对丈夫的爱依然未减。

林芳的丈夫是个性格大大咧咧的人，在林芳生下孩子后，他从没有主动给孩子换过尿不湿，当她抱孩子抱累着时，也没说要搭把手，除非她吱声他才会干；孩子长大一点后，他的事业正在上升期，故而他将绝大多数的时间都奉献给了工作，鲜少会陪伴孩子；孩子上学后，也一直都是她接送，她的丈夫也从来没有参加过一次孩子的家长会。

此外，林芳是一个爱漂亮的女人，随着年龄的增长，她有了保养的意识。然而，很多保养品价格都很高，她一想到丈夫的收入，就对丈夫很有怨言。

种种不满汇聚在一起，导致她和丈夫吵得不可开交，甚至她一度认为自己一点也不幸福。

有一天，她的丈夫在加班时突然心悸难忍，然后昏厥过去，他的同事一边将他送去医院，一边打电话通知了林芳。林芳在得知自己的丈夫昏厥后，一颗心提到了嗓子眼，赶忙去了医院。到了医院后，丈夫已经被推入了抢救室，令她急得如热锅上的蚂蚁。也是在这一刻，林芳意识到，她承受不了丈夫出一点变故。

林芳一点点想起丈夫的好，虽然她的丈夫收入不高，但是他每个月都会将钱交给她；她的丈夫不是个油嘴滑舌的人，而她也正是因为他的实诚选才择跟他结婚的。她意识到，她会感到不幸福，其实是她的贪婪造成的，而在这一刻，她真正明白，只要她能和丈夫一直在一起，那就是最好的幸福。

好在，林芳丈夫因为送医院送的及时，最终被抢救过来。林芳看着重症室内脸色苍白、插着呼吸管的丈夫，发誓以后要对丈夫好一点，再也不抱怨丈夫，与他争吵。

女人会爱上一个男人，这个男人的身上必然是有可取之处的。当女人选择与男人携手步入婚姻的殿堂，也必然是爱情推动的结果。当随着年纪的增长，你感受不到爱情制造出来的幸福感时，要先反思一下，问题是出在谁的身上。

如果你的另一半如婚前一样对你宠爱、对你好，而你在婚后却感受不到幸福，那么问题就出现在了你的身上。你要明白，你的不幸福极有可能是你的贪婪造成的。

在爱情里，贪婪就像是一个无底洞，它能够吞噬人与人之间的情感。当一个女人过于贪婪时，她的爱情意味着正在出现裂纹。并且，在贪婪的操控下，女人是感觉不到幸福的，贪婪会让爱情处处充满硝烟，会令当前的生活一塌糊涂。

其实，一个女人获得幸福的方法很简单，就是与自己爱的人在一起。回忆一下爱情里你最幸福的岁月，不正是那段单纯的与自己的爱人在一起的时光吗?

你要知道，两个人在一起就已经是一种完美。而你想要获得幸福感，就要时刻告诫自己永远保持一颗平淡的心，不要让贪婪有机可乘。

所有的幸福都是“熬”出来的

每一段旅程都是艰辛的，但只要坚持下去，就会欣赏到沿途的风景。对女人来说，想要在爱情里获得幸福，少不了要经历“熬”这一过程。

对绝大多数女人来说，她们的爱情就像是一条抛物线，先是从最低点上升到最高点，又由最高点下落到最低点。这段抛物线意味着，年轻的时候由浅爱到深爱，随着年龄的增长，再由深爱变为浅爱。从爱意值的变化，也能看出一个女人幸福感的变化，即爱的越深幸福感就越高，而爱的越浅，幸福感就越低。

当然，也有一些女人，她们在爱情的世界里，从始至终感受到的都是幸福。而她们获得幸福的秘籍，就是“熬”。

爱情是一个相识相知的过程，在爱情发展的初期，女人会向男人展示自己美好的一面，而男人也会向女人展示自己优秀的一面，这个状态会一直维持到爱情达到最高值的那一刻，在这个时候，双方对彼此的各方面感官都是最好的，也是最具幸福感的。当爱情趋于稳定或步入婚姻生活后，男女双方会不经意的展现自己不好的一面，而天生比男人敏感的女人，在发现自己的爱人与自己心目中的形象有差距时，就会产生落差感，从而降低幸福感。只有妥善地处理好落差感，女人才会幸福满满。

此外，相爱容易相守难。爱情的开启不难，但让这段爱永远持续下去，却很难。因为，每一对爱人的未来之路都不是风平浪静的，会时常遭遇风雨，当遇上那些逆境、贫穷、疾病时，只有彼此陪伴、勇敢克服，才能看到雨后的彩虹。

所以，对女人来说，爱能给予幸福，而让幸福永远相伴的秘诀，其实就是与爱的人共同面对风雨，熬过那些艰难的岁月。

李蕊今年有五十多岁了，她与爱人的感情非常好，每天吃完晚饭后，都会手牵着手到小区旁边的公园里散步，犹如正在热恋的年轻人一样。很多人特别羡慕她现在的幸福生活，当问她获得幸福的秘诀是什么时，她只说了一个字，就是“熬”。那么，她的幸福是怎么熬出来的呢？

李蕊与她的爱人是相亲认识的。当时，她的爱人长相不错，谈吐又儒雅，在相亲结束后的当天，她就答应了对方的追求，确定了恋爱关系。在相处过程中，李蕊发现她的爱人有很多的优点，譬如体贴、善良。在谈了一年恋爱后，她便与他结了婚。

但自从结婚后，她发现她的爱人与她想象中的很不一样，她认为的优点，有很多都是他刻意装出来的。比如爱干净这一点，在结婚前，他到她家做客时，总不忘记将换下的鞋摆放好，可结婚后，他每次回家，换下的鞋子总是东一只，西一只；结婚前，他对个人形象很看重，总穿得干净整齐，打从结婚后，他穿得就有些邋遢了……

李蕊是一个心态很好的人，她清楚的明白，如果一直盯着她的爱人的这些缺点不放，那么她肯定会感到不快乐，不幸福，只有坦然接受，将他的缺点熬到她不甚在意了，她才会有幸福感可言。事实上，李蕊也的确这样熬过去了。

后来，他们的爱情迎来了考验，婚姻生活遭遇了七年之痒。

那时，李蕊爱人的公司因为一个错误的决定，导致公司经济崩盘，面临倒闭。那段时期，她的爱人情绪异常暴躁，经常在家发脾气。但李蕊没有选择和丈夫争执。因为她知道，她的爱人会发脾气是工作上的压力造成的，说得那些话都是气话。她没有想过要和爱人离婚，而是竭尽所能地陪着他、帮助他，共渡难关。

正是因为李蕊陪着爱人熬过了那段艰难的岁月，才让她的爱人感动不已，并发誓以后一辈子对她好。如今过了几十年，她的爱人依旧爱她，感恩她。而她也觉得，这样的日子很幸福。

对女人来说，相爱时是轰轰烈烈的，相爱后是相濡以沫的。而你想要获得幸福，就需要明白爱情里的取与舍。就像故事里的李蕊，她舍弃了对爱人的过高要求，选择了与爱人风雨同舟，她才获得了幸福。

任何一段爱情都是漫长的，沿途里会有无数的坎儿，会让人觉得艰辛，想要放弃，但越过这些坎后，会发现前路的柳暗花明。所以，爱情里的幸福感都是相互扶持而来，都是用心经营获得的。

很多女人都羡慕普莉希拉·陈，因为她是超级富豪Facebook创始人扎克伯格的妻子。普莉希拉·陈在扎克伯格默默无闻时就与他相识相爱，在他创业过程里，陪着他渡过一个又一个的难关，正是因为风雨同舟，共同患难，才让这位富豪对她爱的深切。

聪明的女人都应该明白，天上没有掉馅饼的好事，同样的，想要在爱情里获得幸福，也要有所付出。所谓的付出，就是与你爱的人共同经历风雨，熬过那一段段艰难的岁月。

爱情，并不都是天荒地老的童话故事

童话故事里的爱情是美好的，每一位女主人翁都会遇上一位深爱着自己的王子，这位王子英俊不凡，勇敢坚毅，是女主人翁的守护神。而童话故事的结尾，也必定是女主人翁和王子结婚，永远幸福的生活在一起。

对女人来说，不管年纪有多大，内心都有一个梦，渴望着自己能够拥有童话般的爱情，遇上一位能够为自己披荆斩棘的爱人，然后这段爱情会是幸福的，会持续到天荒地老。不可否认，在现实生活中，这样童话般的爱情确实存在，但却少之甚少，绝大多数女人的爱情还是充满烟火味的。

女人是敏感的，是情感细腻的，在每一段爱情里都会尝到酸甜苦辣。酸味在爱情的萌芽期，对方的一举一动都会牵动着自己的心，令自己酸涩；甜味在爱情的确定期，只要在一起，呼吸的空气都是甜的；苦味在爱情的发展期，对方一个冷漠的眼神，都令自己的心苦涩不已；辣味在爱情的倦怠期，这个时期对方的言行都入不了自己的眼，彼此间常有争吵。正是因为这些酸甜苦辣，才令人明白什么是真正的爱情，才令女人意识到，爱情并不是童话故事，它不可能从头甜到尾。

当然，现实中的爱情也不会像童话故事里的爱情一样，会持续到天荒地老。在爱情的旅途中，总有各种各样的因素冲击着爱情，让爱情之梦破灭。

李丽今年恰好四十，与丈夫结婚十几年，两人育有两个孩子。因为李丽夫妻俩开了一家公司，且她的丈夫非常爱她，孩子又品学兼优，这让很多人都羡慕她，觉得她是人生赢家。对此，李丽也很得意，觉得自己的人生很完美。

李丽是一个非常爱幻想的女人，虽然她才到中年，但却已经想到了未来的老年生活。她想着和丈夫退休后，找一处环境优美的乡下养老。

她会在那个地方建一所风格复古的房子，房子后面会有一个院子，院子一角开垦一片田地种蔬菜，一角放上两张躺椅，冬天的时候躺在躺椅上晒晒太阳。就这样，和自己的丈夫一同老去……

然而，理想很美好，现实却很残酷。在李丽四十岁的生日刚过没多久，她的丈夫就被病魔缠上了，被医院确诊为胰腺癌晚期。

对李丽来说，这绝对是晴天霹雳，因为她的丈夫还很年轻，她根本就没有勇气面对即将失去丈夫的事实。所以，在那一段时间，她一直陪着丈夫积极的治疗，无奈病情还是无法控制，她丈夫的身体以极快的速度衰败，医生诊断只剩下三个月的生命期。

不管李丽如何祈祷，她的丈夫还是离开了。那一日，李丽哭得很伤心，对丈夫的不舍而哭，为未来的美好幻想破灭而哭，为未来的迷茫而哭。

每个女人都渴望自己的爱情有一个圆满的结局，但现实是残酷的，总会出现各种各样的变故。这里的变故可能是生离死别，可能是爱人的见异思迁，也可能是你对爱人的厌倦，等等，这些原因都会导致爱情旅途的中断。

对待爱情，没有人能剥夺女人爱幻想的权利，但女人需要明白，幻想是幻想，现实是现实。当现实中的爱情与幻想中的爱情差距过大时，就要及时调整好自己的心态，不要被自己幻想出来的爱情牵着鼻子走。

未来没有人能够预料，爱情的结局也没有人能说得准。因为，即使你能确定你忠于爱情，你的爱人能忠于爱情，但却无法确定生命中的意外会不会打断爱情。所以，女人要做的是，在爱的时候请深爱。当爱情没能走到天荒地老时，也要懂得爱自己。

林珍在少女时期，对自己的爱情有过幻想。她不求自己未来能遇到一个英俊帅气的伴侣，只求遇上一个对自己好的人，然后与对方携手走向终点。然而，人到中年后，她才明白自己的幻想太过天真，因为她的爱情没能走向终点，在半路就已经破碎。就在不久前，她和自己的丈夫办理了离婚手续。

这次离婚，是她的丈夫提出来的，理由是性格不合。聪明如林珍，她怎么会不知道这个是借口，因为要真的是性格不合，早些年为什么不离，偏偏要现在才离。不过，她没有追究，而是尊重丈夫的选择，离了婚。

林珍会与对方结婚，当初肯定是有爱的，这么多年生活在一起，爱情早就转变成了亲情。所以，在离婚后的那一段时间，她的心里很难受，情绪非常不好，这致使她的工作和生活变得一团糟。

林珍意识到，她不能再陷入感情的漩涡，她必须要走出那段失败的爱情。她告诉自己，没有了爱情，她还有亲情和爱情。为了转移自己的注意力，她会经常回家陪伴自己的父母，会和朋友外出旅行，并将绝大部分的精力投注到事业上。渐渐的，她放下了曾经的那段爱情。

对女人来说，爱情只是人生中的一部分，除了爱情外，我们拥有的还有很多。当一段爱情没能走到天荒地老时，不要伤心，不要难过，学会爱自己，学会热爱生活！

如果爱人留不住，我们就留住风度

每个女人都渴望自己的爱情有一个完美的结局，渴望自己的爱人能爱自己到天荒地老。然而，这样的想法注定是奢望。因为，爱情本就是虚无缥缈的，不是我们能够掌控的。爱情里处处存在着墨菲定律，你希望它朝着好的方向发展，可现实偏偏让它朝着糟糕的方向一去不复返。

女人的感情是细腻的，在爱时会深爱，当爱情破灭时，对感情也会很不舍，所以很多时候，会试图用尽一切方法来挽回男人的心，所以对女人来说，爱情是全身心的付出。但男人不同，他们在爱时会深爱，但在不爱时，会迅速地将自己抽出爱的漩涡，他们那颗果断的心，无论你好说歹说，做多少妥协，都不会心软。

所以，当你听到一个男人说“我不爱你”了，如果真的挽留不住，那么不如放手，留住自己的风度。

赵娜和李乾是相亲认识的，虽然李乾不帅，但为人很稳重，这令赵娜很有安全感，李乾也觉得赵娜漂亮、温柔，于是两人便在一起了，谈了没多久恋爱，就步入了婚姻的殿堂。到如今，已经有十多年。

赵娜本以为，自己会和李乾相守到老，毕竟他们还有个可爱的孩子。然而，就在不久前，李乾跟她提出了离婚。

这个事对赵娜的打击很大，她一点也接受不了，追问李乾为什么要和她离婚。李乾也没有瞒着赵娜，他告诉赵娜，自己不爱她，他想要恢复自由身。

原来，在认识李娜之前，李乾谈过一次恋爱，并且谈了许多年，因为双方家庭的原因，才没能走到最后。后来，他的前女友结婚了，他才彻底明白了自己与对方没有复合的可能，这才和赵娜结了婚。然而，就在不久前，他又遇上了他的前女友，两人聊了很久。他得知前女友已经离婚了，现在独自带着孩子生活。李乾觉得自己始终没有放下前女友，这才想与赵娜离婚，重新去追求前女友。

这样的理由赵娜一点也不能接受，她觉得自己和李乾结婚的这些年，就像是一个笑话。然而，让她和李乾离婚，她也做不到。毕竟，她爱李乾，且还和李乾有一个孩子，她不能让孩子在一个不完整的家庭里长大。所以，她拒绝了李乾离婚的提议。

男人不爱了，就是不爱了，李乾没有和赵娜啰唆，他收拾了几件衣服，离开了这个家。赵娜见李乾数日不归家，便料想他一定去了他的前女友那。被愤怒冲昏了头脑的赵娜，跑去了李乾的单位找他。

在李乾的单位，赵娜又哭又闹，她一会儿控诉李乾对她感情的不忠，一会儿说李乾的前女友不要脸，一会儿又希望李乾能和她回家。种种举动，都让李乾觉得丢脸。李乾忍无可忍，扇了赵娜一巴掌。这一巴掌令赵娜歇斯底里起来，拿起李乾办公桌上的裁纸刀架在了自己的手腕上，扬言李乾不回去，就死给他看。即便如此，李乾也毫不心软，最后到法院起诉，与赵娜离了婚。

可见，男人对待爱情是决绝的，不爱就是不爱，任凭你如何挽回，都拉回不了他的心。如此，还不如坦然地面对自己失去爱人的事实，这样还可以留住风度，留住自己的尊严。然而现实却是，鲜少有女人会做到留不住爱情留住尊严。

因为，绝大多数女人的爱情观如故事中的赵娜一般，宁可失去风度，失去尊严，也不想失去爱人。仿佛觉得，自己失去了爱人会活不下去。然而，当你失去风度，失去尊严时，你爱的他有回心转意吗?

作为一名女人，首先要做的是学会怎么爱自己，如果你自己都不爱自己，谁还会来爱你呢？爱情虽然是人生中重要的一部分，但它却不是人生的全部，我们不能任凭自己由它束缚，那样的话，人生还有何乐趣可言?

所以，当你的爱人不爱你了，若不爱的理由没有触及你的底线，你可以试着去挽留一下，如果实在挽留不住了，那么就放手，做一个有风度，有尊严的女人。如此的话，你还能获得对方的尊重，对方的愧疚。

李桐与丈夫结婚多年，然而一直没有怀上孩子，这让非常想要孩子的丈夫着急不已。李桐在着急的同时，也忙着四处求医。然而，当她在外地的医院接受治疗时，丈夫给她发来了一条短信，短信很简明，就是“我们离婚吧”！

李桐知道，如果自己一直没有孩子，她的丈夫一定会离她而去。虽然她内心很不想离婚，但她很明白，如果她说出自己不想离婚的话时，听到的拒绝的话语，一定是“你生不了孩子”，这样不仅留不住爱人，还会没了尊严。

最后，李桐选择了离婚。她的丈夫在看到她不吵不闹时，内心一度愧疚。

男人就这样，当他不爱你时，你的吵闹不仅不能挽留他，甚至还会换来他的厌恶，反倒是不吵不闹，有时候还会换来他的愧疚，做出其他方面的让步。

每个女人都要明白，人与人之间都是独立的，不存在谁离开了谁，就活不下去。就爱情而言，你情我愿才是甜蜜的，你情他不愿的话，这段爱情就会是苦涩的。作为女人，你只有先爱自己，才能获得他人的爱。

卑微的求全，是把自己推向灾难

女人是感性的，当陷入爱情里，往往是晕头转向的，常常会迷失了自我。有人为了守护住爱情，往往卑微的像一只蚂蚁，一次次为爱妥协，一次次在爱的人面前放低自己的姿态。殊不知，卑微求全并不能获得爱，反而会将自己推向灾难。

因为，当错误不是发生在你的身上，而是发生在你的爱人身上时，你的卑微求全只会放纵他继续犯错，只会让他觉得“犯错没什么大不了”。再来，人都有“你强我弱，你弱我强”的得寸进尺的心理，当你表现的越微弱，对方就会越欺人太甚，长久以往下去，你不止会失去爱情，还会失去自己的尊严。因此，每个女人都需要明白，无论是在爱情里，还是在婚姻里，卑微是无法求全的，是无法挽回他对你的爱的。

人与人之间是平等的，在爱情里也是如此。哪怕你深爱着他，但也不能让自己没了尊严。在你爱的人面前，你的自尊有多重，你在他心头的分量就有多重。如果你的自尊重于泰山，那么你在他心里就重于泰山，如果你的自尊轻如鸿毛，那么你在他心里就轻如鸿毛。

所以，对女人来说，爱情从来都不是委曲求全，唯有在爱情里自尊自爱，你才能获得他对你的爱。如果你都不爱自己了，谁还会爱你呢？

林汾在四十岁那年离了婚，并且是净身出户。许多人都对她同情不已，但当你听完她的爱情故事，你又会觉得她咎由自取。

林汾出生在乡村，和她的丈夫是包办婚姻。因为自小受母亲的影响，她在爱情里很是卑微，以丈夫为天。所以，她除了要照顾丈夫外，还要侍奉自己的公婆，虽然很累，经常受责骂，但她不敢有半句怨言，因为她很害怕丈夫会跟她离婚。

结婚几年后，林汾的丈夫跟着村里的年轻人，一同外出打工。林汾本想跟着去，但她的丈夫却拒绝了，她只好作罢。在接下来的几年，林汾的丈夫找到了商机，事业发展的很不错，攒下了不少钱，不过这些钱没有交到林汾的手上。

林汾的好姐妹们提议，让林汾将钱握在自己手上，并告诉她，很多男人有了钱就会变坏。对此，林汾有向丈夫说过，然而丈夫当时说“要钱就离婚”，吓得她再也不敢开口。

再后来，林汾丈夫的生意越做越大，林汾却一直待在老家照顾老人孩子。当时，村里有许多风言风语，说她的丈夫有了其他女人。在最初的时候，她是气愤的，她曾跑去质问她的丈夫，得到的却是丈夫的不耐烦，丈夫的一句“再闹就离婚”，让她不敢再说了。

然而，她的委曲求全，并没有挽回丈夫的心，在她四十岁这年丈夫向她提出了离婚。

当看完林汾的故事后，很多女人都会气愤，气愤林汾丈夫的冷血，也气愤林汾的委曲求全。

有位女作家曾经说过：“虽然我贫穷，虽然我不漂亮，但我的心灵是跟你一样丰富的，我的心胸是和你一样充实的。在上帝的面前，我们没有区别，我们一样平等。”作为女人，哪怕你爱的再深，爱的再无法自拔，但也要挺起自己的胸膛，做到不卑不亢，只有这样，你才能获得你爱的人的尊重。

当然，在爱情里不卑微求全，也不代表着要摆出一副高姿态。

林倩年轻时长得非常漂亮，追她的小伙子特别多，但她最后却选择和一个非常平凡的男人结婚。因为，这个男人对她特别好，简直是将她捧在了手心里。多年来，一直如此。

丈夫的好，让林倩觉得理所当然，使得她在丈夫面前，一直摆着高高在上的姿态。譬如，丈夫在做家务时，她会指着这里没扫干净，那里没擦干净；丈夫给她做得饭菜，她会吃几口就不吃，并说他煮的饭菜一点也不好吃；丈夫在重要的节日送她礼物时，她也会嫌弃礼物过于廉价，一脸看不上。正是因为林倩多年来摆出的高姿态，导致丈夫最终向她提出离婚。

男人爱一个女人时，会竭尽所能对她好，但女人要懂得知足。如果女人摆出一副高姿态，只会令男人越来越心灰意冷。这就好比一团炙热的火焰，一滴水两滴水或许浇不灭，但水滴像雨水一样源源不断地落下时，火焰又怎么会不熄灭呢？

女人需要明白，爱情不是一个人的享受，也不是一个人的付出，爱情它是相互包容，相互扶持的。只有做到不卑微求全，不摆出高姿态，你才能收获到一段美好的爱情。

如果你足够智慧，他甘愿待在围城

人们常说“婚姻是爱情的坟墓”，对男人来说，坟墓倒不至于，却或许是一座围城。

一个男人，从结婚的那时起，就注定了要失去一些自由，譬如对爱情要忠贞，不可以再朝三暮四；下班后，要回归家庭，不能再随心所欲地与三五好友吃饭娱乐。婚前没有人能够管束自己，婚后却被自己的妻子管束，这也不能做，那也不能做。这些种种，都让男人觉得，自己失去了自由，进入了一座以“爱”为名的围城。

一个女人，不管到了什么年纪，都对爱有所憧憬，都希望自己能够遇到一个对自己忠贞不贰的男人。殊不知，你逼得越紧，身在围城里的男人就想突破。

赵茜和丈夫孙海是大学同学，两人恋爱长跑了好些年，才步入了婚姻的殿堂，如今已经结婚十多年了。之前，赵茜能够确定孙海很爱自己，但最近几年，她不再确定孙海是不是很爱自己了，因为她发现，她的丈夫孙海忽然对她冷漠起来。

赵茜是在单亲家庭中长大的，父母婚姻的失败，一度让她恐惧爱情。直到她看到孙海为她付出的种种，她才下定决心，恋爱结婚。但即便如此，她对爱情对婚姻还是很没有安全感。为了让自己有安全感，她为孙海定下了许多规定。

在恋爱的时候，她要求孙海和她形影不离——她会让孙海每天来她的宿舍楼下，两人一起去上课，下课后一起去吃饭，吃饭后又一起去图书馆，回到宿舍后，孙海做了什么，她会在隔天的时候询问他。就这样，到了结婚之后，她的紧盯模式更是变本加厉，譬如她会让孙海汇报每日的行踪，会翻看孙海的手机信息，会去孙海所在的单位突击查岗，会管制孙海的社交权利，等等。

这种紧盯模式，在持续了十多年后，终于让孙海忍受不了。他觉得，眼前的生活仿佛让他一个常年生活在平原的人猛然去了高原生活，让他觉得自己被压的喘不过气来。他觉得，爱情固然可贵，但自由也可贵。在他心里的天平逐渐倾斜在自由上时，他开始想突破围城。比如，他下班后不再回家，会选择和朋友一起吃饭喝酒；他不再让赵茜翻看他的手机，如果翻看就会争吵、发脾气；对于赵茜发来的查岗信息，他也故意不回复；在家与赵茜相处时，他表现的很沉默。

这些无声的抗议，都让赵茜茫然，为自己的爱情和婚姻的前景感到惶恐不安。

如果说，女人是黑棋，男人就是白棋。当代表着男人的白棋先行时，代表着女人的黑棋就展开了对白棋的围堵攻势。这期间，白棋也不会坐以待毙，而是会拼命地突出重围。其实，女人和男人下的这盘棋，是一盘名为“爱情”的棋。

在爱情里，女人会为男人铸造围城，这样的情况很常见。然而，有些男人会拼命的突破围城，有些男人则会安静的待在围城，两者区别，在于女人铸造围城的动静大小。就前者来说，女人铸造围城时是大张旗鼓的，会像赵茜一样，对男人有诸多的管束与要求；就后者来说，女人铸造围城时的动静是悄然无息的，令男人身在围城不自知。从这也能看出，后者要比前者有智慧。

对女人来说，男人就像是一匹野马，你以打骂的方式驯服他，当时会表现的温顺，但事实上他依旧野性难驯。如果换一种做法，你对他展示你的温柔，对他表达你的体贴宽容，当产生感情后，你想赶他走，他也不会走。所以，在爱情里，你可以为自己爱的人造一座围城，但一定要用自己的智慧去建造，当男人处在这样“温柔”的围城里时，即使会离开围城出去放一会儿风，但最后还是会回到围城里来。

程安是一个幸福的女人，她与丈夫结婚几十年，丈夫对她依然宠爱有加。而她能获得如此美满的爱情，是因为她是一个有智慧的女人。

程安的丈夫在年轻的时候，狐朋狗友特别多，经常会和这些人在外吃饭喝酒，然后喝得酩酊大醉，这让她非常的反感。但程安也明白，如果她直接要求丈夫不要再和这帮朋友外出，只会令丈夫反感她，最终影响他们夫妻之间的感情。所以，她准备让丈夫自己主动和这些狐朋狗友们断绝往来。

程安是怎么做的？每回丈夫要出门的时候，她都会叮嘱丈夫要注意安全，不管丈夫多晚回家，她都会坐在客厅里等丈夫，如果丈夫喝多了，她会将他照顾的妥当。

程安的丈夫虽然脾气犟，但却是个心思细的人，在察觉到妻子每晚等他回家才睡后，他就告诉她让她早点睡，不要再等他。但程安却不愿意，她告诉丈夫，他不回家，她会睡不着。就这样日复一日，在看到妻子的温柔体贴，在看到妻子消瘦了许多后，他开始反思自己的行为，最终如程安所愿，他不再和狐朋狗友外出，渐渐断了联系，回归了家庭。

一个有智慧的女人，在爱情里永远扮演的是一个温柔体贴的角色。所以，当你与爱的人相处时，不要让爱冲昏了头脑，要让自己智商在线，要让丈夫心甘情愿回归那座你建造的“温柔”围城里。